DIE ZELLTEILUNG ALS PLASMATEILUNG

VON

PROF. DR. ANTON MÜHLDORF
WIEN

MIT 79 TEXTABBILDUNGEN

WIEN
SPRINGER-VERLAG
1951

ISBN-13: 978-3-211-80221-2 e-ISBN-13: 978-3-7091-7795-2
DOI: 10.1007/978-3-7091-7795-2

Vorwort.

Die Frage der Vermehrung der Zelle umfaßt also die Entstehung und das Leben der ganzen Pflanze ...

Schleiden, Grundzüge der wissenschaftlichen Botanik, 1843, I. Teil, 2. Buch, S. 267.

Unser obiges Leitwort hat volle Geltung nicht nur für die Pflanze, sondern natürlich auch für das Tier; denn in beiden Lebensreichen nimmt der Organismus seinen Anfang mit einer Zelle und sein Leben ist zumindest die Summierung des Lebens seiner Zellen. Die Frage nach der Vermehrung der Zellen war daher einmal das grundlegendste Problem der Biologie und das erste der Zytologie überhaupt; denn seine positive Lösung entschied erst über den Wert der Zellenlehre als selbständige Wissenschaft, die nur mit der Erkenntnis beginnen konnte, daß ihr Gegenstand, die Zelle, ein autonomes Individuum ist, welches sich wie ein kleiner Organismus durch Assimilation erhält und durch Selbstteilung vermehrt, wenn es aber ein Baustein einer Pflanze oder eines Tieres ist, sie durch seine Vermehrung vergrößert. Die Entdeckung der Zellteilung kann daher als die Geburtsstunde der Zytologie und in gewissem Sinne auch der modernen Biologie betrachtet werden. Ursprünglich verstand man unter der Zellteilung die Vermehrung der Zellen, d. h. ihre Zerlegung in zwei oder viele gesonderte Stücke; die Rolle des Kernes hierbei blieb bis zur Zeit der Anwendung besonderer Beobachtungsmethoden verborgen.

Nach der Entdeckung der selbständigen Teilung des Kernes wurde es klar, daß die Zellvermehrung nur der Abschluß einer Teilung aller plasmatischen Inhaltskörper, darunter in erster Linie des Kernes ist, die meist, aber nicht unbedingt aufeinanderfolgen. Die Zellteilung erwies sich also als die letzte Grenzziehung zwischen den Wirkungsbereichen benachbarter Kerne, welche auf die Verselbständigung der Plasmaleiber hinzielt. So besehen, fällt also der frühere Begriff der Zellteilung mit dem jetzigen Begriff der Plasmateilung (Plasmotomie) zusammen.

Die mannigfaltigeren und für wissenschaftliche Deutungen zugänglicheren Vorgänge der Kernteilung nahmen sofort nach ihrer Entdeckung das ganze Interesse der Biologen für sich in Anspruch, und dies nahm ein noch größeres Ausmaß an, als nahe Beziehungen dieser Erscheinungen zur Vererbung festgestellt wurden. Damit begann die Erforschung des Kernes zu einer eigenen Lehre und weitstrebigen Wissenschaft zu werden, und die früher allein interessierende Zellvermehrung und Plasmateilung blieb als etwas Nebensächliches weit hinter ihr zurück, so daß zwischen ihnen im Schrifttum bald ein großer Abstand entstand. Dieser macht sich z. B. schon in den drei Auflagen des Zellenbuches von STRASBURGER (1875, 1876, 1880) bemerkbar, wo das Kapitel über die Kernteilung gegenüber dem der Zellteilung, von einer Auflage zur anderen, an Umfang immer mehr zunimmt, oder in dem Buche über Kern- und Zellteilung von FLEMMING (1882), wo von den 424 Seiten der Zellteilung nur 6 Seiten gewidmet sind. Später ist die Zellteilung als Plasmateilung nur noch gelegentlich behandelt oder besser gesagt, berührt worden, am gründlichsten in der letzten Zeit von WASSERMANN (1929) und TISCHLER (1929, 1934, 1942), die sie im Anhang zu Kernteilungsproblemen behandeln. Aber gesondert, für sich, ist die Zellteilung als Plasmateilung bis heute überhaupt noch nicht behandelt worden, und der Begriff der Zellteilung ist ganz auf die Kernteilung übergegangen. Ganz vernachlässigen dürfen wir die Plasmateilung aber nicht, weil sie ein wichtiger Schritt im Leben von Pflanze und Tier ist, was bei Betrachtung der vor nicht langem erst beschriebenen Erscheinungen der plasmatischen Vererbung ganz besonders in die Augen fällt, die an Interesse und Bedeutung gewinnen würden, wenn man die Plasmateilung in festen Verhältnisformeln ausdrücken könnte (vgl. BELAR 1928, S. 97).

Der Mangel einer zusammenfassenden Behandlung der Fragen über die Zell- als Plasmateilung durfte bei dem heutigen Stand der Zellenlehre, die jetzt auch als ein Teil der Vererbungslehre gilt, nicht lange auf sich warten lassen. Da wir uns jahrelang mit Problemen der Zell- und Plasmateilung beschäftigt haben, so faßten wir den Entschluß, den bereits fühlbaren Mangel an einer solchen Bearbeitung zu beheben und die Lücke, die durch das Fehlen eines Buches über Plasmateilung entstand, auszufüllen. Die Abfassung unseres Buches fällt in die letzten Jahre des zweiten Weltkrieges, also in eine Zeit gesteigerter Kriegshandlungen, die mit der Bergung der großen Bibliotheken vor dem Bombenterror verbunden waren. Nichtsdestoweniger haben wir die ganze Literatur allgemeinen Inhalts und die maßgebendsten Spezialarbeiten für das Buch verarbeiten können, so daß es in Beziehung auf die Literaturbearbeitung als vollständig gelten kann. Eine hundertprozentige Vollständigkeit der Literaturnachweise war nicht notwendig und auch nicht erstrebenswert, weil man oft wegen unbedeutendster Angaben ganze Arbeiten zitieren müßte, was das Buch mit Zitaten überlasten und schwer lesbar machen würde, solche Hinweise auf kleine Andeutungen ja auch den Kern des Problems nicht wesentlich berühren, da sie vom Autor oft nur nebenbei erwähnt werden. Durch überflüssige Zitate würde das Buch auch unnützerweise zu stark anschwellen. Auch so haben wir ungefähr 430 Schriften in den Text verarbeitet und die wesentlichsten Sätze daraus meist auch wörtlich verzeichnet.

Das Buch umfaßt die Zell- als Plasmateilung sowohl des Pflanzen- als auch des Tierreiches. Es ist selbstverständlich, daß die größere Mannigfaltigkeit der pflanzlichen Zellen mit den abwechslungsreicheren Teilungsapparaten in dieser Schrift auch ein Hervortreten des Pflanzen- gegenüber dem Tierreich, das weit einfachere Teilungsvorgänge aufweist, zur Folge hat. Im allgemeinen kann man die Feststellung machen, daß die Teilungsvorgänge in beiden Reichen recht einförmig sind, so daß schärfere Charaktermerkmale sich nur bei den extremsten Typen aufstellen lassen, zwischen anderen weniger typischen aber die verschiedensten Übergänge beobachtet werden, deren genauere Abgrenzung dem subjektiven Urteil des Beobachters überlassen bleibt. Aus diesem Grunde wird dem Leser vielleicht das eine oder andere Beispiel in diesem Buche nicht am richtigen Platze eingereiht erscheinen, wenn er es von einer anderen Seite, als es wir getan haben, schärfer beleuchtet. Solche Unstimmigkeiten dürften sich aber einmal von selbst beheben, wenn sich unsere Kentnisse auf dem behandelten Gebiet vertiefen werden, wozu ja unser Buch beitragen will, das wie jede zusammenfassende Bearbeitung eines größeren Gebietes, drei Aufgaben zu erfüllen hat, nämlich: 1. die Gewinnung neuer Gesichtspunkte, 2. kritische Betrachtung der Einzelerscheinungen auf dem Gebiete und 3. Anregung zu neuer Forschung, der ein genaueres begriffliches Rüstzeug in die Hand gegeben wird. Wir sind zufrieden, wenn die Erfüllung dieser Aufgaben dem Buch auch nur zum kleinen Teil gelingen sollte.

Zur Bearbeitung dieses Büchleins konnten wir neben den Büchereien kleinerer Universitäten in erster Linie die folgenden großen Wiener Bibliotheken benützen: Die Universitätsbibliothek, die Bibliothek des Naturhistorischen Museums und die Staatsbibliothek, und in hervorragendem Maße die Bibliotheken der beiden Botanischen Institute der Universität. Den Vorständen dieser Bibliotheken danke ich für die ungehinderte Benützung der Büchereien, wodurch ich mich in kurzer Zeit in die ganze Literatur einarbeiten konnte. Desgleichen danke ich Herrn Prof. Dr. L. Geitler für die Erlaubnis, seine Sammlung von Sonderabdrucken benützen zu dürfen. Ganz besonderen Dank schulde ich aber dem früheren Vorstande des Botanischen Instituts und Gartens der Universität Wien, Herrn Prof. Dr. Fritz Knoll, der mir in schwerer Umbruchszeit Gelegenheit zum Arbeiten in seinem Institute gab und mir damals auch sonst persönlich geholfen hat, wodurch dieses Büchlein überhaupt erst möglich wurde.

Das vorliegende Buch war schon im Jahre 1945 für den Druck fertiggestellt worden. Die wirtschaftlichen Schwierigkeiten aber, die nach jedem Kriege Platz greifen, machen seine Veröffentlichung erst jetzt möglich. Von den Neuerscheinungen seit diesem Jahre wurden nur jene berücksichtigt, welche allgemeine Fragen behandeln.

Wien, im Februar 1951.

Prof. Dr. **Anton Mühldorf.**

Inhaltsverzeichnis.

I. Allgemeine Betrachtungen über die Zellteilung.

A. Das Erscheinungsbild und die Ursachenerforschung der Zellteilung.

Unter Zellteilung wollen wir die autonome Zerlegung physiologisch selbständiger einkerniger Plasmakörper (Zellen) in zwei, ungefähr gleich große Teile verstehen, die unter gleichzeitiger Mitnahme je einer Hälfte der wichtigsten plasmatischen Inhaltskörper, vor allem des Kernes erfolgt. Sie besteht im Wesen in einer Errichtung von Grenzschichten zwischen den Teilstücken (Tochterzellen), wobei der Kernteilungsapparat in Mitverwendung kommen kann und die Zellteilung daher unmittelbar auf die Kernteilung folgt. Geschieht dies nicht, so entstehen zwei- bis mehrkernige Plasmakörper (Syncytien, Symplasten, s. Abschn. I, B), die in den meisten Fällen in einem gegebenen Augenblicke in kleinere, bis einkernige Stücke (Zellen) zerfallen können, wobei sich prinzipiell die gleichen Erscheinungen wie bei der Teilung von Einkernzellen abspielen, aber nur im beschleunigten Tempo und daher in vereinfachter und abgekürzter Form. Da die Zellteilung eine autonome Erscheinung ist, so werden wir experimentelle oder gewaltsame Abgliederungen kernloser Stücke von Zellen oder Syncytien, im Gegensatz zu PFEIFFER (1930), von dieser Bezeichnung ausschließen. Die Syncytienaufteilung erfolgt bei Kernruhe, daher werden Kernteilungsapparate hierbei nicht verwendet. Das Ziel der Teilung ist die Vermehrung der Zellen, aus der sich das Wachstum ergibt.

Die Vorbereitungen für die Teilung sind in der Zelle so tiefgehender Natur, daß sich ihre ganze Gestalt und alle Funktionen auf diesen Vorgang umstellen. Man kann daher mit PETER (1929) von einer „Teilungs-“ im Gegensatz zu einer „Arbeitszelle“ sprechen. Stark spezialisierte Zellen müssen für die Teilung erst in einen gewissen embryonalen Zustand zurückkehren. Wird die Ablaufszeit der Zellteilung nach den Phasen der Mitose gemessen, so beginnt sie in der späten Anaphase und dauert die ganze Telophase hindurch an. Bei der Symplastenteilung ist aber eine solche Parallelstellung nicht möglich, weil sich die Kerne in Ruhe befinden.

Alle Beobachtungen sprechen dafür, daß die autonome Teilbarkeit eine immanente Eigenschaft aller lebenden Substanz ist und phylogenetisch durch die Entstehung der Organismen aus vielzelligen Kolonien und physiologisch durch die Notwendigkeit einer großen inneren Oberfläche begründet ist. Diese Teilungsfähigkeit erscheint erst in einem gewissen Zustand ontogenetischer Reife der Zelle (Differenzierung) und erlischt im Alter oder bei starker Spezialisierung, kann aber darauf manchmal durch „Entdifferenzierung“ wieder zurückerlangt werden. Hierbei soll nach PFEIFFER (1930) Hydratation der maßgebende Faktor sein, wie es bei der Differenzierung und dem Altern die fortschreitende Wasserabgabe (Hysteresis RUZIČKAS) ist. Die Teilungsfähigkeit bleibt also bei den spezialisiertesten Zellen erhalten, wenn auch die Teilungsbereitschaft vorübergehend ruht; sie ist aber reversibel, da sie bei Eintritt besonderer Verhältnisse wieder geweckt werden kann (Teilungswecker LUNDEGARDHS 1912).

Die Schnelligkeit der Zellvermehrung ist durch die Länge der Zeitintervalle zwischen den einzelnen Teilungsschritten und deren Dauer gekennzeichnet. Je kürzer also die Mitosen und die Zwischenzeiten, desto schneller ist die Zellvermehrung bzw. das Wachstum des Gewebes (v. MOELLENDORFF 1938). Von den Angaben über die Teilungsdauer können uns nur jene interessieren, welche sich auf den engeren Vorgang der Plasmotomie beziehen. Unsere wenigen Beispiele darüber finden ihre Ergänzung in WASSERMANNS Buch (1929). Die „Zerschnürung“ der Zygote von *Oedogonium* in die Schwärmsporen bedarf nach JURANYI (1873, S. 23) nur drei bis vier Min. Auffallend kurz dauern die Teilungen bei den Amöben, wie aus unserem Abschn. II, A, 1 zu entnehmen ist. Für *Porphyridium* gibt GEITLER (1944) die Durchschnürungsdauer mit ungefähr einer halben Stunde an. Die Teilungen bei amöboiden Körpern sind begreiflicherweise rascher als bei unbeweglichen, z. B. bei Pflanzen. JAHN (1904) gibt die Dauer der einzelnen Durchschnürungsphasen für die Schwärmer von *Stemonitis fusca* wie folgt an: von der Chromosomentrennung bis zum Beginn der Einschnürung drei Min., von da ab bis zur Ausbildung der Geißel und einer tiefen Furche vier Min. und schließlich bis zur völligen Durchtrennung fünf Min., alles zusammen also zwölf Min. Die Ausbildung einer vollständigen Zellplatte aber bei der Braunalge *Sphacelaria fusca* nimmt nach W. ZIMMERMANN (1923) eine Stunde, und bei *Mougeotia* (ohne Kernteilung) nach HEIDT (1939) zweieinhalb bis drei Stunden in Anspruch.

Selbstverständlich sind, gleich dem ganzen Zelleben, auch die einzelnen Phasen der Zellteilung in allen ihren Vorgängen durch innere und äußere Faktoren stark beeinflußt, die in ihren bekannten drei Kardinalpunkten, Minimum, Optimum und Maximum, wesentlich verschiedene Wirkungen hervorbringen können. Überhaupt trägt die Zellteilung den Charakter eines Auslösungsvorganges an sich, der nach Abschluß aller Vorbereitungen autonom eintritt und in seinem inneren Gefüge stark beeinflußbar ist. Die einwirkenden inneren (z. B. Hormone, vergl. HABERLANDT 1921) oder äußeren (vergl. PRAT u. MALKOWSKY 1927) Faktoren werden dann gerne als die „Ursachen“ des Teilungsgeschehens hingestellt. Über den Einfluß der Temperatur lernen wir aus WASSERMANN (1929) ein Beispiel nach JOLLY kennen, in welchem gezeigt wird, daß die Durchschnürungsdauer der Blutkörperchen verschiedener *Triton*-Arten bei 10° C 22 Min., bei 20° aber nur zehn Min. beträgt, woraus sich ein Beschleunigungskoeffizient von $\frac{22}{10} = 2{,}2$ ergibt, der bei jeder weiteren Steigerung der Temperatur innerhalb zulässiger Grenzen wiederkehrt. Dies zeigt nach PETER (1924) eine gute Übereinstimmung mit der RGT-Regel nach VAN'T HOFF, nach der ein Ansteigen der Temperatur um 10° eine Verdoppelung bis Verdreifachung der Reaktionsgeschwindigkeit chemischer Prozesse nach sich zieht. Diese Regel ist außer bei vielen Lebensprozessen, auch wie wir sehen, bei der Zellteilung verwirklicht. In Gewebekulturen ergeben sich oft große Schwankungen der Teilungsdauer, als Folge des unnatürlichen Zustandes in vitro. Jedenfalls müssen wir uns vorstellen, daß im Augenblicke des Teilungseintrittes die Zelle infolge der inzwischen bis zum Äußersten verschobenen Massenverhältnisse, sich in einem Zustand der „Teilungsspannung“ befindet. Diese soll z. B. nach R. HERTWIG (1903: Kernplasma-Relation) in einem Mißverhältnis des Kernvolumen zu Ungunsten des Protoplasma bestehen, nach ABELE (1936) aber auch noch durch die folgenden Relationen auszudrücken sein: Kernoberfläche/Zellvolumen, Plasmaoberfläche/Zellvolumen und Kernoberfläche/Zelloberfläche. Inwieweit solche Verhältnisse als „Ursachen“ oder nur als Zustände des Zellteilungsgeschehens, die wieder von anderen Ursachen bedingt sind, gedeutet werden können, ist schwer zu sagen.

Die Frage, ob die Abkömmlinge einer Zelle sich weiter synchron teilen, wurde nach eingehenden Untersuchungen dahin beantwortet, daß je weiter die Generationen sich von der Mutterzelle entfernen, desto klarer die Individualität der Folgezellen hervortritt. Gewisse Zellbezirke oder Gewebekomplexe können nichtsdestoweniger durch mehr weniger ausdrückliche Gleichzeitigkeit der Teilungen ausgezeichnet sein. Dies kommt z. B. nach JUNGERS (1931) in den Embryosackbelegen von *Iris* zum Ausdrucke, wo zonenweise Gürtel aufeinanderfolgender Mitosestadien, gleich einer sich fortbewegenden „Teilungswelle“ übereinanderstehen.

Für eine normale Teilung eines Plasmakörpers sind mindestens zwei Kerne notwendig, die aus einem Mutterkern entstehen. Ebenso ist auch eine gewisse Menge von Cytoplasma unerläßlich, da sich „Nur-Kern-Zellen“ oder solche mit zu wenig Plasma, nicht mehr fortpflanzen können. Zufällig oder durch experimentelle Eingriffe kernlos gewordene Zellen aber können einige Teilungen mitmachen. Solche Beispiele, neben jenen, wo trotz regelmäßiger Mitose keine Plasmateilung, sondern Syncytienbildung erfolgt, lassen erkennen, daß Kern- und Plasmateilungen eigengesetzlich ablaufende Vorgänge sind, die nicht immer zeitlich miteinander gekoppelt sein müssen. Schon DEMOOR (1895) hat die Unabhängigkeit von Plasma und Kern durch den folgenden Satz zum Ausdruck gebracht: „La vie du noyeau est essentiellement différente de celle du protoplasma ...“.

Bei der Teilung kernloser Plasmastücke liegt die Annahme nahe, daß sie noch aus früherer Zeit mit einer genügenden Menge von „Teilungsstoffen“ versehen sind, um eine Plasmateilung durchzuführen, daß sich diese aber immer mehr verdünnen und sich schließlich ein Stillstand ergeben muß. Ähnlich sollen nach HÄMMERLING (1934) gewisse „formbildende Substanzen“ aus dem unversehrten Thallus der Alge *Acetabularia* in abgeschnittene kernlose Stücke übergehen, wo sie nachträglich gewisse Leistungen beim Wachstum und der Regeneration vollbringen, die sonst an den Kern gebunden sind. ZIEGLER (1898 a) hat die Teilung kernfreier Blastomeren bei Echinodermeneiern mit der Anwesenheit der Zentrosomen erklären wollen, aber LILLIE (1902) erzielte solche „Pseudofurchungen“ auch bei unbefruchteten Anneliden-Eiern durch Einwirkung von Seewasser mit verschieden hohen Salzgaben, ganz ohne vorherige Bewegungen im Kern oder den Zentrosomen. Ja, bei den Pollenmutterzellen von *Tradescantia* erzielte SAX (1937) kernlose Zellen selbst als Reaktion auf hohe Temperaturen und andere chemische und physikalische Agentien hin. Er sagt darüber: “The nucleus of the microsporocyte may divide without cell division, or cell division may occur without nuclear division”. Am zuverlässigsten haben aber JOLLOS und PÉTERFI (1923) die Weiterteilung kernloser Stücke beim Axolotel-Ei verfolgt, aus dem sie experimentell sowohl den Kern als auch die Zentrosomen entfernten. Sie erzielten darauf morula-, ja selbst blastulaähnliche Stadien. Daraus muß geschlossen werden, daß schon das Plasma für eine bestimmte Zeit allein imstande ist, sämtliche Prozesse für seine Teilung einzuleiten und durchzuführen. Über kernlose Plasmastücke („Zellen“) berichten weiters TISCHLER (1934), KÜSTER (1936, 1941), BECKER (1937 a) und HARVAY (1938).

Wir haben oben gesehen, daß Plasmateilungen, in gewissen Grenzen, ohne Vorhandensein von Kernsubstanz möglich sind. Weit verbreiteter sind aber Kernteilungen ohne unmittelbar nachfolgende Plasmateilungen, so daß mehrkernige Plasmakörper (Syncytien, Symplasten) resultieren, die mit der Kernzahl auch an Plasmamasse durch Wachstum zunehmen. Ihre Entstehung z. B. bei größeren Tiereiern (*Bufo lentiginosus*) versucht WASSERMANN (1929) entwicklungsmechanisch damit zu erklären, daß die schweren Dottermassen der Teilung des Plasma um den Kern herum („Teilungsraum“ DRÜNNERS) nicht sofort folgen können, was zuerst zu einer Zwei- und darauf selbst zu einer Vielkernigkeit führen kann, die bei phylogenetischer Festigung endlich ein Syncytium ergibt (discoidale und superficielle Furchung). MÜHLDORF (1941) sieht bei der simultanen Tetradenteilung von Sporenmutterzellen in der raschen Teilungsfolge der Kerne einen Grund dafür, daß die Wandbildung nach der ersten Karyokinese, die längere Zeit beanspruchen müßte, noch nicht abgeschlossen ist, wenn die zweite beginnt; dies muß zu einem vierkernigen Syncytium führen (s. Abschn. II, C, 8 a).

Da im Leben des Organismus die Zellteilung eine zahlenmäßige Vermehrung der Einheiten zu bringen hat, so ist die sofortige Aufeinanderfolge von Kern- und Zellteilung als primär und jede zeitliche Verschiebung oder Umkehrung dieser Folge als sekundär daraus entstanden zu betrachten. Im allgemeinen gilt es als selbstverständlich, daß die Teilung des Kernes der des Plasma vorangeht. Trotzdem fallen aber die Vorbereitungen für den ganzen Vorgang schon in eine Zeit, da von einer Mitose noch keine Spur vorhanden ist, und setzen sich, neben einer allgemeinen Plasmavermehrung durch Wachstum, auch aus einer Ansammlung von Reservestoffen (ergastischem Material), sowie aus einer Verdoppelung durch Halbierung der teilungsfähigen Inhaltskörper (Plasten) zusammen. Man muß die Karyokinese geradezu als den ersten Schritt der Auslösung einer durch Änderung früherer Gleichgewichte im Plasma hervorgerufenen „Teilungsspannung" ansehen. Ihr erster Anfang ist aber unbedingt im Plasma zu suchen, wenn auch darin nicht so deutlich kenntlich gemacht wie in der Chromosomenbewegung. Trotzdem uns das Plasma keine Anhaltspunkte zur genauen Erfassung der Vorbereitungen darin für die Zellteilung bietet, dürfen wir sie nicht als regellos, d. h. bar jeder festen Folge, ansehen; sie werden vielmehr darin ebenso strengen Regeln unterworfen sein, wie die Erscheinungen der Kernteilung.

Abb. 1. Unabhängigkeit von Kern- und Zellteilung bei der Sporogenese des Lebermooses *Pallavicinia*, kenntlich am zeitlichen Vorangehen des Beginnes der Plasmateilung vor der Kernteilung. Im Bilde ist die zweite Teilung der Sporenmutterzellen mit Anfängen der Zellplattenbildung (im Phragmoplasten links), neben zentripetalen Wandplatten dargestellt, was eine Außergewöhnlichkeit ist. Der zweite Phragmoplast (rechts unten) ist quer getroffen. (Nach Moore 1905.)

Wir besitzen aber auch Beispiele einer direkten Umkehrung des Zellteilungsprozesses, bei denen die Plasmotomie der Karyokinese vorangeht. Schon Dangeard (1892) war diese Umkehrung bei der Sprossung der Hefezellen bekannt und sie ist hier nachträglich oft wiederbestätigt worden (Buscalioni 1896, Guillermond 1903, Kohl 1908 u. a.). Bei der Hefezelle ist die Knospe schon in ihrer vollen Größe vorhanden, wenn sich die Tochterkerne erst bilden und einer davon in sie durch den Verbindungskanal schlüpft. Auch bei *Chlamydophrys* (Belar 1921) und *Chlamydomonas* ist die Plasmateilung schon sichtbar, wenn am Kerne noch keine Veränderung kenntlich ist. Am auffallendsten sind aber in dieser Hinsicht die beiden Lebermoosarten *Blasia pusilla* und *Pallavicinia*, deren Sporenmutterzellen bei der simultanen Tetradenteilung eine vierlappige Gestalt besitzen, und zwar *Blasia* nach LORBEER (1927) noch bei völliger Kernruhe aber schon geteiltem Plastidom, *Pallavicinia* nach A. C. MOORE (1905) aber bei fortgeschrittenen Mitosen (Abb. 1). Bei *Blasia* eilt die Aufteilung des Plastidoms auf die vier Sporen der Kernteilung weit voraus, was auch für den Beginn der Vorbereitungen für die Zellteilung im Plasma zeugt. Wir kennen hiefür ein noch besseres Beispiel in den Zellen von *Anthoceros* nach LANDER (1935; s. Abschn. I, C, Abb. 2).

B. Die Frage nach der kleinsten teilungsfähigen selbständigen Lebenseinheit. (Symplast, Zelle, Energide, Protomer, Biomolekül.)

Wir haben oben gesagt, daß alle Beobachtungen uns die Teilungsfähigkeit als eine autonome Grundeigenschaft der Zelle erkennen lassen. Außer der Zelle teilen sich aber auch die viel kleineren Inhaltsbestandteile ihres Plasmas und nach HEIDENHAIN (1907, 1911) auch weit größere organische Einheiten, wie Muskeln und Drüsen, und zwar ebenso autonom wie sie. Diese Feststellung zwingt uns, nach dem kleinsten teilungsfähigen Lebenselement und seinen Beziehungen zur Teilung der Zelle zu forschen, welcher, angesichts des häufigen nichtzelligen Baues der Organismen, oft die Bedeutung eines Grundsteines darin, abgesprochen wird.

Physiologisch ist der zellige Bau durch die Notwendigkeit einer großen inneren Oberfläche erklärt. Diese individuelle Abgrenzung durch eine eigene physiologische Membran ist ein wesentliches Merkmal der Zelle, sie macht aber nicht bei ihr Halt. Keinesfalls darf aber dies Kennzeichen in der Definition der Zelle fehlen und MAX SCHULTZES (1861) zum erstenmal auf den plasmatischen Inhalt gegründete Bestimmung der Zelle als eines „Klümpchens Plasma mit einem Kern darin" hat bald von HOFMEISTER (1867) die notwendige Ergänzung erfahren: „Die geschlossene Haut samt Inhalt führt den Namen Zelle", worin die aktive Haut sogar vor den Inhalt gestellt ist.

Bei Berührung mit einem fremden Medium muß sich jeder Plasmakörper mit einer eigenen Grenzschicht umschließen, die sich nach HEILBRUNN (1928) als Folge einer „precipitation reaction" durch Anreicherung bestimmter Kolloide an der Oberfläche bildet. Diese „physikalische Membran" führt verschiedene Namen: Ektoplasma, haptogene Membran, Plasmahaut, Hautschicht, Plasmalemma. Auch in der Berührungsebene zweier Nachbarzellen, die sich bei Teilung gerade verselbständigen, muß sie sich aus dem ursprünglich gemeinsamen Plasma aussondern, da hier zwei verschiedene Individuen aneinanderstoßen.

Die Wichtigkeit der Plasmahautschicht im Leben der Zelle ließ vermuten, daß sie ein permanentes Organell, gleich dem Kern z. B., sei. DE VRIES (1885) begründet diesen Gedanken damit, daß abgesprengte Plasmastücke nur dann lebensfähig sind, wenn sie Teile der Mutterhautschicht besitzen. KLEBS (1888) bestreitet eine solche Permanenz. Will man diese Frage vom Standpunkte der Plasmateilung aus beurteilen, so spricht die nähere Betrachtung der Durchschnürung oder der zentripetalen Wandbildung ohne weiters für eine unmittelbare Entstehung von neuer aus alter Hautschicht, etwa durch Wachstum und Neubildung. Aber auch die zentrifugale Wandbildung soll nach YASUI (1939) und WADA (1939) zu ihrer richtigen Stärke erst nach seitlichem Anschluß der Zellplatte an die alte Hautschicht gelangen können, was, unserem Dafürhalten nach, jedoch auch auf die von außen her beginnende Abrundung der Tochterzellen verursacht sein kann.

Die physikalischen Grenzschichten werden durch verschiedenartige Außenhüllen geschützt, die je nach Stärke und Stoffbeschaffenheit Pellikula, Kutikula, Crusta oder Membran heißen. Sie sind nicht aktiv teilungsfähig, wenn sie auch oft, im Jugendzustand wohl immer, mit einer beschränkten Lebenstätigkeit ausgezeichnet sind. Sie sind entweder verändertes (metaplasiertes) Cytoplasma (Tierzellen) oder dessen Ausscheidungsprodukt (TISCHLER 1901, FREY-WYSSLING 1936).

Die häufige Erscheinung eines teilweisen oder völligen azellulären Baues gewisser Organismen hat an der Bedeutung der Zelle als eines biologischen Grundelementes Zweifel aufkommen lassen. Die Zahl der Autoren ist nicht gering, welche in größeren, mehrkernigen Einheiten (Syncytien, Symplasten, oder nach RHODE 1914, 1923, Plasmodien) die Bausteine der Lebewesen sehen. Wir müssen aber eine solche Annahme schon aus der einfachen Überlegung abweisen, daß die Einkernzelle sich sowohl zum selbständigen Elementarorganismus als auch zum Baustein der mehrzelligen Lebewesen und ihrem ontogenetischen Ausgangspunkt als vollkommen geeignet erweist. Es bestehen also volle Gründe dafür, daß selbst die ersten Urorganismen auf unserem Erdball eine Vereinigung von Plasma und nur einem Kerne („Urzellen“) waren und jede Vermehrung der Kernzahl auf sekundäre Verzögerungen von Grenzschichtbildung (vergl. TISCHLER 1934, S. 392, und G. S. WEST 1918), im Interesse einheitlicher und geschlossenerer Arbeit eines Zellenkomplexes hindeutet. Die Annahme von SACHS (1892), daß die einzelnen Zellen im Syncytium noch als „Energiden“ ein eigenes Leben führen, konnte durch Beobachtungen nicht bestätigt werden, es wurden im Gegenteil Beweise dafür erbracht, daß die Kerne darin wandern, also an keine bestimmte Plasmaportion gebunden sind und das ganze Gebilde sich also als ein einheitlicher Plasmakörper, etwa wie eine mehrkernige „Zelle“, benimmt. Da eine Energide über keine eigene Grenzschichte verfügt, so kann auch nicht von ihrer Teilung gesprochen werden und sobald sie sich in einem Symplasten einstellten, entstünden nicht mehr Energiden, sondern Zellen. Diese Bemerkung bezieht sich auch auf die HARTMANNsche (1933) Fassung des Energidenbegriffes, wonach das Zusammentreten des Kernes mit einer „beliebigen Portion Protoplasma“

im Augenblicke der Syncytienteilung, den Schluß zuließe, daß ein solcher Kontakt auch *früher* bestand, selbst wenn er sich ständig änderte. Wenn nämlich tatsächlich die einzelnen „Energiden" selbständig arbeiten würden, so müßten sich unbedingt Grenzschichten zwischen sie einschalten. Während sich also ein *Symplast* selber teilen kann, tun dies in ihm *nur die Kerne*, nicht aber die Energíden. Physiologisch benehmen sich die Kerne im Symplasten gleich einem einzigen zersplitterten Kern, wie etwa bei den Cyanophyceen und Bakterien, die in dieser Hinsicht *Mikrosyncytien* gleichen.

Unter einer *Lebenseinheit*, als Grundbaustein der Organismen, kann man nur jenen kleinsten Teil verstehen, der noch sämtliche Lebenseigenschaften hat, die auch Elementarorganismen eigen sind. Von den bisher besprochenen Elementen kann dies nur die Zelle (als Typ) sein, da das Syncytium eine Verschmelzung von Zellen und die Energide, infolge Fehlens einer Grenzschichte, keine Einheit repräsentiert. Ebensowenig kann auch die Vorstellung des Organismus als „*lebende Masse*" im Sinne Wassermanns (1929), uns den Begriff einer inneren Einheit vermitteln, da die Zellbrücken die Individualität der einzelnen Zellen durchaus nicht aufheben, sondern nur ihren Arbeitskontakt vermitteln; sie sind nicht interzelluläre Plasmaströme, sondern reizleitende feste Stränge. Die so oft geäußerte Ansicht, daß die Zellbrücken „Kanäle" wären, in denen Plasma fließt, ist also falsch (Mühldorf 1937). Sie koordinieren nur die sonst ganz unabgängige Tätigkeit der Einzelzellen.

Aus den obigen Überlegungen ist leicht zu schließen, daß auch kleineren Einheiten, wie den „*Protomeren*" Heidenhains (1907/11), der Wert kleinster biologischer Baueinheiten abzusprechen ist. In seiner „Synthesiologie" genannt) will Heidenhain als Grundbaustein der lebenden Masse gewisse Teilchen einführen, die in fortgesetzter Zusambenden Masse gewisse Teilchen einführen, die in fortgesetzter Zusammensetzung immer größere und kompliziertere „Histosysteme" ergeben, zu denen außer den kleineren Inhaltsbestandteilen des Cytoplasmas auch die Zelle und darüber hinaus auch größere Organe (sog. „Histokorme", wie Drüsen, Muskeln usw.) gehören. Allen ist als ursprünglichste Eigenschaft des Lebens die autonome Teilungsfähigkeit charakteristisch, die nur noch seinen „Protomeren" (d. i. Urteilchen) zukommt und bei kleineren Teilen erlischt. Die Protomeren wachsen bis auf die doppelte normale Größe heran und dann teilen sie sich in zwei. Der Einbau ungeformter Substanzen in ihren Körper heißt Wachstum. Wie die Protomeren, so können sich auch alle übergeordneten Systeme nur nach Erreichung der doppelten oder vierfachen Normalgröße teilen. Dies konnte Jacobj (1925) durch genaue Messungen an den Kernen der Mäuseleber beweisen, deren Volumina sich vor der Teilung wie 1 : 2 : 4 : 8 verhielten, in der embryonalen Leber aber nur die kleinsten Größen zeigten.

Das Protomer kann den Wert des kleinsten Lebensbausteines nicht besitzen, weil es als selbständiger Organismus nicht leben könnte, was wir von einem „biologischen Molekül" verlangen müssen. Da seine Existenz auch nur theoretisch ist, so wurde die Synthesiologie HEIDENHAINS von vielen maßgebenden Autoren in Bausch und Bogen abgelehnt, von anderen aber das „Protomer" zwar als denkmöglich aber nur „systembedingt" erklärt (G. HERTWIG 1929), wodurch ihm die Autonomie und Selbsterhaltungsfähigkeit abgesprochen ist.

Zu den gleichen Schlüssen wie über die Protomeren gelangen wir auch hinsichtlich der Biomoleküle, bzw. der Virusteilchen, der realen Vertreter der Biomoleküle. Die Virusteilchen sind ultramikroskopische Eiweißmizelle, die wir weniger nach ihrer Gestalt als vielmehr nach ihrer physiologischen Wirkung als Krankheitserreger bei Tier und Pflanze kennen. Ohne Zusammenhang mit einem Wirt sind sie nicht bekannt. Daher können sie auch nicht als Lebenseinheiten angesehen werden, weil sie ja als Einheiten, die das Leben repräsentieren sollen, nicht selbständig lebensfähig sind. Das Gleiche muß auch über die Biomoleküle gesagt werden, die überdies noch den Nachteil haben, daß sie bloß eine wissenschaftliche Fiktion, also wenigstens vorläufig, nicht real sind. Es fragt sich aber auch, ob und inwieweit ihnen eine Lebensfähigkeit zuzusprechen ist, wenn man sich daran erinnert, daß die Lebenstätigkeit nur bei einer gewissen und recht verwickelten Struktur eines Mischkolloids, nämlich des Plasma, möglich ist, und die Biomoleküle infolge ihrer Kleinheit wohl kaum etwas von dieser Struktur haben können. Diese Struktur ist nur dem Plasma von einer nicht allzu kleinen Größe eigen und entsteht nie von selber, sondern erhält sich nur durch Teilung des Plasma. Wenn sich also aus Biomolekülen ein Plasma zusammensetzen soll, so muß man fragen. woher es die notwendige Struktur erhält, die in den Komponenten nicht vorhanden ist. Ferner ist es als bestimmt anzunehmen, daß das Mischkolloid Plasma nicht bloß aus einer Art von Biomolekülen (Eiweißarten usw.), sondern aus mehreren Arten bestehen muß, daß sich also verschiedene Einheiten zusammenfinden müßten, um ein Plasma zu ergeben. Dann muß die neue, kaum beantwortbare Frage nach der maßgebendsten Einheit für das Zustandekommen des Lebens und auch nach der Kraft entstehen, welche die entsprechenden Moleküle zusammenbringen und zusammenhalten soll, bzw. nach der notwendigen Mischung der Biomoleküle, wenn Plasma im Experiment entstehen soll. Die obigen Überlegungen stehen im Gegensatz zu den experimentellen Ergebnissen BOSCHJANS (1950), welcher eine direkte Umwandlung von Bakterien in Viruskörper und auch den umgekehrten Prozeß, leider zu summarisch, beschreibt und in gewissen Stadien durch Mikrophotos belegt. Vergl. darüber S. 23—24.

Aus den obigen Auseinandersetzungen ist zu folgern, daß die Zelle allein die morphologische und physiologische Grundeinheit (Arbeitseinheit) der lebenden Substanz ist, deren Teilung wir in erster Linie zu verfolgen haben. Diese setzt sich aber aus der Teilung der kleineren Bestandteile ihres Inhaltes zusammen, die uns, soweit sie nicht in den Bereich des Kernes fallen, auch zu interessieren hat. Die Gesamtheit all dieser Erscheinungen erst ist als Zellteilung zu bezeichnen. Den Kern schließen wir nur deswegen aus, weil er schon ein spezielles Studium darstellt. Da die Syncytien Plasmakörper sind, die den Einkernzellen sehr nahe stehen, müssen wir sie auch in den Kreis unserer Betrachtung ziehen.

C. Die Zweiteilung der differenzierten Zelleinschlüsse (Organellen) und ihre Verteilung auf die Tochterzellen.

Bekanntlich ist das Cytoplasma von einer großen Anzahl verschiedener Körperchen, meist rundlicher Gestalt, erfüllt, denen zweifellos verschiedene Funktion zukommt, die aber nur an wenigen von ihnen zu erkennen ist (Chloro-, Chromo-, Amylo- und Elaioplasten, oder den Fibrillen des tierischen Körpers). Die meisten gleichen einander derart, daß dies zu einer unheimlichen Konfusion führt. So sagt z. B. RIES (1941), daß es 50 verschiedene Namen für jene Kategorie der Inhaltskörper gebe, die unter dem Namen „Mitochondrien" kursieren. Sie sollen alle aus „A r c h i p l a s t e n", d. i. einheitlichen mutmaßlichen Primordien entstehen. RIES vermehrt ihre Zahl durch seine „Lipochondrien".

Allen Inneneinschlüssen der Zelle muß eine, ihrer Funktion gemäße Lebenstätigkeit zugesprochen werden, aber keine vollständige, weil sie, losgetrennt vom Plasma, nur kurze Zeit leben. Bei vielen dieser Inhaltskörper ist die direkte Abstammung von einander durch Teilung nachgewiesen, welche auf ihre Autonomie schließen läßt und theoretisch wird die Teilungsfähigkeit für alle geformten Zelleinschlüsse, mit Ausnahme der Abscheidungs- und Ausscheidungsprodukte, angenommen, selbst bis zum fiktiven Biomolekül. Auf diese Weise verschiebt sich der VIRCHOWsche Satz „Zelle aus Zelle" auf immer kleinere Zellteile bis in das Reich des Unsichtbaren und Chemischen: „Eiweißmolekül aus Eiweißmolekül". Er gilt aber auch auf dem Gebiete der Lebentätigkeit der Zelle: „Leben entsteht nur aus Leben".

Die Abstammung der cytoplasmatischen Inhaltskörper, die wir kurz P l a s t e n nennen wollen, geht durch Halbierung vor sich. Dies ist aber nur bei den auffallendsten unter ihnen, wie z. B. den grünen Chromatophoren, sichergestellt. Schon SCHMITZ (1882) sagt darüber: „Außer dieser Vermehrung durch Teilung findet eine Vermehrung der Chromatophoren in den Zellen der Algen n i r g e n d s und in k e i n e r Weise statt." Vielleicht gilt dies auch für die Mitochondrien (vergl. WEIER 1932 und zusammenf. KÜSTER 1942); wie aber die große Schar der Cytosomen in dieser Hinsicht zu beurteilen ist, ist noch dunkel. Die äußeren Zellorganellen aber, wie Flagellen, Cilien, Stigmata usw., verdoppeln sich mit den dazu gehörigen Wurzelpunkten (Blepharoblasten, Basalkörper usw.) oder bilden sich völlig neu.

Als Beispiel für die Z w e i t e i l u n g der grünen C h l o r o p l a s t e n sei kurz die Halbierung des Schraubenbandes von *Spirogyra* beschrieben, die wir nach KLOPFER (1934) bringen. Sie setzt im Augenblicke ein, da die Scheidewand bei der Zellteilung das Chlorophyllband berührt. Dann fließt das Band an der Kontaktstelle, wohl unter dem Einflusse des Plasma an der Stirnseite des wachsenden Membranringes („bourrelet membranogène" A. CONARDS 1939), aktiv auseinander und gibt den Weg für ihn frei. Auch nach HEIDT (1939) könnte der Teilungsvorgang des Chromatophoren bei *Mougeotia*, nach N. CARTER (1920) bei den Desmidiaceen und nach OTT (s. OLTMANNS 1922, S. 158) bei den Diatomeen als aktive Durchschnürung betrachtet werden. Dies ist am besten aus der eindrucksvollen Schilderung dieses Vorganges bei *Anthoceros* nach LANDER (1935) ersichtlich, da sich dabei selbst direkte Beziehungen zum achromatischen Kernteilungsapparat ergeben (Abb. 2). Der Chromatophor teilt sich hier schon, bevor der Kern noch irgendwelche Anstalten hiezu trifft. Er verlängert seine Gestalt und erhält eine breite Einschnürung. Er ist dabei dem Kerne angelagert und an ihn mit Fasern der Länge nach angeschlossen. Nach der Durchschnürung des Plastiden wandern die Hälften an die Zellpole und bleiben durch ein Faserbündel miteinander verbunden, welches bald mit dem des Kernes verschmilzt, wenn er in Mitose tritt. Das äquatorielle Strahlenplasma nimmt darauf die tonnenförmige Gestalt des Phragmoplasten an und bringt die Querwand hervor.

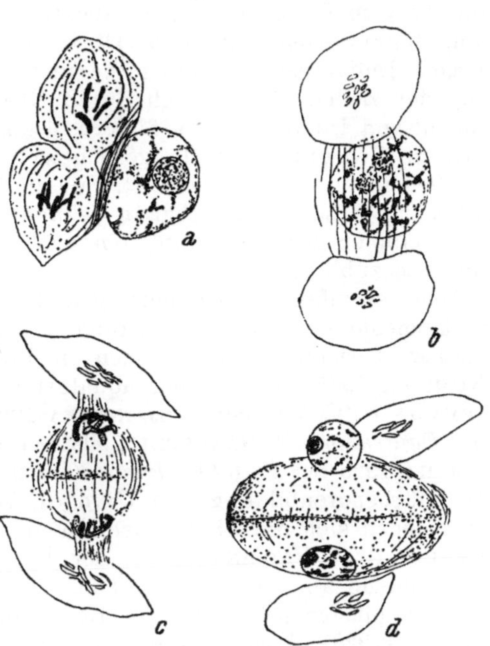

Abb. 2. Der Vorgang der Chloroplastenteilung bei *Anthoceros laevis* in Zellen aus der meristematischen Zone oberhalb des Sporophytenfußes, *a* Einschnürung des Chloroplasten, der Stärkekörner und Pyrenoide in sich birgt. Gleichzeitig damit entsteht eine feine Faserung neben dem Kern. *b* Die Fasern haben an Länge zugenommen. Vorbereitungen im Kerne für die Teilung: *c* Telophase, die Spindel hat Verbindung zum Chloroplasten hin. *d* Der Phragmoplast hat seine volle Größe erreicht und sich von den Chloroplasten freigemacht. (Nach Lander 1935.)

Auch die kleineren Chloroplasten der höheren Pflanzen, teilen sich mit einfacher Durchschnürung, was bei *Hartwegia* an einer Auflockerung der Substanz in der Teilungszone leicht kenntlich ist (vergl. KÜSTER 1937). Sehr ausführlich berichten über diesen Vorgang KIOHARA (1926) und KUSUNOKI-KAWASAKI (1936). Danach soll die Teilung an eine gewisse Größe der Plastiden gebunden sein und mit einer kleinen Furche um $5^1/_2$ Uhr früh beginnen, die erst um 8 bis 11 Uhr abends dem Korne eine hantelförmige Gestalt verleiht. Die letzte

Verbindungsbrücke wird aber erst gegen 1 Uhr nachts unter Abrundung der Teilkörner unterbrochen (KIOHARA 1926).

Im Augenblicke der Zellteilung stellen sich die plasmatischen Einschlußkörper in zwei Gruppen so auf, daß diese auf die Tochterzellen übergehen können. Der Vorgang des Überganges ist bei Existenz eines einzigen Chloroplasten (LANDER 1935) am leichtesten zu überblicken und seine genaue Verfolgung führt uns zur Überzeugung, daß er auch bei Pflanzen mit vielen Chlorophyllkörnern nicht regellos vor sich geht, sondern gemäß der Wichtigkeit dieser Zellorgane, einer strengen Ordnung unterworfen sein muß. Diese ist uns freilich noch ganz verborgen. Individuelle Unterschiede und spätere physiologische Bedeutung der Zellen dürften sich durch Übernahme einer entsprechenden Anzahl von Inhaltskörpern äußern, denen, als Bestandteilen des Plasmas, die Bedeutung von Trägern gewisser arteigener erblicher Eigenschaften nicht abzusprechen ist. Für die Chloroplasten ist in gewissen Fällen ein bestimmter Erbgang bekannt, so daß BELAR (1928) Recht hat, wenn er der Zellteilung ein größeres als bloß morphologisches Interesse zubilligt.

Über spezifische Gruppierungen der plasmatischen Inhaltskörper im Momente der Plasmazerlegung, wird sowohl bei Tieren als bei Pflanzen berichtet. Meist nehmen sie ihre Aufstellung an den Polen (KIOHARA 1935) oder in der äquatorialen Ebene der Zelle (BECKER-SIEMASZKO 1936/37 oder SENJANINOVA 1927 bei den Sporenmutterzellen von *Equisetum*, YAMANOUCHI 1908 bei denen von *Nephrodium* und YAMAHA 1920 bei *Psilotum triquetrum* und schließlich MANN 1924 bei der Mikrosporenbildung von *Gingko*). Bei der Pollenentstehung von *Larix* legen sich die Chondriosomen als dichter Mantel um den Kern (DEVISÉ 1922, PROSINA 1928), der bei seiner Teilung auch je eine Hälfte davon an die Pole mitnimmt. In anderen Fällen sammeln sich die Archiplasten schon vor der Kernteilung an den Polen an, so daß BOWEN (1928) darüber sagt: "... the plastidome seems, indeed, to express a condition of bipolarity on the cell."

In den meisten darauf hin untersuchten Fällen konnte keine aktive Beteiligung der Plasten am Teilungsgeschehen gefunden werden, sie werden vom Plasma an die Orte ihrer Aufstellung geleitet. Eine Parallelität ihrer Teilung mit der des Kernes und Plasmas lernten wir aber bei *Anthoceros* (LANDER 1935, Abb. 2) kennen. Eine ähnliche, ja selbst kompliziertere aktive Beteiligung am allgemeinen Teilungsgeschehen läßt sich ferner bei den Spermatocyten mancher Insekten beobachten, die WILSON (1925) beim Chondriom „Chondriokinese" und bei der Golgisubstanz (Dictyosomen) „Dictyokinese" nennt. Von den extremsten dieser Fälle läßt sich dann eine Reihe verschiedener Übergänge zu jenen mit rein passiver Aufteilung finden. In den einfachen Beispielen aktiver Chondriokinese sammelt sich das Chondriom in Form zahlreicher Stäbchen im Äquator der Teilungszelle als eine Art Mantel oder Palisadenwerk um die Spindel an (*Euschistus* nach BOWEN, vergl. WILSON 1925) und werden bei der Mitose entweder alle oder zum größten Teil der Länge nach durchgeschnitten. Diese beiden Gruppen werden nun von den Kernhälften zu den Zellpolen passiv mitgezogen (Abb. 3 a—d). Bei *Paludina* sind es nur sechs stabförmige Körper, die im Zelläquator zusammenkommen. Am kompliziertesten bekunden sich die Spermazellen des Skorpions *Centrurus* (WILSON 1925, S. 365 und 366), bei denen die verschieden gestalteten Chondriosomen sich zuerst zu einem Ringe vereinigen, der halbiert wird und die Hälften wieder in je zwei kürzere Stäbchen zerlegt werden. Diese teilen sich schließlich im Zelläquator, so daß acht gleiche Stücke resultieren, je zwei für jede der vier Spermazellen.

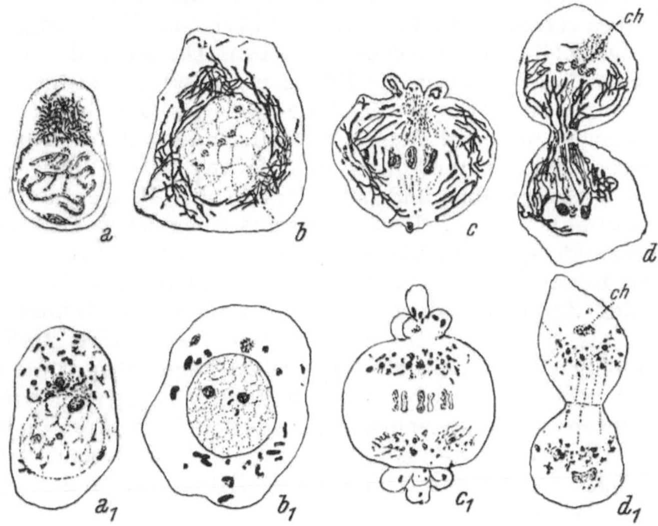

Abb. 3. *a—d* Verhalten des fadenförmigen Chondriosoms (Chondriokinese) bei der Teilung der Spermatocyten von *Euschistus euschistoides*, *ch* Chromosomen
a_1—d_1 Aufteilung des körnigen Golgiapparates (Dictyokinese) bei der Spermienbildung, u. zw. a_1, b_1 von *Euschistus variolarius* und c_1, d_1 von *Brachyonema quadripustulata*, nach seiner Aufstellung im Zelläquator. (Nach Bowen 1920 aus Belar 1928, S. 95, Abb. 64.)

Der Golgikörper wird in der Regel auch passiv in die Tochterzellen, nach entsprechender Vermehrung durch aktive Teilung, übergeleitet, meist allem Anscheine nach aufs Geratewohl. In manchen Fällen ist aber eine Orientierung dieser Bewegung auf die Zentrosomen der Tochterzellen hin unverkennbar, wie bei *Euschistus variolarius* und *Brachyonema quadripustulata* (Abb. 3 a_1—d_1).

D. Die Zellteilung im Spiegel ihrer Geschichte.

Die ersten Anschauungen über die Entstehung der Zellen waren ganz von der aristotelischen Philosophie über den Innenbau und das Wachstum der Organismen beherrscht. Daher wurde der Entdeckung der Zelle nicht gleich die entsprechende Würdigung zuteil, indem sie nicht als Baustein des lebenden Körpers erkannt wurde. Die ersten

Mikroskopiker prüften nur das allgemeine Gefüge der Gewebe, ohne ihre Zusammensetzung aus Zellen besonders zu beachten. MALPIGHI (1675) nennt sie „utriculi", GREW (1682) "bladders". Wir verdanken erst MOLDENHAWER (1812) die Erkenntnis, daß die Membranen im Gewebe nicht künstlerisch durcheinander gelegte Gerüststangen sind, sondern jede Zelle eine eigene ringsum geschlossene Wandung besitzt, also einem Individuum entspricht. H. v. MOHL zeigte weiters, daß auch die Röhren und Gefäße aus Zellen zusammengesetzt sind. Damit gewannen die Zellen die Bedeutung primitiver Bausteine des Organismus, die im Anklang an die Molekularlehre der Chemie und Physik, in großer Zahl und mannigfacher Weise alles Lebende aufbauen.

Als Erster versuchte C. F. WOLFF (1759) eine Erklärung über die Herkunft der Zellen im Gewebe zu geben. Da nach der damaligen aristotelischen Lehrmeinung, die Pflanzen aus einem saftigen Fleische bestehen, konnte sich WOLFF die Zellen nur als Bläschen (Poren) in einer homogenen sulzigen Masse vorstellen, die vom Nahrungsstrom emporgezogen und während ihrer Wanderung in die Länge gezogen werden, in der Ruhe aber und besonders in den Wachtumszonen eine runde Gestalt annehmen. Jeder Organismus ist in seiner frühesten Entwicklungsperoide eine glasklare Masse ohne jede Struktur, und nur mit kleinen Körnchen ausgestattet, an denen sich die Zellen ansetzen. Auch in der Zoologie spielten diese Körnchen, als Grundbausteine und später als Ausgangspunkte für Zellenbildung eine große Rolle. Außer der obigen Bildungsweise der Zellen kennt aber WOLFF (1759, § 36) auch noch eine zweite, nämlich durch Anlage von Häuten in großen Räumen der Pflanzenorgane, wodurch diese in kleinere Abteilungen zerfallen und eine „confusa tela cellulosa" ergeben, d. i. ein unregelmäßiges Gewebe, in dem jüngere Zellen von älteren nicht zu unterscheiden sind.

Auch MIRBELS (1802) Bildungstheorie der Zellen kommt über die aristotelischen Vorstellungen nicht hinaus. Er nennt die Muttermasse der Gewebe „cambium" und vergleicht sie mit dem Hühnereiweiß; in ihr bilden sich die Zellen durch eine „puissance organitrice". Solche Gedanken wurden später mit einer aus der Zoologie stammenden Anschauung verquickt, daß nämlich die Zelle im Leibe einer Mutterzelle als kleiner Embryo entspringen müsse, der natürlich nur ein Körnchen sein kann, das heranwächst und darauf den Mutterleib verläßt. Nicht einmal SCHLEIDEN konnte sich von diesen Ideen befreien, die am Anfange des 19. Jahrh. viel diskutiert werden (z. B. von TREVIRANUS, SPRENGEL, LINK, TURPIN u. a.).

Wollte man aus solchen schwulstigen Gedanken herauskommen, so mußten neue Beobachtungen den Boden vorbereiten. Hierzu eigneten sich die durchsichtigen Algenzellen oder die ersten Entwicklungszustände des Tiereies und der Pflanzensporen ganz besonders. Bei der Erstentwicklung des Froscheies hatten schon die Franzosen PREVOST und DUMAS (1824) gewisse äußerliche reifenförmige Furchen entdeckt, die in regelmäßiger Folge erscheinen, doch machen sie sich über die inneren

Vorgänge hierbei keine Gedanken. Erst RUSCONI (1826) erkennt dieses „sillonement" (d. i. Furchung) als eine Zerlegung der Eimasse und K. E. v. BAER (1834, S. 504, s. REMAK 1855, S. 126) bezeichnet diesen Zerfall als Selbstteilung, wodurch die Individualität des Eies in zahllose kleine Individualitäten übergeführt wird. In pflanzlichen Zellen wurden Zerlegungen des Zellraumes durch Scheidewände von BROGNIART (1927, 1828, 1831), DUMORTIER (1832 bei „*Conferva aurea*"), MIRBEL (1833), MORREN (1836 bei *Closterium*, wo die Wand „cloison transparente" genannt wird) und besonders von H. v. MOHL (1835) zusammen mit seinem Schüler WINTER bei den Schlauchkammern von *Cladophora glomerata* beschrieben. Da MOHL diesen Vorgang zum erstenmal in seiner großen Bedeutung richtig erkannt und ihm öfters Interesse geschenkt hat, so gilt er als der Entdecker der Zellteilung, denn erst von ihm gehen die großen Entdeckungen auf diesem Gebiete aus. Die Teilung der Mikrosporenmutterzellen verschiedener Kryptogamen war von MOHL (1833 bei einer größeren Anzahl von Arten und 1839 bei *Anthoceros laevis*), NAEGELI (1842, 1844, 1846), UNGER (1844), SCHACHT (1852), PRINGSHEIM (1854) und anderen Autoren untersucht worden.

Im Jahre 1833 ergänzte MIRBEL seine Theorie über die Zellentstehung durch die Ergebnisse seiner Untersuchungen an *Marchantia* und faßt den damaligen Stand der Anschauungen darüber in den drei folgenden Arten der Zellbildung zusammen: 1. „Développement superutriculaire", z. B. beim Wachstum eines Algenfadens an seiner Spitze, 2. „Développement extrautriculaire", z. B. zwischen den Zellen in einem Gewebe, 3. „Développement intrautriculaire", z. B. in einer alten Zelle, wobei die neue allein zurückbleibt. MIRBEL spricht nur von einer Entstehung, nicht Teilung der Zellen. Begreiflicherweise widmet er der dritten Art seine besondere Aufmerksamkeit, weil sie der damaligen Auffassung vom Zellembryo im Mutterzelleib entsprach.

Erst die Arbeiten H. v. MOHLS (s. o.) brachten uns die Erkenntnis, daß jede Zelle nur aus einer früheren durch Halbierung oder, bei Vielkernigkeit, durch Vielteilung hervorgeht. Dieses Resultat wurde dann bei vielen Pflanzen und verschiedenen Organen nachgeprüft (NAEGELI, UNGER, s. o.) und bestätigt. Nur die homogenen größeren Plasmakörper (Syncytien) schienen eine Ausnahme darzustellen, weil sich ihre Masse in einer der WOLFFschen Bildungstheorie nahekommenden Weise zerlegte. Da man sich von solchen Gedanken nicht leicht losmachen konnte, wurden die Syncytien für die weitere Entwicklung der Auffassung über den Zellenbau der Organismen bestimmend.

Die Entstehung einer Pflanze aus einer Spore und ihr Wachstum durch stetige Zellvermehrung hätte MOHL auf den Gedanken eines allgemeinen zellulären Baues der Gewächse bringen können. Doch war er zu vorsichtig, um aus dem wenigen Material darüber, eine so weitreichende Verallgemeinerung zu machen. Erst SCHLEIDEN (1838) zog sie, selbst von den falschen Voraussetzungen der Syncytienteilung aus, die er von den Endospermbelegen her kannte (SCHLEIDEN 1837, Abb. 4).

Die Zelle wurde zwar als Elementarbaustein und Lebenseinheit erkannt, aber ihre Herkunft noch aus einer unorganisierten Bildungsmasse (Cytoblastem) durch eine Art „generatio aequivoca" gelehrt. Und zwar sollten sie sich in der Muttersubstanz um Kernkörperchen (Cytoblasten) schichtenweise zusammenballen und mit einer Membram bedecken. Die Zelle hatte demnach einen schalenförmigen Bau mit radial um den Kern angeordneten Leib, der aus einer Mischung von Zucker, Dextrin und Schleim besteht (SCHLEIDEN 1842, S. 197). Diese solcherart entstandenen Zellen vermehren sich durch Abgliederung linsenförmiger Sprößlinge in ihrem Inneren, die mittels uhrglasartiger Membranen an der alten Mutterwand entstehen.

Bei den deutlichen Membranen war es SCHLEIDEN nicht schwer die Zelle als Grundbaustein der Pflanzen zu erkennen. Weit schwieriger kam es SCHWANN (1839) die SCHLEIDENsche Theorie auch im Tierreiche zu bestätigen, da hier die Zellen weit seltener als Kämmerchen abgeschlossen sind. SCHWANN gründete die Identität des zellulären Aufbaues beider Reiche größtenteils auf der Ähnlichkeit der Knorpelzelle mit einer Pflanzenzelle und der Zurückführbarkeit aller Zellformen auf diese Grundform. Gemäß dem häufigen Vorkommen von Tierzellen in homogenen Grundsubstanzen, lehrt SCHWANN ihre extrazelluläre Bildungsweise in Cytoblastemen und durch Kristallisation um spontan erscheinende Kerne. Der Beweis des zelligen Baues des Tierkörpers würde SCHWANN viel leichter gefallen sein, wenn er seine Entwicklung von der Eizelle ab verfolgt hätte, aber die obenerwähnten ersten Arbeiten über die Teilung der Pflanzenzelle waren noch wenig bekannt.

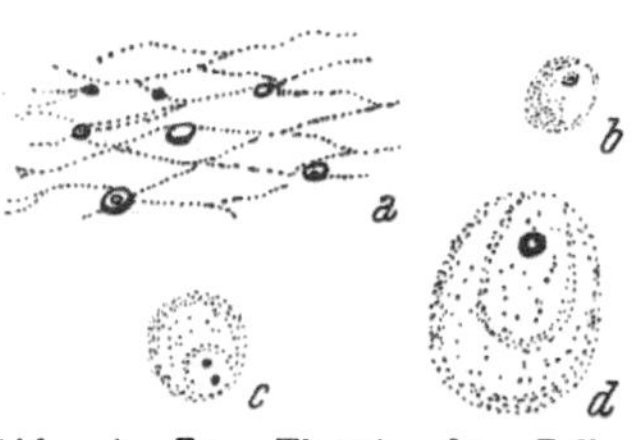

Abb. 4. Zur Theorie der Zellbildung nach M. Schleiden (1838). Um kleine Körnchen im Cytoblastem (*a*) konzentrieren sich Schichten organischer Substanzen nach Art einer Kristallisation (*b*—*d*). (Aus Studnicka 1929.)

Fragt man sich nun, wie der nähere Mechanismus der Zellteilung, bzw. Wandbildung dabei, von MOHL und den ersten Autoren verstanden wurde, so findet man, daß anfangs die simpelste Auffassungsart darüber, nämlich die Einfaltung der Mutterhaut verbreitet war, die auch heute noch manche Autoren, bei Algen wenigstens, gelten lassen. Danach soll die Scheidewand durch faltenartige Einsenkung der Zellmembran entstehen und im zentripetalen Wachsen den Plasmaleib durchschneiden. Da aber an der Teilungsstelle eine äußere Furche, wie sie bei einer Einfaltung zu erwarten wäre, fehlt, so wurde sie auf die inneren Schichten der Mutterwand verlegt, dann auf den „Primordialschlauch", d. i. den plasmatischen Wandbelag und schließlich sollte eine plasmatische Haut der definitiven Wand vorausgehen. Jedenfalls sollten sich zwei in eigene Häute gekleidete Zellen im Raume der alten Mutterhülle herausbilden. UNGER (1844) sagt darüber: „Durch Zwischenwandbildung wächst also der Leib der Pflanze, durch Zwischenwandbildung nimmt die Masse der organischen Elemente, der Zelle usw. zu". Man sucht also keine Embryonen mehr in der alten Zelle, sondern gibt ihre Halbierung in zwei gleichwertige Zellen („merismatische Zellbildung" nach UNGER) zu, die durch Spaltung der ursprünglich homogenen Zwischenwand sich auch trennen können. NAEGELI (1846) faßt schließlich seine Ansicht über die Zellbildung folgendermaßen zusammen: „Die Zellbildung enthält zwei Momente: der erste besteht in der Isolierung oder Individualisierung einer Parthie des alten Inhaltes der Mutterzelle, der zweite besteht in der Entstehung einer Membran um diese individualisierte Inhaltsparthie".

MOHLS wesentliche Ergebnisse über die Wandbildung bei *Cladophora* werden von BRAUN (1851) bei *Spirogyra* bestätigt und die Einfaltung des Primordialschlauches als bezeichnend herausgesteilt, weil die Wand in unmittelbarem Anschluß an die Kernteilung auftritt. PRINGSHEIM (1854) aber kehrt zu MOHLS ursprünglichster Ansicht zurück, indem er sagt: „Die Theilung der Zelle ist derjenige Vorgang der Zellvermehrung, . . . bei welchem die Häute der Tochterzellen aus einer unmittelbaren Theilung (Einfaltung) der Mutterzellhaut, und der Inhalt der Tochterzellen aus einer unmittelbaren Theilung des Inhaltes der Mutterzelle hervorgehen . . .". Wenn heute noch manche Autoren von Einfaltung sprechen, so nur noch im Hinblick auf die Eifurchung oder ihr verwandte Vorgänge (YAMAHA 1926, TISCHLER 1934) mit Falten in der Teilungszone. Doch muß nicht jede Falte auf eine Einfaltung zurückgehen, sie kann vielmehr auch durch Spaltung einer ursprünglich homogenen Platte entstehen, die im Plasma ausgeschieden wird. Völlig falsch ist es aber die „Einfaltung" als selbständigen aktiven Prozeß hinzustellen, was z. B. TISCHLER (1934, S. 342) tut, wenn er die Bildung der Ringfalte mit den folgenden Worten beschreibt: „Diese schreitet dann als ‚dunkle Linie' langsam gegen das andere Ende vor, Plasma und Chloroplasten dabei vor sich herschiebend und schließlich zerteilend"; aber die Ringfalte schiebt das Plasma nicht vor sich her, sondern folgt ihm nur bei seinem Rückzug.

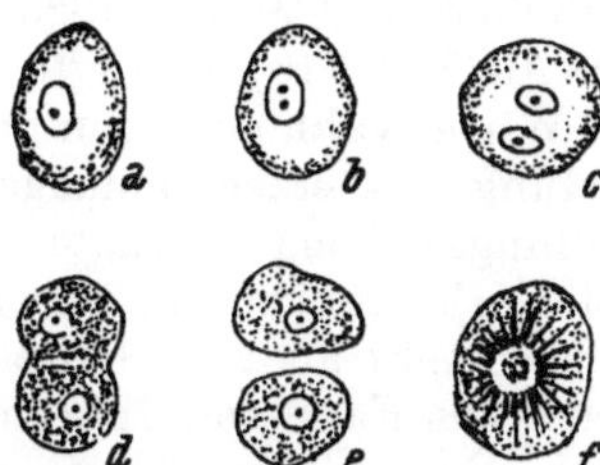

Abb. 5. Direkte Zellteilung der Blutzellen eines Hühnerembryos nach dem „Remakschen Schema". Zuerst teilt sich das Kernkörperchen, dann der Kern und schließlich das Plasma. (Aus Wilson 1925, S. 115.)

Die große Autorität SCHLEIDENS und seine scharfe Feder machten eine kritische Stellungnahme zu seiner Theorie zu einer gewagten Aufgabe. Trotzdem ließ sie nicht lange auf sich warten. NAEGELI, KÖLLIKER und REMAK erwarben sich bleibende Verdienste bei der Bekämpfung ihrer Irrtümer. REMAK (1852) verdanken wir außerdem ein seinerzeit weit anerkanntes Schema der Zellteilung („REMAKsches Schema"), wonach die Teilung zuerst den Nukleolus, dann den Kern und schließlich das Plasma erfaßt (s. Abb. 5). Aber es bedurfte noch vieler Untersuchungen, bis das Cytoblastem SCHLEIDENS wöllig enthront und an seine Stelle die Mutterzelle gesetzt worden war, so daß der

Satz: „Omnis cellula e cellula“ von VIRCHOW (1855, 1858) ausgesprochen werden konnte, nachdem schon NAEGELI und KÖLLIKER ähnliche Gedanken geäußert hatten.

Die Verfeinerung der mikroskopischen Technik eröffnete unerwartete Einblicke auch in das Geschehen der Zellteilung. So erwies sich die von REMAK als einfache Durchschnürung angenommene Kernteilung von komplizierten Strahlungen begleitet. Das vermutete Verschwinden des Kernes (AUERBACH 1876, Karyolysis) wurde als Zerlegung in schleifenartige Gebilde (Karyokinese, SCHLEICHER 1879) erkannt, die so viel Merkwürdiges bot, daß sie in Hinkunft das frühere Interesse für die Zellteilung ganz in den Schatten stellte. Um die Zellteilung als Doppelvorgang, der sich aus der Karyokinese und der Plasmotomie zusammensetzt, auch durch die Namengebung zu kennzeichnen, wurde für diese von französischen und englischen Autoren die Ausdrücke Cytodierèse (CARNOY 1885) und Cytokinese (WHITMANN 1887, s. WILSON 1925, S. 116) geprägt.

Wir erwähnten schon oben, daß sich die früher allein bekannte Zellbildung aus einem homogenen Plasmakörper nicht in das MOHLsche Teilungsschema einfügte. Freilich nahmen die bekannten Beispiele solcher Teilungen mit dem Fortgange genauer Untersuchungen an Zahl immer mehr ab, aber HOFMEISTER (1849 u. 1867) weiß noch die folgenden sechs Fälle anzuführen: Keimbläschen, Gegenfüßlerinnen, Embryosack, Prothalliumbildung von *Lycopodium*, Sporen der Flechten und Ascomyceten. Eine Klärung brachte hier erst SCHMITZ (1879) mit seinem strikten Beweis, daß bei *Valonia utricularis* die Kerne sich nicht spontan sondern durch Teilung aus anderen bilden. Schon früher hatte auch DE BARY (1859) mehrkernige Plasmakörper bei Schleimpilzen durch Fusion freier Schwärmer entstehen gesehen und das Gebilde Plasmodium genannt. HAECKEL (1872) nennt bei Calcispongien Verschmelzungen von Gewebszellen „Syncytien“, welcher Ausdruck in neuerer Zeit für Plasmakörper gebraucht wird, die ihre Mehrkernigkeit dem Ausbleiben der Plasmazerlegung nach Kernteilungen verdanken, in denen sich die Kerne also „frei“ vermehren. HANSTEIN (1880) schlägt die Namen „Mono-“ oder Proto- bzw. Symplast vor, je nachdem ein Kern oder mehrere vorhanden sind. Wir möchten den letzteren Ausdruck im allgemeinsten Sinne zur Bezeichnung eines jeden mehrkernigen Plasmakörpers gebrauchen, der je nach seiner Bildungsweise (s. o.) ein Plasmodium oder Syncytium sein kann. Über andere Auffassungen vergl. STUDNIČKA (1929) u. v. BERTALANFFY (1942).

Die dritte Auflage des STRASBURGERschen Zellenbuches sammelt alle Ergebnisse bis zum Jahre 1880 unter einheitlichen Gesichtspunkten, so daß es die ältere Zeit abschließt. Darauf folgten viele wichtige Beobachtungen, die aber erst 1926 durch YAMAHA eine allgemeine Klassifikation erfuhren, weil sich die Cytologie hauptsächlich den Kernteilungsvorgängen widmete. Ähnliche Sichtungen lieferten darauf BELAR (1927), BOLD (1930) und TISCHLER (1934, 1942). Eine genaue Analyse des Durchschnürungsvorganges verdanken wir BÜTSCHLI

(1876) und SPEK (1918) und des Vorganges der zentrifugalen Wandbildung BECKER (1932—1937). Das Studium der Tetradenteilung angiospermer Mikrosporenmutterzellen gab MÜHLDORF (1939, 1941) Gelegenheit zu kritischen Betrachtungen der wichtigsten Zellteilungskategorien. Nähere Erörterungen über die neueren Arbeiten auf unserem Gebiete sollen in den speziellen Kapiteln Aufnahme finden.

Wir möchten nur noch mit wenigen Worten auf einige Punkte aus der Zellentheorie in der heutigen berichtigten Form eingehen, die sich auf den Gegenstand unseres Buches beziehen. Das Wesentliche aus ihr kann man wohl in den drei folgenden „Sätzen" zusammenfassen:

1. Die Zelle ist das kleinste Bauelement eines vielzelligen Organismus und, isoliert als Einzeller, auch ein Elementarorganismus. Jedes kleinere Teilchen ist auf die Dauer nicht selbständig lebensfähig. Durch Unterdrückung von Plasma- nach Kernteilungen entstehen mehrkernige Symplasten, als Einheiten höherer Ordnung, die selber teilungsfähig sind (morphologischer Satz).

2. Jede Zelle hat im Organismus eine bestimmte Aufgabe zu erfüllen, sie ist eine Arbeitseinheit, wenn auch nicht letztes Lebensteilchen. Als solche und im Kontakt mit anderen Zellen erwirbt sie Eigenschaften, die nur im Gewebeverbande einen Sinn haben. Wenn Zellen darin durch tote Räume (Wände, Grundsubstanzen usw.) getrennt sind, so stellen sich bei gemeinsamer Aufgabenerfüllung, plasmatische Brücken zwischen ihnen ein, die Gewebe, Organe und ganze Organismen zu einem „lebenden Ganzen" vereinigen. Bei Fehlen gemeinsamer Funktionen bleiben auch die Brücken aus (physiologischer Satz).

3. Eine Zelle kann nur aus einer anderen (oder einem Sycytium) durch Teilung entstehen und erhält von ihr die wichtigsten Inhaltsbestandteile (Organellen), die sich im Plasma auch durch Zweiteilung vermehren (ontogenetischer Satz).

Der Inhalt des ersten Satzes hat von uns bisher genügend Beachtung gefunden, so daß darüber nichts mehr hinzuzufügen ist. Beim zweiten Satz möchten wir einige Bemerkungen zum Zellbrückenproblem machen. Es war schon oben die Rede davon, daß die Verbindungsbrücken keine Plasmafusion hervorrufen, sondern die Zellen nur reizphysiologisch vereinigen. Wenn die Plasmen direkt aneinanderstoßen, oder durch Wände aus reizleitenden Substanzen getrennt sind, wird man sie vergeblich suchen. Die erste Eventualität ist z. B. bei den Rhodophyten verwirklicht (MÜHLDORF 1937). Daher ist es sinnlos, wenn KYLIN (1940) bei ihnen aus dem Zusammenhaften der Cytoplasten in den Tüpfeln, auf Vorhandensein von Zellbrücken schließt, da ja die Ektoplasmen direkt miteinander verwachsen sind. Ebenso will KYLIN die chromophilen Ringe um die Tüpfeln nur als mechanische Einrichtungen gelten lassen, während MÜHLDORF (1937) sie außerdem als embryonale Wachstumszonen für die Wandlamellen erkannt hat, da man diese unmittelbar aus jenen ausstrahlen sieht. Beispiele für einen unmittelbaren Kontakt benachbarter Plasmen lassen sich auch anderweitig finden. Als reizleitend wird man ferner Zwischenwände plasmatischer Herkunft halten können, so daß in ihnen Zellbrücken überflüssig sind (z. B. Cyanophyceen, s. MÜHLDORF 1937 oder die dünnen Häute der meisten Tierzellen).

Während also KYLIN (1940) Zellbrücken dort vermutet, wo sie nicht sein können, bestreitet sie WIELER (1941) selbst an Objekten, wo sie von den erfahrensten Cytologen geprüft wurden. Er erklärt sie als „Wabenreihen", und versteht unter „Waben" dasjenige, was man im Schrifttum allgemein als Dermatosomen bezeichnet (s. FREY-WYSSLING 1936). Das sind bekanntlich kleine Körnchen, in welche sich die sekundären Zelluloseschichten bei einem gewissen Grade fortgeschrittener Quellung zerlegen. Es bleibt da vor allem rätselhaft, warum WIELER den Ausdruck „Dermatosomen" meidet und f e s t e Körnchen „Waben" nennt. Weiterhin hat aber MÜHLDORF (1937) die Fehler, die sich aus der Verwechslung von Dermatosomen und Zellbrücken schon früher ergaben, weitgehendst diskutiert, doch geht WIELER darüber hinweg. Die Dermatosomen müssen aber als kleinste Bausteine der Wand lückenlos aneinander schließen, während die Zellbrücken weiter auseinanderstehende Stränge sind. Wie soll man aber den bogenförmigen Verlauf von Dermatosomenreihen in den Tüpfelwänden mit WIELER erklären, wenn sie keine Zellbrücken sind? MÜHLDORF (1937) hat aber auch eine Reihe anderer Beweisstücke für das plasmatische Wesen der Zellbrücken angeführt, auf die hier nicht näher eingegangen werden kann. Wir glauben daher, daß die Behauptungen WIELERS (1941) die Zellbrückenlehre in gar keiner Weise erschüttern können.

Der letzte der von uns oben aufgestellten drei Leitsätze der neueren Zellenlehre über die Herkunft der Zellen schien durch eine große Anzahl von Untersuchungen sichergestellt, hat aber nichtsdestoweniger in der letzten Zeit auch einen Angriff erfahren. Und zwar versichert LEPESCHINSKAJA (1936, 1937) darin Umwälzendes gefunden zu haben. Diese Autorin ist nämlich der Ansicht, daß es im Organismus stets lebende Plasmatrümmer gibt, die sich in richtige Zellen umbilden könnten. Einen solchen Umwandlungsprozeß findet sie auch tatsächlich sowohl während der normalen Entwicklung des Hühnereies bzw. Embryos, als auch in Gewebekulturen. Sie verweist auf ähnliche Befunde von HIS. Fernerhin zeigt unsere Autorin, daß aus der Dottermasse in die subembryonale Höhle herausgefallene Kugeln sich zuerst in protoplasmatische Kerne, dann in solche mit Vorstadien eines Lininnetzgerüstes und schließlich in normale Kerne umbilden, die dann regelrechte Mitosen eingehen.

Auch in Gewebekulturen sollen sich die Dotterkugeln zu Kernen fortentwickeln. Und zwar soll hierbei die ursprünglich richtungslose BROWNsche Bewegung ihrer Granula eine bestimmte Richtung annehmen, was zu ihrer gegenseitigen Annäherung und Kernbildung über die folgenden Zwischenstadien führt: Verklumpung (LEPESCHINSKAJA sagt „Kondensierung") der Körnchen, Auftreten des Lininnetzgerüstes, Eintritt der Granula in dieses Netz, Austritt großer Granula aus dem schon gebildeten Kern und schließlich Beginn einer regelrechten Karyokinese. Am zweiten Tage soll daraus schon ein Syncytium fertig sein. Weiße Dotterkugeln aber, die in die Keimblatthöhle gelangen, bilden Blutinseln.

Auf Grund obiger Studien gelangt LEPESCHINSKAJA zum Schlusse, daß die Entstehung der Zellen sowohl durch Teilung als auch durch Umbildung „nichtzelliger, protoplasmatischer Massen" bewiesen sei. Gegenüber der Cytoblastemlehre SCHLEIDENS weist ihre Theorie den Unterschied auf, daß die Kerne aus lebenden Zelltrümmern entstehen sollen, nicht also wie SCHLEIDEN meint, zwar aus organischem aber unorganisiertem Bildungsstoff, durch eine generatio equivoca und schichtenweise Kristallisation. Ferner zeigt LEPESCHINSKAJA (1937), daß solche Kerne in ihren ersten Entwicklungsstadien auch diffuse Feulgenreaktion geben, die sich auf die Granula verteilt, während das Liningerüst negativ reagiert. Man vergleiche zu dem oben Gesagten die ablehnende Kritik dieser Arbeiten LEPESCHINSKAJAS von RIES (1939, 1941).

SCHEINIS (1937) bestätigt bei Sperlingsembryonen die Bildung von „Protozyten" aus einigen weißen Dotterkugeln, ähnlich wie LEPESCHINSKAJA. Auch die weiteren Veränderungen solcher Kugeln sollen gesetzmäßigen Charakter tragen. Doch verlangt sie noch weitere Untersuchungen, um den Schluß ziehen zu können, daß die aus ihnen entstandenen Gebilde wirkliche vollwertige Zellen sind.

Im Jahre 1945 gibt LEPESCHINSKAJA einen neuen, sehr ausführlichen Bericht über ihre oben kurz skizzierte Theorie von der Existenz nicht zelliger protoplasmatischer „lebendiger Massen" im Organismus, und verteidigt sie gegen die zahlreichen Angriffe russischer Biologen. Diese „lebendigen Massen" stellen nach ihr den Urstoff für die Zellen dar, sind also dem „Cytoblastem" SCHLEIDENS vergleichbar, sind aber, im Gegensatz dazu, aus organischen Stoffen zusammengesetzt. Der Zellbildung aus dieser „lebendigen Masse" mißt sie eine weit größere Bedeutung als der durch Zweiteilung bei, weil sie uns die Phylogenie der Zellen widerspiegelt. Sie bestreitet die Zweiteilung nicht, verlangt aber die Rückkehr unserer Anschauungen über die Herkunft der Zelle zur Lehre SCHLEIDENS, nach Ersatz seines Cytoblastems durch ihre „lebendige Masse". Ganz entschieden aber lehnt sie die Allgemeingültigkeit des VIRCHOWschen Satzes: „Omnis cellula e cellula" ab, und schreibt seine allgemeine Anerkennung nur der „Kriecherei der Gelehrten vor der Autorität VIRCHOWS . . . . welche gegen die Evolutionstheorie kämpften und die Interessen der Bourgoisie verteidigten" zu. Sie fühle sich daher „. . . ungeachtet aller Proteste des reaktionären Teils der Gelehrten verpflichtet . . .", die solcherart seit DARWIN entstandene „. . . größte und wichtigste Lücke in der Biologie auszufüllen". (LEPESCHINSKAJA, 1945, S. 217, 218, 221.)

Da die „lebendige Masse" nach LEPESCHINSKAJA der phylogenetisch ursprüngliche Ausgangsstoff aller Zellen ist, so müßte ihre große Verbreitung als selbstverständlich angenommen werden. Nichtsdestoweniger gibt sie aber nur vier Fälle ihres Vorkommens bekannt: 1. bei den Dotterkörnern, die sich in der Subembryonalhöhle des Hühnchenembryos in richtige Zellen verwandeln, 2. in der wachsenden Eizelle von Vögeln vor der Befruchtung, 3. „bei der karyokinetischen Teilung der Tierzelle, wenn sich die neue Zelle in dem Plasma der Mutterzelle bildet" (LEPESCHINSKAJA 1945, S. 220), und endlich 4. in den Koazervatklümpchen aus dem Plasma zerriebener *Hydra*zellen. Aber auch von diesen vier Vorkommen beschreibt LEPESCHINSKAJA genau nur den ersten und einigermaßen auch den vierten Fall, auf den zweiten und dritten Fall aber geht sie, außer in flüchtigen Erwähnungen, nicht ein. Und gerade der dritte Fall muß für ihre Theorie als der entscheidende angesehen werden, weil er eine Erklärung der Zweiteilung vom Standpunkte der „lebendigen Masse" geben müßte, und die man sehr vermißt. Wenn uns aber das obige Zitat unter Punkt 3 diese Lücke zu schließen erlaubt, wo die Entstehung der Tochterzelle in der Mutterzelle angegeben ist, so können wir uns die Vorstellung unserer Autorin darüber nur nach der Theorie MIRBELLS (s. S. 14) erklären, wo die Entstehung der jungen Zelle in der alten, gleich einem Tierjungen im Mutterleib, gelehrt wird. Und dies ist auch die einzige Annahme. welche einem über diesen Prozeß übrigbleibt, wenn er die Entstehung der jungen Zelle aus einer „lebendigen Masse" erklären will, von der ein „alter" Rückstand (Mutterzelle) zurückbleiben muß, während die Zweiteilung zwei gleichwertige verjüngte Zellen liefert.

Will man das Wesen der „lebendigen Masse" tiefer verstehen, so muß man sich über ihre Herkunft klar werden, ein Punkt, dem LEPESCHINSKAJA, nach unserem Dafürhalten, keine genügende Aufmerksamkeit schenkt, obwohl es bei ihr nicht an Andeutungen fehlt. daß ihre dauernde Bildung aus toten organischen Stoffen sich im Bereiche der Möglichkeit findet. LEPESCHINSKAJA setzt denn auch die aus der „lebendigen Masse" entstehenden Zellen den HAECKELschen Moneren gleich und erblickt in dieser Gleichheit auch einen Beweis für ihre Theorie, nach unserer Ansicht aber mit Unrecht, weil die Monere keine Realität, sondern eine Fiktion ist. Überhaupt muß man jeden Versuch. Fiktionen mit realer Wissenschaft zu verquicken, als unwissenschaftlich abweisen, daher ist auch die Annahme LEPESCHINSKAJAS einer phylogenetischen Primitivität bei der „lebendigen Masse" (die sie ja, zwar häufig genug, aber offensichtlich ungern, auch Plasma nennt) nicht annehmbar, zumal sie aus ihrer Beschreibung nicht zwangsläufig zu folgern ist. Denn in den Fällen 1 und 4 ist die Herkunft der „lebendigen Masse" aus einer Zelle offensichtlich, der Fall 3 ist nicht genauer behandelt und daher nicht zu beurteilen, und im Fall 4 sagt die Autorin. nachdem sie die Arbeiten über den Ursprung der Dotterkörner aus der Eizelle genau bespricht, selber, daß diese Zellprimordien sich gegebenenfalls wieder in richtige Zellen umwandeln können, womit ja der VIRCHOWsche Satz „Omnis cellula e cellula", gegen den sie ankämpft. auch in diesem, am schwersten zu deutenden Fall, von ihr selber anerkannt ist (s. LEPESCHINSKAJA 1945, S. 97). Und eine Zellenlehre ohne

Anerkennung dieses Grundsatzes ist auch nicht möglich, daher war der Zeitpunkt der Entdeckung der Herkunft einer Zelle aus einer anderen, auch die Geburtsstunde der Zytologie überhaupt (s. Vorwort). Aber auch sonst haben uns alle bisherigen Erfahrungen gezeigt, daß es keine „Plasmamassen“ daher auch keine „lebendige Massen“ schlechthin gibt, sondern daß das Plasma n u r in der Erscheinungsform von Zellen oder Syncytien vorkommt. Ferner ist die Tatsache unumstößlich, daß ein Syncytium aus einer Zelle, und nicht umgekehrt die Zelle aus dem Syncytium, entsteht, am Ursprung also jeden Organismus eine Zelle liegt. Daher kann auch jede „lebendige Masse“ nur aus Zellen entstehen. Aus all dem folgt, daß eine Rückkehr zu SCHLEIDEN, für die sich LEPESCHINSKAJA ja einsetzt, kein Fort-, sondern ein Rückschritt wäre. Wir haben in der geschichtlichen Übersicht der Zellteilung (S. 15 bis 16) gezeigt, daß SCHLEIDEN die Zellennatur der Pflanzen nicht aus zelligen, sondern nichtzelligen Gebilden erschlossen hat, daher den zelligen Bau nicht in seiner Gesamtheit erkannt hat. Seine Anschauungen sind auch zu sehr noch von vorwissenschaftlichen mittelalterlichen Gedanken durchsetzt. Daher würde eine Rückkehr zu ihm einer Rückkehr zu ARISTOTELES nahe kommen.

Wir sehen also, daß die Annahme LEPESCHINSKAJAS von der Existenz „lebendiger Massen“ als einer phylogenetischen Vorstufe des normalen Plasmas, einer realen Kritik nicht standhält, der Begriff also fiktiv und daher überflüssig ist. Mit dieser Feststellung sind die experimentellen Ergebnisse der Arbeiten LEPESCHINSKAJAS nicht berührt, darunter auch nicht ihre Angabe über die Umbildung der Dotterkugeln in richtige Zellen beim Hühnerembryo, die wir zu den Prozessen der „freien Zellbildung“ rechnen möchten (s. S. 143, 144).

LEPESCHINSKAJA zählt zur „lebendigen Masse“ auch die Biomoleküle, bzw. ihre realen Vertreter, die Viruskörper, führt aber diesen Gedanken nicht weiter aus. Eine Fortführung ihrer Theorie in dieser Richtung findet sich in den Arbeiten von BOSCHJAN (1950). Dieser Autor berichtet über seine Aufsehen erregenden, experimentellen Umwandlungen von Bakterien in Viren, die wieder in Bakterien zurückverwandelt werden können, wobei, je nach den äußeren Umständen und dem Willen des Experimentators, verschiedene Bakterienformen erhalten werden können. BOSCHJAN zieht dann auch diesen ungewöhnlichen Ergebnissen einen allgemeinen, das ganze Lebensreich betreffenden Schluß, und sagt: „Jetzt kann man es als erwiesen betrachten, daß selbst die kleinsten Eiweißkörper zu Zellen, sowohl von Mikroorganismen als auch von Pflanzen und Tieren werden können“ (BOSCHJAN 1950, S. 91). Ob diese Eiweißkörper lebend oder tot zu denken sind, ist zwar nicht gesagt, doch ist aus dem allgemeinen Gedankengang der Arbeit zu folgern, daß sie den Viruskörpern oder Biomolekülen entsprechen. Damit ist also eine Urzeugung, wenn auch nicht aus dem Unorganischen, ausgesprochen. Diese Umwandlung der Arten geht nach BOSCHJAN auch jetzt ständig vor sich, und die Aufgabe der Biologie besteht nach ihm darin, sie zu beschleunigen und den menschlichen Bedürfnissen anzupassen.

Es ist schwer, diesen hochinteressanten Angaben Boschjans vom Standpunkte unserer bisherigen Erfahrungen über die Zellentstehung zu folgen. Ein leichteres Verständnis seiner Auffassungen wäre aber angebahnt worden, wenn er eine eingehende Beschreibung der oben erwähnten Umwandlungsprozesse gegeben hätte. Diesen Punkt müssen wir für seine Theorie für entscheidend halten; denn die theoretischen Überlegungen über diese Frage sprechen deutlich gegen eine solche Umwandlungsmöglichkeit, wie aus unseren Darlegungen darüber auf der S. 9 zu folgern ist. Leider geht aber Boschjan nur allzu summarisch auf diesen Punkt ein. Ferner ist es selbstverständlich, daß so umwälzende Gedanken wie die Boschjans in einer Wissenschaft nur Fuß fassen können, wenn sie von möglichst vielen Forschern bestätigt werden. Es wäre also einer allgemeinen Anerkennung seiner Anschauungen sehr dienlich gewesen, wenn er genauere methodische Fingerzeige gegeben hätte, wie eine leichte Wiederholung seiner Versuche zu bewerkstelligen ist. Doch auch in diesem Punkte ist Boschjan zu flüchtig. Über seine sonstigen Ergebnisse, die von ihm beschrieben werden und sich auf die Medizin und Mikrobiologie beziehen, können wir, mögen sie noch so ungeheuer wichtig und interessant sein, hier nicht sprechen, weil sie aus dem Rahmen unseres Buches fallen.

E. Die Zellteilungsarten in systematischer Übersicht.

1. Die Merkmale zur Charakterisierung der Zellteilung.

Eine allgemeine und nach allen Richtungen hin befriedigende Einteilung der verschiedenen Zellteilungen ist nicht möglich, weil die Vorgänge hierbei im ganzen Organismenreich wenig abwechslungsreich sind und wenig auffallende Merkmale für weitgehende Unterscheidungen bieten. Daher sind die Typen nicht klar ausgebildet, meist wiegen Kombinationen und Übergänge vor, woraus sich Schwierigkeiten bei der Einreihung beobachteter Fälle zu bestimmten Kategorien ergeben. Oft wird dies ohne Zwang kaum gehen und das subjektive Urteil des Beobachters entscheiden. Aus Mangel an tiefgreifenden Unterscheidungsmerkmalen kehren die ersten historischen Klassifikationen in verschiedener Form auch heute wieder. Überhaupt lassen sich die hierbei verwendeten Merkmale in Form der folgenden zehn antithetischen Paare zusammenfassen:

1. Nach Naegeli (1844) entstammen die Zellen einer „wandständigen Zellteilung“ oder einer „freien Zellbildung“, d. h. sie entstehen entweder durch Wandbildung, die von einer Mutterhaut abzweigt (*Cladophora*) oder aus „Cytoblastemen“ ohne Wandanschluß. Brand und Stockmayer (1925) bezeichnen zentrifugale Teilungen mit sofortigem festem Wandanschluß als „primär“ und ohne solchen als „wandfrei“; bei diesen sind den Tochterzellen noch nachträgliche Verlagerungen in der Mutterhülle möglich.

2. Nach der Zahl der Zellen aus einem Teilungsschritt unterscheidet man Zwei-, Vier- (Tetraden-), Mehr- bis Vielteilungen (oft auch Vielfachteilungen genannt).

3. Der zeitliche und räumliche Ablauf läßt succedane oder simultane Teilungen unterscheiden. Sie sind succedan bei schrittweiser (progressiver) Zerlegung größerer Symplasten, bei länger andauerndem Teilungsverlauf von Einkernzellen oder langsamer Ausbildung von Zwischenwänden nach Mitosen. Sie sind simultan, wenn sich Symplasten mit einem Male bis in die Kleinststücke zergliedern, oder sich Wände in ihrer ganzen Ausdehnung sofort ausbilden.

4. Nach den gegenseitigen Größenunterschieden der Tochterzellen kann man äquale oder inäquale Teilungen unterscheiden, je nachdem gleich oder ungleich große Abschnitte entstehen. Die ersten wiegen vor.

5. Die Art der Aufteilung des Zellraumes (oder eines in sich geschlossenen Gewebeabschnittes) gestattet von Kammerungen, bzw. Fächerungen, im Gegensatz zu Zweiteilungen zu sprechen. Haberlandt (1919, 3. Mitt.) nennt Kammerungen unvollständige und Fächerungen vollständige Unterteilungen eines Zellraumes durch Zwischenwände.

6. Nach der Wachstumsrichtung der Scheidewand unterscheidet man zentripetale und zentrifugale Teilungen, je nachdem sie zellmittwärts oder umgekehrt verlaufen.

7. Je nachdem, ob die Teilung in der ganzen Zellbreite oder nur teilweise erfolgt, spricht man von totaler oder partieller Teilung. Die totale ist weit häufiger, weil sie direkt zur Zellvermehrung führt, die partielle ist durch schwerbewegliche Plasmaeinschlüsse (Dotter) bedingt, ergibt aber letzten Endes eine totale Teilung.

8. Geht die Plasmateilung mit der Mitose parallel, so kommt der Kernteilungsapparat in Mitverwendung und man spricht von „mitotischen Zellteilungen“, die man auch als „typisch“ oder als Prototyp der Zellvermehrung ansieht. Ihr kann man die Symplastenteilung mit Ruhekernen gegenüberstellen.

9. Schon seit seiner Entdeckung wird der Teilungsvorgang oft als „Einfaltung“ der Mutterzellwand oder des Plasmaschlauches beschrieben, und Yamaha (1926) stellt ihr die Hautschichtneubildung in Gegensatz.

10. Nach der Art der Grenzschichtbildung unterscheidet man Durchschnürungen mit breiten Trennungszonen und Verflüssigung von Plasma in ihnen, und Wandbildungen mit schmalen Teilungszonen und Entmischungen von Plasma, die zur Anlage einer Wand oder der Hautschichten der Tochterzellen führen.

2. Die früheren Systeme der Teilungsarten.

Die obigen zehn antithetischen Merkmalspaare geben das Grundgerüst für jede vergleichende Betrachtung der Zellteilungsarten ab. Sie ermöglichen es uns, auch die früheren Klassifikationsversuche von einer gemeinsamen Basis aus zu verstehen. Unter diesen ist in erster Linie der von NAEGELI (1842/1844) zu nennen, welcher der SCHLEIDENschen „freien Zellbildung“ in einer Muttersubstanz durch eine Art Kristallisation, eine „wandständige Zellteilung“ gegenüberstellte und damit das bezeichnete, was wir Symplastenteilung und zentripetale Ringplattenbildung (Algen, *Cladophora, Spirogyra)* nennen. Von NAEGELI übernimmt dann STRASBURGER in den drei Auflagen seines Zellenbuches das Prinzip dieser Einteilung, doch wird aus der „freien Zellbildung“ in der dritten Auflage einfach „Zellbildung“, weil vorher SCHMITZ (1879) die Kernteilung in Symplasten nachwies, und aus der „wandständigen“ wird einfach die „Zellteilung“, weil inzwischen auch andere Wandbildungsarten neben der obigen bekannt wurden. STRASBURGERS „Vollzellbildung“ ist keine Zellteilung, weil bei ihr keine Vermehrung stattfindet, daher gehört sie überhaupt nicht in dieses Kapitel.

Mit dem Zellenbuche STRASBURGERS vom Jahre 1880 ist die vergleichend-morphologische Seite der Zellteilung insoferne zu einem gewissen Abschluß gekommen, als sich systematische Zusammenstellungen darüber bis 1922 nicht finden. Erst dann versucht nämlich TISCHLER (1922) die verschiedenen Teilungsarten neu zu klassifizieren, deren Kenntnis sich bis dahin infolge der feineren Mikrotechnik bedeutend vertieft hatte. Doch soll sein System erst weiter unten besprochen werden, weil es 1934 und teilweise 1942 erweitert wurde und bis dahin andere Einteilungen erschienen sind, die wir behandeln wollen.

WILSON (1925) kennt nur zwei große Gruppen von Cytokinesen: 1. “Cleavage by constriction or furrowing” und 2. “cleavage by cellplate formation” in Phragmoplasten. Bei ihm sind also Durchschnürung und Furchung identische Begriffe. Die Inhaltskörper des P l a s m a s gehen durch eine „meristic division or distribution” auf die Tochterzellen über. BELAR (1928) folgt WILSON neben dieser Grundeinteilung in zwei Klassen, die er „Furchung“ und „Diastembildung“ nennt, auch in der Gleichstellung von Furchung und Durchschnürung. Unter einem „D i a s t e m“ (HIS 1898) versteht er eine „. . .flächig entwickelte, besonders strukturierte Zone . . .“ „. . . in oder an der weiterhin intraplasmatische Membranbildungen einsetzen, durch die der Protoplast zerteilt wird“. Furchung und Diastembildung sind in einander übergehende Typen, die auch Kombinationen zulassen. Als eine solche zählt BELAR die Vierlingsteilung von *Melilotus* nach CASTETER (1925) auf, bei dem das „Diastema“ eine Vakuolenansammlung ist. BELAR fragt nicht, wie dieses „Diastema“ zur Wand wird. MÜHLDORF (1941) weist aber darauf hin, daß es ein Fixationsartefakt ist.

Geht BELARS System auf WILSON zurück, so stützt sich dasjenige von YAMAHA (1926) auf die ersten Anschauungen MOHLS von der Hautschichteinfaltung, bei der keine neue Substanz gebildet werden soll. wie es dem Begriffe einer E i n f a l t u n g entspricht, und dieser wird eine N e u b i l d u n g als zweite Klasse gegenübergestellt. Beide Klassen zerfallen dann in je drei Gruppen, und zwar gibt die Einfaltung den Einschnürungs-, Rißspalte- und Membranleistentypus, und die Hautschichtneubildung gibt den Vakuolen-, Mikrosomen- und Zellplattentypus ab. Eine absolute Abgrenzung dieser Typen gegeneinander ist nach dem Zeugnis des Autor unmöglich. Hiezu können wir bemerken, daß selbst bei der „typischesten" Einfaltung, nämlich der Durchschnürung, es experimentell nicht festgestellt werden konnte, ob bei der Teilung des Tiereies in die beiden ersten Blastomeren, die notwendige Oberflächenvergrößerung durch Dehnung, wie dies DAN-YANAGITA-SUGIYAMÀ (1937) behaupten, oder Substanzneubildung, wie es SCHECHTMANN (1937) und SCHNEIDER (1939) meinen, erfolgt. Weiterhin sind der Rißspalte- und Membranleistentypus eigentlich identisch, weil in eine Spalte im Plasma (dem Negativ) notwendigerweise eine Leiste (als Positiv) gehört. Der Vakuolen-, Mikrosomen- und Zellplattentypus beziehen Wandbildungen in sich ein, die alle auf der Grundlage von Körnchenlamellen entstehen. Daher können diese Namen, wie YAMAHA es tut, nicht auf den engeren Prozeß der Wandbildung selbst bezogen werden, sondern auf Vorgänge in ihrer Umgebung, also in der Trennungszone, die entweder eine breitere Vakuolen- oder eine Mikrosomenansammlung in sich birgt, oder fast frei davon ist. In ihnen erfolgt dann die Wandanlage immer durch Fusion von Körnchen oder Tröpfchen (s. Abschn. II, E, 5). Diese speziellen Plasmastrukturen in der Teilungszone haben verschiedene Namen: achromatischer Teilungsapparat, Verbindungsfadenkomplex (STRASBURGER), Zwischenkörper, Diastema (HIS, BELAR), Phragmoplast usw. Es handelt sich da immer um einen „Teilungskörper", der im Dienste der Wandbildung steht und dessen Aktivität dabei in seiner inneren Struktur ausgedrückt ist.

KÜSTERs (1935 b) Entwurf eines Systems der Zellteilungsarten ist nur eine Aufzählung verschiedener Typen in lockerer Folge, und zwar: Querwandbildung, freie Kernteilung mit simultaner Zellteilung, Vollzellbildung (die aber eigentlich keine Zellteilung ist, s. o.), Zerklüftung, freie Zellbildung, Zellsprossung und schließlich inäquale Teilung.

BOLD (1933) hingegen hat sich zur Aufgabe gemacht, ein logisch durchdachtes System herauszugeben. Es ist das erste dieser Art und kennt die folgenden Gruppen:

1. Teilung mittels Furchen, die an der Zelloberfläche oder an Vakuolen beginnen und zu Zweiteilungen unmittelbar nach Karyokinesen (Tiereier) oder nicht unmittelbar danach (*Pediastrum, Cladophora*), aber auch zu progressiven Vielteilungen (Spaltungen, einschließlich der Vierteilungen von Pollenmutterzellen) führen; ferner Teilungen, bei denen die Furchen auch an Zelloberflächen (Sporenbildung der Phycomyceten) oder an Vakuolen (Sporenbildung bei *Pilobolus, Rhizopus* und *anderen Phycomyceten,* ausnahmsweise bei den Sporenmutterzellen von *Melilotus* nach CASTETER 1925), ansetzen.

2. Teilung mittels Zellplatten, die in achromatischen (kinoplasmatischen) Apparaten und in zentrifugalem oder zentripetalem Wachs-

tumsverlauf entstehen, und zwar einerseits als flache Platten (vegetative Zellen der Bryophyten, Pteridophyten, Spermatophyten, Endospermbelegen — zentripetal bei *Spirogyra*), andererseits aber auch als gekrümmte oder kreisbogige Platten entstehen (generative Zellen im Pollenkorn). Ohne Kinoplasma entsteht die Wand bei *Cladophora*, *Stypocaulon*, Oogonien von *Fucus*.

3. Freie Zellbildung unter Hinterlassung von Protoplasma, und zwar mit Beteiligung kinoplasmatischer Fasern (Ascosporen, Proembryo von *Ephedra*) oder ohne Faserung (Abgrenzung der Zygoten bei Angiospermen oder Gameten bei *Perenosporales*).

Bold hat also mehrere der obigen antithetischen Merkmalspaare ineinander verwoben, ohne aber zuvor ihre Wertigkeit für eine systematische Stufung zu prüfen. Geitler (1934) hingegen kommt bei seiner Übersicht mit nur dreien davon aus, nämlich: Zwei- und Vielfachteilung, Furchungsteilung und Zellplattenbildung, äquale und inäquale Teilung, das ergibt also sechs Gruppen. Sharp-Jaretzky (1931) kennt nur vier Gruppen, von denen die erste „Furchung und Vakuolenbildung" dem üblichen Durchschnürungs-, bzw. Zerklüftungstyp, und die Gruppen 3 und 4 dem Zellplattentyp gleichkommen. Dem Namen nach neu ist die Gruppe 2: „Zellteilung durch Differenzierung von Metaplasmen" in tierischen Geweben (Knorpel, Knochen), in denen die Zellen durch metaplasierte Grundsubstanzen auseinander rücken, was aber einer Zerklüftung entspricht.

Die umfassendste Klassifikation der Plasmateilungsarten verdanken wir Tischler (1922/23, 1934, 1941, 1942), welcher in erster Linie die Beziehungen der Kerne zum Teilungsvorgang prüft, aber dabei auch viele andere Einzelheiten mitberücksichtigt. Die Grundlage der Tischlerschen Übersicht bildet die oben erwähnte Arbeit von Yamaha (1926), so daß als führende Merkmale die Einfaltung und Neubildung (Tischler sagt, wohl aus Versehen, „Umbildung") der Plasmahautschicht anerkannt werden. Bei der ersten soll kein frisches Hautplasma gebildet werden, bei der Neubildung aber „die junge Zellwand, die die Zellteilung bedingt, zunächst in toto als Plasmaschicht vorhanden sein, und von dieser würde dann erst die Membransubstanz abgeschieden werden" (Tischler 1934, S. 343). Die Zellplattenbildung behandelt Tischler erst im zweiten Bande der Karyologie, weil der Phragmoplast zum Teilungskern gehört; alle anderen Teilungsarten finden im Bande „Der Ruhekern" Aufnahme. Darin wird auch der „Einfaltungstyp" bei *Spirogyra* und *Cladophora* behandelt, obwohl bei *Spirogyra* die Ringplatte auch zusammen mit der Kernteilung entsteht, ebenso wie bei *Oedogonium* (Kretschmer 1930), aus dem Tischler ein Leitobjekt für einen eigenen Typus (*Oedogoniumtypus*) macht. Ebenso stutzig macht die Kapitelüberschrift „Zellteilung mit aktiver Einschnürung des Protoplasten", worunter Yamahas (1926) Einschnürungstyp gemeint ist, da durch die besondere Hervorhebung der Aktivität in diesem Falle, sie bei den anderen Typen fraglich wird. Nun ist aber jede Zellteilung nur das Werk der Aktivität des Plasmas. Übrigens hat die Einschnürung bei TISCHLER ihren Platz an sechster Stelle unter den Teilungstypen gefunden, statt, wie bei YAMAHA, als Grundparadigma, an die erste zu kommen.

In TISCHLERS Kapitel h) „Zellteilung in Syncytien durch ‚cleavage' ", ist „cleavage" völlig gleichbedeutend mit dem deutschen Worte „Spaltung" und daher, trotz der Vorliebe der Deutschen für derlei „termini technici" fremdsprachlicher Herkunft entbehrlich, da es nicht im geringsten mehr leistet als das deutsche Wort und sowohl der Engländer als auch der sprachenkundige Deutsche damit nur die „Spaltung" versteht. Außerdem hat es im englischen Schrifttum einen derartig weiten Umfang, daß es gleich dem sinnverwandten Worte "furrowing" oft nur als Verlegenheitswort gebraucht wird. Das deutsche Wort Furchung hat sich in der letzten Zeit auf dieselbe Bahn begeben. Vergebens versucht daher TISCHLER (1934, S. 382) den Angaben HIGGINS über die "cleavage" bei den Spermatienmutterzellen von *Mycosphaerella Bolleana* einen tieferen Sinn zu unterlegen, er bleibt am Ende doch im Zweifel, ob es sich hier nicht doch um einen „furrowing-Typ" handelt. Die Engländer lassen nämlich auch den „furrowing-Typ" sich durch "cleavage" spalten und HIGGINS wird sich bei seinem Beispiel wohl kaum darunter etwas anderes vorgestellt haben. als was das Wort eben besagt, nämlich eine Spaltung oder Teilung schlechthin, weil dies Wort für ihn kein Fremdwort und „daher" auch, wie für TISCHLER, kein „terminus technicus" ist. WILSON (1925) sagt kategorisch: "Cleavage is of two modes . . . namely by furrowing or constriction, and by the formation of a cell-plate."

3. Prüfung der Charaktermerkmale der Zellteilung nach ihrer phylogenetischen Wertigkeit.

Auch unsere Klassifikation kann nur auf der Grundlage der obigen zehn antithetischen Merkmalspaare getroffen werden. Doch müssen wir erst ihre phylogenetische Stufung prüfen, um die Reihenfolge ihrer Verwertbarkeit zur Klassenbildung kennen zu lernen.

Der Durchschnürungstypus ist zweifellos der einfachste Teilungsvorgang; denn einfacher als die autonome Zerlegung eines flüssigen Plasmas durch Auseinanderkriechen der Tochterzellen, wobei der Mutterleib buchstäblich zerrissen wird, kann eine Teilung nicht mehr sein. Er ist auch bei den als einfachst geltenden Organismen vertreten. Zellen im Gewebeverbande oder einer Eihülle können nach der Teilung nicht auseinander treten, daher geht bei ihnen eine anfängliche Durchschnürung in eine Zellwandbildung über, die bei Gewebekulturen oder Freimachung der Eizelle aus der Haut, zur Durchschnürung zurückkehrt. Die Scheidewandbildung ist also durch die Enge des Raumes bedingt. Das durch die Oberflächenspannung hervorgerufene Abrundungsbestreben der Tochterzellen wirkt bei der Durchschnürung als gegenseitige Abstoßungskraft.

Da der ursprünglichste Sinn der Zellteilung nur die Vermehrung sein kann, so wird man die Teilung und unmittelbare Trennung der Zellen nach Mitosen, also die Teilung der Einkernzelle als primär und jede Komplizierung als sekundär betrachten müssen. Daher ist die Vielteilung der Symplasten nicht primitiv, sondern abgeleitet. Dabei muß der succedane Teilungsgang sowohl bei der Einkernzelle als auch dem Symplasten dem simultanen vorangestellt werden, weil die Simultaneität deutlich den Stempel eines plötzlichen Ausbruches von früher zurückgehaltenen Vorgängen (Zellteilungen) trägt, die unter der Einwirkung irgend eines Faktors nicht succedan verlaufen sind.

Da die Durchschnürung, als einfachste Art der Zellteilung, zentripetal verläuft, so wird auch die zentripetale Entstehungsweise der Wandanlage phylogenetisch ursprünglicher sein müssen als die zentrifugale. Diese Annahme findet ihre Bestätigung auch bei Durchschnürungen, die in eine Wandbildung übergehen und welche selbstverständlich zentripetal erfolgt.

4. Systematische Übersicht der Plasmateilungsarten auf phylogenetischer Grundlage.

Wir haben oben gesehen, daß die Durchschnürung als der einfachste Teilungstypus zu gelten hat. Als zweite große Klasse folgen ihm die Fälle mit Wandbildung, wobei der zentripetalen Bildungsweise der Vortritt vor der zentrifugalen gebührt. Selbstverständlich muß auch die Einordnung der Teilung der Einkernzelle der des Symplasten vorangehen.

So leicht die Unterscheidung einer Durchschnürung von der Wandbildung bei extremen Beispielen sein mag, so schwer fällt sie bei Übergangstypen. Im allgemeinen kann man die Durchschnürung als ein Zurückfließen des Plasmas in einer mehr oder weniger breiten Grenzzone des Äquator bezeichnen, die zur Erleichterung des Prozesses verflüssigt (hydratisiert) wird. Gleichzeitig damit wird flüssige Substanz in den Außenkanal eingefüllt. Die Wandbildung hingegen vollzieht sich auf schmaler Zone, das Plasma zieht sich nicht zurück, sondern liefert durch Entmischung, d. i. Zurücknahme allen körnigen Inhalts, eine Trennungsplatte, die zur primären Wandanlage oder zu den Hautschichten der Tochterzellen wird.

Eine besondere Schwierigkeit bei der Erkennung der beiden Grundtypen der Zellteilung ergibt sich, wenn z. B. die primäre Wandplatte gleich nach ihrer Bildung, durch seitlich eindringende Spalten in die Zellhüllen der beiden Tochterzellen halbiert wird und diese sich gleichzeitig abrunden. Dann ist das äußere Bild einer Durchschnürung gegeben (MÜHLDORF 1938: Cyanophyceen, MAINX 1927: *Eremosphaera*). Hier ist der Umstand wichtig, daß dem Spalt eine plasmogene Platte vorangeht und der äquatorielle Einschnitt nicht in verflüssigtes Plasma tritt. Einer anderen Schwierigkeit begegnet man in Fällen, wo die Differenzierung der ersten Wandanlage im Teilungsstadium der Zelle nicht so leicht in die Augen springt, sondern erst später als Mittellamelle in der reiferen Wand zu erkennen ist (MÜHLDORF 1941: Mikrosporenmutterzellen der Angiospermen). Auch da ist das anfängliche Bild der Durchschnürung als Täuschung erkannt worden (vergl. Abschn. II, C, 8 a).

a) Durchschnürungen.

Wir wiederholen kurz die oben gegebene Charakteristik: Das verflüssigte Plasma in der Teilungszone zieht sich zurück und wird in seiner Bewegung von der zusammenschnürenden Kraft der freien Zelloberfläche unterstützt. In die so entstandenen Furchen oder Spalten wird flüssiger Ausscheidungsstoff eingefüllt.

α) **Durchschnürung von Zellen (einkernig).** 1. Beispiele aus dem Tierreich: Amöben, Protozoen. Totale und äquale Furchung homolecithaler Tiereier. Somatische Zellen mit Ausnahme der Knorpelzellen.

2. Beispiele aus dem Pflanzenreiche: Einkernige Amöbocyten. Monadophyten (Flagellaten). Schwärmer der Myxophyten und Bacillariophyten (*Biddulphia mobiliensis* nach BERGON 1907 und PERAGALLO 1907, oder *B. sinensis* nach P. SCHMIDT 1927). Teilung der generativen Zelle in zwei Spermazellen (WULFF 1933, WYLIE 1923, PIECH 1924, HUBER 1937/38).

Ganz besonders merkwürdig ist die Durchschnürung der behäuteten Zellen von *Porphyridium cruentum* nach GEITLER (1941), da bei dieser Alge nicht flüssige, sondern gallertige, offenbar festere Substanz in die Schnürspalte abgeschieden wird.

3. Durchschnürung plasmolysierter Cytoplasten von *Allium Cepa* nach Versuchen von HABERLANDT (1919, 1920).

4. Abschnürung von Knospen (Knospung, Sprossung) an Einkernzellen. Bei Pflanzen: Hefepilze, Konidien- und Gemmenbildung bei einigen Pilzen, ausnahmsweise bei Algen: *Stephanosphaera fabreae* nach DANGEARD (s. TISCHLER 1934, S. 356).

Bei Tieren: Richtungskörperbildung nach SPEK (1918).

β) **Durchschnürung und Zerklüftung von Symplasten (mehrkernig).** Es handelt sich da um einen autonomen Zerfall von zwei- bis vielkernigen Plasmakörpern, meist bis zur Einkernigkeit. Das Plasma ballt sich in kleinen Portionen um die Kerne, und die meist gewundenen Teilungszonen werden verflüssigt. Wenn sich das Plasma aus ihnen zurückzieht, so werden sie gleich mit flüssigen oder geligen Stoffen („Vakuolisierung des Plasmas“ mancher Autoren) ausgefüllt. Die Oberflächenkräfte der neugebildeten Hautschichten runden die Plasmaballen ab. Solche Durchschnürungen tragen den Charakter beschleunigter Vorgänge, sind aber im Wesen identisch denen der Einkernzellen, nur daß sie bei Kernruhe ablaufen.

1. Zweiteilung von Symplasten mittels Durchschnürung sind nicht häufig. Beispiele: Der Pilz *Entomophthora fumosa* nach REES (1932), zwei- oder vielkernige Protozoen: *Arcella, Chloromyxum leydigi* (Plasmotomie nach DOFLEIN 1929).

2. Vielteilung und Zerklüftung (in den Endstadien Durchschnürung) von Symplasten, bis zur Einkernigkeit. Beispiele: Sporogenese bei Myxophyten, Aplano- oder Zoosporen-(bzw. Gameten-)bildung bei Chlorophyceen und Phaeophyten, sowie bei Phycomyceten (*Saprolegnia*, *Achlya*, *Phythophthora*, *Synchytrium*), Zerklüftung der Sporangien von *Mucor Mucedo*, Schizogonie (Zerfallsteilung), kann bei Fehlen einer Außenhülle den Charakter einer Zerstäubung annehmen; z. B. *Plasmodium malariae*, Sporogonie bei Gregarinen, im Pflanzenreiche wahrscheinlich bei der Spermienbildung von *Sphaeroplea* oder *Vaucheria*; oft bleibt dabei ein Restkörper zurück: *Diplophysalis* nach KARLING (1930), Sporozoen.

3. Abschnürung von Knospen an Symplasten (multiple Knospung). Im Pflanzenreiche: *Hyphelia* (JUEL 1920); im Tierreiche: *Podophrya*, Heliozoen, Schwärmerbildung bei *Noctituca*, Gametenabknospung bei Gregarinen (z. B. *Lipocystis* nach GRELL 1938, Spermatogenese bei *Aggregata eberthi*), oft mit Hinterlassung eines Restkörpers.

b) Teilung mittels plasmogener Scheidewände (Teilungs-, Entmischungsplatten).

Diese werden zur primären Wandanlage und später Mittellamelle oder zu den Hautschichten der Tochterzellen. Die Vorgänge der Scheidewandbildung können rein auf die schmale Schichte der Trennungsplatte beschränkt bleiben oder auch auf verschieden breite Zonen des angrenzenden Plasmas übergreifen (sie „aktivieren"), was im Fixationspräparate Körnchen-, Vakuolenansammlungen oder komplizierte „Teilungskörper" ergibt. Ein plasmatisches Filzwerk aus langgestreckten dünnwandigen Alveolen in der Trennungszone beschreibt HIS (1898) als „Diastema", bei Salmonideneiern. Der Trennungsspalt geht längs besonders ausgerichteter Alveolenwände. Auch bei Diatomeen z. B. soll sich die Trennung an der Berührungsfläche zweier aneinanderstoßender Alveolarschichten vollziehen (LAUTERBORN 1896). Besonders eindrucksvolle Beispiele solcher alveolärer Doppelschichten sich teilender Zellen liefert uns ERLANGER (1897) bei Nematodeneiern. Sonst sind bei Tierzellen komplizierte Teilungskörper selten (vergl. HOFFMANN 1898).

α) **Die Teilungsplatte hat einen zentripetalen Bildungsverlauf,** d. h. sie beginnt an der Innenseite der Mutterzellwand und schreitet zellmittwärts, meist succedan, selten simultan vor.

1. Zellen. Die zentripetale Teilungs(Ring-)platte entsteht im engen Anschluß an Mitosen

a) ohne Aktivierung angrenzenden Plasmas in der Trennungszone (also ohne besondere Strukturen darin). Beispiel: Totale äquale Eifurchungen mit finaler Wandbildung; Teilung mancher Bakterien. Polyangiden (?), Cyanophyceen; vegetative Teilung der Diatomeen (PFITZER 1871, LAUTERBORN 1896, CHOLNOKY 1928, 1933), mancher

Phytomonadinen (HARTMANN 1918), von *Enteromorpha* (RAMANATHAN 1939), *Ulva lactuca* (N. CARTER 1926), *Ulothrix* (I. GROSS 1931), *Phaeophyta* (MOTTIER 1900), vielleicht auch die Eibildung von *Pelvetia* (OLTMANNS 1922).

Ferner ist dieser Teilungstyp offenbar verwirklicht bei den Conjugatophyten *Zygnema* (KURSSANOW 1912), *Closterium* (LUTMAN 1910, 1911), der Keimung der Tetrasporen von *Polysiphonia* nach YAMANOUCHI (1906), den einkernigen Thallusabschnitten (Kurztrieben) von *Griffithia Bornetiana* nach KYLIN (1916), der Teilung von *Rhodospora* nach GEITLER (1927) und *Chroothece* nach PASCHER-PETROVA (1931), ferner bei der vegetativen Teilung von Pilzhyphen und schließlich ausnahmsweise bei der ersten Teilung der Embryoinitialzellen und Bildung des Suspensorschlauches von *Ephedra* nach LAND (1907). Die plasmolytischen Teilungen in den Haarzellen von *Coleus amarus*, den Blattzähnen von *Elodea* und anderen Objekten nach HABERLANDT (1919, 1920) können hier auch angereiht werden.

b) mit Aktivierung angrenzenden Plasmas in den Trennungszonen, was in fixierten Präparaten als eine Körnchenansammlung oder Strahlung erscheint. Beispiele: Teilung bei *Spirogyra* nach STRASBURGER (1880, 1888), MACALLISTER (1931) und CONARD (1939), sowie bei einigen anderen Conjugaten.

2. Symplasten. Teilung von Symplasten mittels zentripetal entstehender Ringplatten oder allseitiger Scheidewände, die anfangs zentripetal verlaufen und den Symplasten nach allen Richtungen hin durchschichten, ohne angrenzendes Plasma zu aktivieren.

a) Zweiteilung (Kammerung) syncytialer Schläuche von Algen oder Pilzen mittels Ringplatten. Beispiele: Scheidewandbildung bei Cladophoraceen, bei *Sphaeroplea*, in den Scheitelzellen der Rotalgen (*Griffithia Bornetiana* nach J. F. LEWIS 1909, *Gr. corallina* nach KYLIN 1916, Langtriebe von *Martensia* nach SVEDELIUS 1908), bei der Abgrenzung der Sporangien von der Traghyphen bei den Phycomyceten und *Vaucheria*, bei der Kammerung vielkerniger Hyphen der Pilze.

Anhang: Bildung von Strikturen zur Kammerung von Siphoneenschläuchen oder Pilzhyphen. Pfropfenbildung in Pollenschläuchen. Bildung von Membranfalten in den Assimilationszellen der Coniferen nach REINHARDT (1905) und an der Querwand von *Spirogyra* (CONARD 1939).

b) Vielteilung vielkerniger Symplasten mittels Teilungsplatten, die sich allseitig ausbreiten und bis zur Bildung einkerniger Plasmastücke führen. Diese sind anfangs polygonal abgeplattet („Blockteilung"), nachträglich aber trennen sie sich unter Abrundung. Da bei diesen Teilungen die Wände nicht bleibend sind, so formen sich die ersten Teilungsplatten zu Hautschichten um. Eine Aktivierung breiterer Teilungszonen findet nicht statt.

Beispiele aus dem Pflanzenreich: Bildung der Wandungen bei den Capillitiumfasern in Myxomycetenaethalien (HARPER-DODGE 1914), Sporenbildung bei manchen Phycomyceten: *Plasmopara* nach NISHIMURA

(1926), *Pilobolus* und *Sporodinia* nach HARPER (1899) mit teilweiser Vakuolisierung der Grenzzone vor der Trennung, *Phycomyces* und *Rhizopus* nach D. B. SWINGLE (1903), *Rheosporangium* nach EDSON (1915). Bei allen obigen Beispielen wird die erste Teilungsplatte zu den Hautschichten der Sporenzellen, die sich darauf mit eigenen Hüllen bekleiden. Hierher gehört ferner die Abgrenzung der Eizelle im Oogonium der Perenosporeen (*Albugo, Pythium*), sodann die der Cysten von *Protosiphon* nach BOLD (1933), die Aufteilung des Oogoniums in die Oosphären bei *Fucus* nach FARMER und WILLIAMS (1898) sowie die Herausbildung der Zoosporen und Spermien bei den Phaeophyten nach dem unilokulären Modus, als Ausnahme sogar die Aufteilung des Embryosackes von *Asclepias* nach FRYE (1902) und *Aegilops* nach SCHNARF (1926), schließlich als „freie Zellbildung" die Abgrenzung der Eizelle im Oogonium der Perenosporeen (*Albugo, Pythium*) und die Wandbildung bei pathologischer Plasmazergliederung von *Achlya* nach HORN (1904) und *Bryopsis* nach KÜSTER (1934).

Beispiele aus dem Tierreiche: Wandbildung bei der Aufteilung der Syncytien discoidal und superficiell sich furchender Eier.

β) **Teilung von Zellen und Symplasten mittels zentrifugal angelegter Teilungsplatten,** die in den definitiven Wänden meist zu Mittellamellen werden. Ihre Bildung erfolgt succedan, seltener simultan, mit wenigen Ausnahmen im Inneren eines besonderen, hierfür aktivierten Plasmas, das in fixierten Präparaten im Zelläquator die Form mehr weniger gut begrenzter (individualisierter) schaumiger, körniger oder faseriger Körper linsen- oder spindelförmigen Aussehens hat (Teilungskörper), bei der Symplastenteilung aber nicht deutlich individualisiert ist und die ganze Breite der Teilungszone diffus einnimmt.

1. Zellen mit zentrifugalen Teilungsplatten und

a) ohne Teilungskörper (aktiviertes Plasma) im Äquator:

Bacillus Bütschlii nach SCHAUDINN (1902), *Sphaerocarpus*zellen nach LORBEER (1927), keimende *Equisetum*sporen bei der ersten Zellteilung nach NIENBURG (1924), Zellteilung bei *Zygnema* und *Mougeotia* nach CHOLNOKY (1932).

b) Mit äquatorialem Teilungskörper und nur im engen Anschluß an Mitosen.

α) Der Teilungskörper ist eine Schaum-(Vakuolen-) ansammlung, worin die Wandanlage als Körnerplatte erscheint. Beispiele: Abgrenzung des Sporangiums und der Gametangien vom Restschlauch bei *Vaucheria* (DAVIS 1904, MUNDIE 1929) und den Phycomyceten: Zellteilungen bei *Stypocaulon* nach W. T. SWINGLE (1898), *Sargassum* nach KEEFE (s. WALKER 1940), *Cutleria* und *Zanardinia* nach YAMANOUCHI (1912, 1913), *Fucus* nach YAMANOUCHI (1909), *Chorda filum* nach KYLIN (1918).

β) Der Teilungskörper ist eine diffuse Körnchen-(Mikrosomen-)ansammlung, in dessen Mitte die Wand als Verdichtung der Körnchen erscheint. Beispiele: Vegetative Teilungen mancher Protococcalen wie *Tetraspora* nach MACALLISTER (1913) und

Eremosphaera nach MAINX (1926), Lebermoose nach K. J. MEYER (1929, 1931); Querwandbildung bei *Oedogonium* nach STRASBURGER (1880), KRETSCHMER (1930), OHASHI (1930); von einem Spalt in der äquatorialen Teilungsebene, ohne daß dabei auch eine körnige Verdichtung erwähnt würde, ist die Rede bei *Scenedesmus*, *Characium*, *Pediastrum*, *Tetraedron* (SMITH 1914—1918), *Sorastrum* (GEITLER 1924), *Kentrosphaeria* (REICHHARDT 1927), ferner bildet sich nach diesem Typus die Querwand bei *Halopteris* (HOMÈS 1929), *Hesperophycus* (WALKER 1931), *Sphacelaria* (STRASBURGER 1880) aus. Es muß daran erinnert werden, daß die Breite des Körnchengürtels je nach dem Fixationsmittel verschieden sein wird, und daß er unter einer bestimmten Grenze, deren Bestimmung nur dem subjektiven Urteil des Beobachters überlassen sein kann, nur noch zur Zellplatte, die ja auch eine körnige Entmischung ist (s. Abschn. II, E, 5 d), gehört (vergl. hiezu die Bilder über Algenteilungen von CHOLNOKY 1928, 1932 c, 1933).

Hierher kann man auch die Teilung der Knorpelzelle stellen.

γ) Der Teilungskörper ist ein wohlumgrenzter (individualisierter) Phragmoplast („Wandbildner") faseriger Struktur (achromatischer Verbindungskomplex), der im engen Anschluß an Mitosen gebildet wird. Beispiele: Die meisten Phanerogamenzellen. Einfachere Formen davon finden sich z. B. bei der Teilung der generativen Zellen in die Spermazellen bei gewissen Pflanzenarten, z. B. *Asclepias Cornuti* (FINN 1925), *Portulaca* (COOPER 1934/35).

2. Symplasten mit zentrifugalen Teilungsplatten, die in strahligen, aber nach den Seiten, zum Nachbarplasma hin, nicht scharf abgeschlossenen (nicht individualisierten, diffusen) Teilungskörpern gebildet sind. Beispiele: Simultane Tetradenteilung einer großen Zahl angiospermer Pollenmutterzellen, Aufteilung vielkerniger sog. nukleärer Embryosackbelege.

Nur in zwei Fällen ist der Teilungskörper vakuolig, nämlich in Proembryozellen bei *Ginkgo* nach HERZFELD (1928) und nach FRASER-BROOKS (1909) bei der Ascosporenabgrenzung gewisser Ascomyceten (s. Abschn. II, C, 8, b, γ u. D).

3. „Freie Zellbildung" mit nicht individualisierten Phragmosphären und kugelschalenförmiger Wandbildung. Hinsichtlich der Art ihrer Wandbildung gehören diese wenigen Beispiele „freier Zellbildung" zu einem der obigen Paragraphen (vergl. Abschn. II, D).

II. Die Typen der Zell- und Symplastenteilung, an ausgesuchten Beispielen erläutert.

A. Die Durchschnürung der Zellen und Symplasten.

1. Die Durchschnürung der Amöben.

Die Amöben stellen ein Beispiel einfachster Durchschnürung dar. Nach Herstellung des dizentrischen Zustandes in der Zelle, geht die Halbierung ihres Leibes sofort vor sich, die Schnürung ist in ihrem Ablaufe leicht zu überblicken. Einzelheiten darüber gibt uns LIESCHE (1938). Sie vollzieht sich bei *Amoeba proteus* mit breiter oder schmaler Furche, je nachdem die Tiere am Boden kriechen oder im Wasser schweben (Abb. 6). Bei Beginn des Prozesses rundet sich der Körper ab und verliert an Durchsichtigkeit und Reizbarkeit (so auch L. A. CARTER 1915). Durch Einziehen der Pseudopodien gewinnt die Amöbe eine brombeerähnliche Gestalt. Die Oberflächenkräfte der Tochtertiere reichen zur vollen Abtrennung nicht hin, der letzte Verbindungsstiel wird durch Auseinanderkriechen oder Stemmen der Pseudopodien zerrissen (so auch ARNDT 1924, 1925, DOBELL 1914 für mehrere Arten, CHALKEY 1935 für *A.proteus*). ZUELZER (1927) betont, daß „das Plasma von *Amoeba biddulphiae* an den Rändern der Teilungsfurche . . . sehr hell ist“ und zur Tropfenbildung neigt, als Zeichen von Verflüssigung. Die Teilung tritt unabhängig von der Größe der Individuen, nach Perioden reichlicher Ernährung ein.

GLÄSER (1912) macht Angaben über die Tageszeit und Teilungsdauer verschiedener Arten. So teilt sich *A. verrucosa* zwischen 5 und 9 Uhr abends in 10 bis 15 Min., *A. lamellipoda* in 10, *A. proteus* in 20 bis 30, *A. polypodia* in zehn, *A. crystalligera* in zwei und *A. verspertilio* in 15 Min. Die kurze Teilungszeit soll die Schuld an unseren geringen Kenntnissen über diesen Vorgang tragen. GLÄSER hebt hervor, daß die Abrundungstendenz des Amöbenleibes vor der Teilung allen tierischen Zellen eigentümlich ist (so auch GURWITSCH 1904, ZIEGLER 1895) und besonders an den länglichen Epithel- oder verzweigten Bindegewebszellen auffällt. Die inneren Ursachen dafür liegen in Turgoränderungen (GURWITSCH 1904, REINKE 1900). Sie setzt plötzlich, gleich einer Schreckbewegung ein und wird vom Kerne (GLÄSER 1912) ausgelöst. Ihr folgt die Einziehung der Scheinfüßchen und der Beginn der Teilungsstarre, die gleich allen anderen Veränderungen vom Kerne veranlaßt werden.

Wenn die Tochterkerne von der sich streckenden Spindel auf eine gewisse Distanz gebracht sind, so tritt ein Augenblick ein, wann die innere Kohäsion des Plasmas und die Oberflächenspannung überwunden werden, so daß der Zelleib in der Mitte einbricht (GLÄSER 1912). Diesen Vorgang ahmt GLÄSER mit zwei Nadeln nach, die er in einen in Essig schwimmenden Tropfen Öls einführt und dann auseinanderzieht. Der Tropfen streckt sich infolge Adhäsion des Öles an den Nadeln, bis er sich plötzlich hantelförmig durchschnürt. Dieser Augenblick tritt dann ein, wenn die Entfernung der Nadelspitzen größer als der Halbmesser des Tropfens zu werden beginnt. Dann sind natürlich die Konsistenz des Plasmas und seine Oberflächenspannung, die den Tropfen zusammenhalten, überwunden. CHAMBERS (1924) berichtet über ähnliche Versuche GRAYS und erwähnt, daß dabei die Strömungen

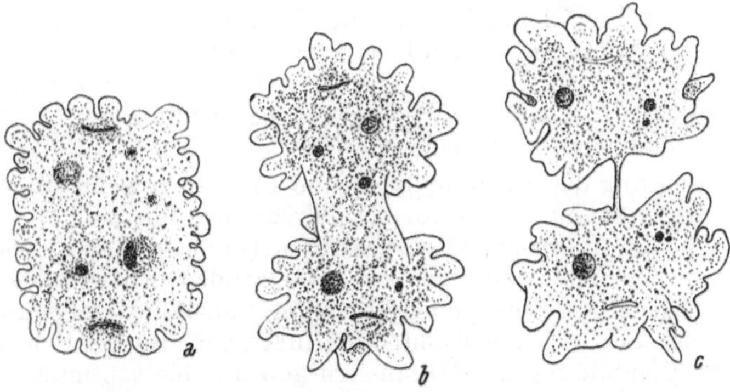

Abb. 6. Durchschnürung der *Amoeba proteus* in drei aufeinanderfolgenden Stadien nach dem Leben gezeichnet. Da das Individuum am Boden festgeheftet war, so bildet sich ein langer Verbindungsstrang aus, der von den Tochtertieren zerrissen wird. (Nach Liesche 1938.)

im Tropfen umgekehrt den bekannten Fontänešströmungen SPEKS (1918) verlaufen. GLÄSER meint aber nichtsdestoweniger, daß der gleiche Mechanismus auch bei allen anderen Tierzellen tätig sein könnte, da die Spindel auch hier als Stemmorgan wirkt und die Sphären die Zelloberfläche versteifen könnten.

KÜHN (1917) stellt sich bei der Strohamöbe *Vahlkampfia bastadialis* die Frage, ob der Teilungsmechanismus vom Kern oder Plasma ausgelöst wird. Die Abkugelung der Amöbe und die Ruhepause sind für die Orientierung der Teilungsspindel notwendig, weil sie beim Kriechen im Plasma herumwandern würde. Er bestätigt die obige Auffassung GLÄSERS (1912) über den Teilungsvorgang und sieht ihn als physikalisch-chemische Wirkung des Kernes an (KÜHN, S. 200).

Die gleichen Vorgänge wie bei der Amöbe sind auch bei allen nackten Amöbozyten (auch in Geweben oder Kulturen) zu erwarten, natürlich auch bei den amöboiden Schwärmern der Pilze. JAHN (1904) beschreibt sie z. B. bei *Stemonitis* folgendermaßen. Bei der Abwanderung der Chromosomen an die Pole, nimmt die Plasmabewegung zu und der Schwärmer erhält einen unregelmäßigen Umriß. Nach anfänglichen Wallungen in der Äquatorebene, beginnt das Plasma nach den Polen hin zu strömen, wo die Umrißlinien auch unruhig werden. Die Unruhe im Äquator nimmt zu, bis „plötzlich an einer Stelle eine der hier und dort auftauchenden Einschnürungen sich erweitert und wie ein Gürtel sich um die Mitte legt. Die Teilung beginnt". Aber auch im Inneren geht es stürmisch zu, so daß die Spindelfasern nicht einfach passiv durchgeschnitten werden, sondern einer verwickelten „inneren Zerreißung" zum Opfer fallen. Dadurch entsteht der Eindruck, „als ob die Spindel ... von innen heraus zersprengt worden wäre." Sie verfällt also einem stürmischen Auflösungsprozeß.

2. Die Durchschnürung der Monadophyten (Flagellaten) und der Protozoen.

Eine allgemeine Übersicht über die Teilungsarten bei den Monadophyten und Protozoen verdanken wir LÜHE (1925 in KÜKENTALS Handb. d. Zool.) und DOFLEIN (1929), welche sie nur klassifizieren. Wir wollen sie aber aus den Vorgängen in der Teilungszone betrachten, um den Mechanismus zu verstehen.

Die Zellteilung der Monadophyten und Protozoen ist im allgemeinen eine Durchschnürung, mit sofortiger Trennung der Zellen. Sie vollzieht sich in der Längsachse des Körpers (Monadophyten) oder quer dazu (Protozoen, mit Ausnahme der festsitzenden, wo sie längs geht), sie kann aber durch Vorhandensein einer konstanten Eigenform mit Cuticula oder Schale weitgehend beeinflußt sein, da die Polarität des Körpers bei Neubildung der Organellen gewahrt bleiben muß. Am einfachsten ist sie natürlich bei den nackten (amöboiden) Zellen, wie bei *Actinophrys sol* nach BELAR (1922) und OSOGOE BUNSUKE (1941), wo die Trennungszone langsam von einem grobschaumigen Ektoplasma eingenommen wird, das sich durch Zerfließen durchschnürt. Der ganze Prozeß dauert 40 bis 90 Min. bei *Actinophrys*, und 60 bei *Acantocystis* nach STERN (1924).

Bei den Euglenen ist die Längsteilung schon öfter beschrieben und gut abgebildet worden. LOEFFER (1931) z. B. zeigt, daß die Vorbereitungen dazu mit einer Verbreiterung der Pharynx und der Resorption ihres Apparates beginnen. Aus ihrer nun breiten Basis wächst eine Scheidewand empor (Lobus), in welchen die Schnürfurche zuerst eintritt und sich, unter langsamem und stetem Zurückweichen des grobschaumigen Plasmas in der Teilungszone, durch den ganzen Leib arbeitet. Nirgends ist ihre Eintrittstelle durch besondere Plasmastrukturen gekennzeichnet. Bei *Euglena agilis* soll sich nach BAKER (1926) der Lobus nicht von der Spitze her, sondern von seinem Inneren aus zu teilen beginnen, aber auch hier fehlt jede Andeutung dafür im Plasma, was selbst auf den peinlich genauen Bildern von LAUTERBORN (1895) oder BORGERT (1910) nicht zu finden ist. Nur KÖHLER-WIEDER (1937) zeichnet bei *Glenodinium pulvisculus* das Trennungsplasma durch besondere Struktur aus, die er bei *Peridinium Willei* aber ausläßt. Der Durchschnürungsvorgang ist sonst bei allen Monadophyten gleichartig. Natürlich geht die Furche nicht nur quer durch den Leib, sondern eilt an seinen Längsseiten voran (JOHNSON 1934).

Bei den Ciliaten ist der Vermehrungsprozeß, trotz ihrer sonst komplizierten Organisation, eine Durchschnürung. Die tiefgehenden Änderungen im Organismus während der Teilung, bringen sicher in der Trennungsebene Verflüssigungen des Plasmas und Erhöhung der Oberflächenspannung mit sich. Doch fehlen Einzelheiten darüber. Ein beliebtes Beispiel für eine Protozoenteilung ist das Bild von *Chilodon*, das weite Verbreitung hat (Abb. 7). Das Schaumplasma der Trennungszone weist keine besondere Struktur zur Erleichterung des Einschnürungsweges auf. Für *Coleps hirtus* gibt uns KORSCHELT (1927) eine Serie von Bildern über den Ablauf des Durchschnürunsvorganges. Bei *Bursaria truncatella* dauert nach SCHMÄHL (1926) der ganze Vorgang 20 bis 25 Min., wobei die Tiere im allgemeinen ruhig am Grunde der Schale liegen. Unmittelbar vor Abschluß des Prozesses geraten die Tiere in rotierende Bewegungen bis der letzte Verbindungsstiel durchreißt.

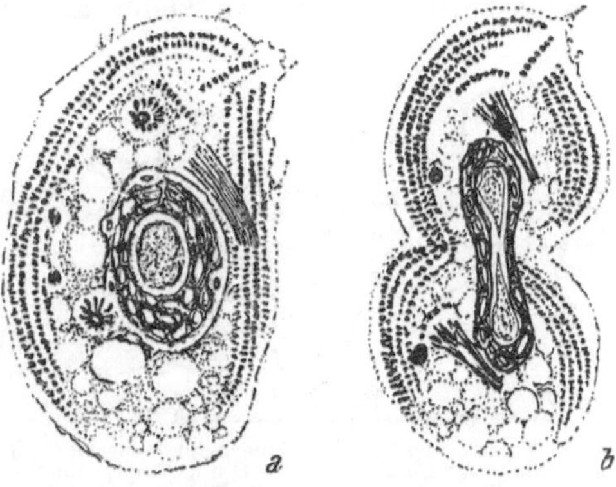

Abb. 7. Durchschnürung des Ciliaten *Chilodon uncinatus*. Die Schnürebene ist durch keinerlei Plasmastrukturen vorgezeichnet. (Nach M. Hartmann 1933.)

Soweit das Schrifttum darauf hin geprüft werden konnte, ist nur in zwei bildlichen Darstellungen über Ciliatenteilung die Stelle der Einschnürung im Cytoplasma durch besondere Struktur markiert. Und zwar ist in einer Zeichnung von DUBOSQ und GRASSÉ (1927, Taf. XIX, Abb. 32) über *Trichonympha Chattoni* DUB. et GRASSÉ in der Teilungszone ein helleres homogenes Plasma eingetragen. Im Texte heißt es: „Ce diastème est d'abord une zone de hyaloplasma sans aucune mitochondrie ni microsome, puis il apparaît alvéolaire et les deux individus ne sont plus rattachées l'un à l'autre que par de petits tractus parallèles qui doivent se rompre, mais nous n'avons pas observé la séparation des individus fils". Eine andere, aber nicht so klare Bemerkung ähnlicher Art, findet sich auf einem Bilde in einer Arbeit von EXEMPLARSKAJA (1931, Taf. 10, Abb. 2), das sich auf *Anoplophryx* sp. bezieht. Die hier einschneidende Ringfurche ist durch helle halbkreisförmige Höfe markiert. In diese keilt sich die Außenpellikula, im Bilde als Punktreihe, ein. Da im Texte darüber nichts gesagt wird, bleibt man im Unklaren, ob damit eine allgemeine Erscheinung bei diesem Tiere wiedergegeben ist, oder ob es sich nur um eine Zufallsbildung handelt.

3. Die Furchung des tierischen Eies.

Die totalen äqualen Eifurchungen gelten schon seit dem Beginn der Zellforschung überhaupt, als Prototyp der Zellteilung. Da der Teilungsprozeß dabei im einfachsten Falle eine Durchschnürung ist, so ist es erklärlich, daß in der Zoologie, wo diese Teilungsart das Grundparadigma darstellt, der Begriff „Furchung" der „Durchschnürung", ja selbst der „Zellteilung", gleichgesetzt wird. Eine solche „abgekürzte Benennung" würde der Klarheit der Begriffe keinen großen Abbruch tun, wenn sich die Botaniker nicht des Wortes „Furchung" zur Bezeichnung der heterogensten Dinge bedienen würden (s. Mühldorf, 1941). Eine Eifurchung ist nämlich notwendigerweise auch eine „Fächerung" oder „Kammerung", da die Zellvermehrung sich dabei im geschlossenen Eiraume vollzieht, dieser also eine Fächerung, d. i. Unterteilung in kleinere Abschnitte erleidet. So kam es, daß wohl zuerst Winkler (1903, S. 98) Fächerungen pflanzlicher Zellen als Furchungen bezeichnete. Tischler (1922, 1942) nennt sodann Unterteilungen aller gleich groß bleibenden oder nach willkürlicher Schätzung gleich groß erscheinenden Räume (Embryonen, Regenerationsgewebe, embryonale Leitbündel usw.) „Furchung". Mühldorf (1941) hat auf die Unstatthaftigkeit dieser Begriffserweiterung aufmerksam gemacht, aber Tischler (1942) „trägt kein Bedenken, den gut eingebürgerten Ausdruck neben dem von Mühldorf vorgeschlagenen weiter zu verwenden." Dem wäre aber entgegenzuhalten, daß „Furchung" statt „Kammerung" (Abb. 8) sich nur bei wenigen Botanikern eingebürgert hat, daß ferner das deutsche Wort „Furchung" einen Begriff übermittelt, der sich in dem Worte „Kammerung" nicht vorfindet, so daß ihre Gleichsetzung eine Begriffsverwirrung ergibt, und daß schließlich alle maßgeblichen Zoologen, welche auf Reinheit der Begriffe sehen, unter „Furchung" nur die „Eifurchung", d. i. die ersten Stadien der Keimblätterbildung verstehen, die bekanntlich dadurch gekennzeichnet sind, daß sich auf der Eioberfläche ein System furchenartiger Vertiefungen einprägt. Die Zellteilung ist hierbei durchaus nicht immer eine Durchschnürung, wie bald weiter unten gezeigt wird.

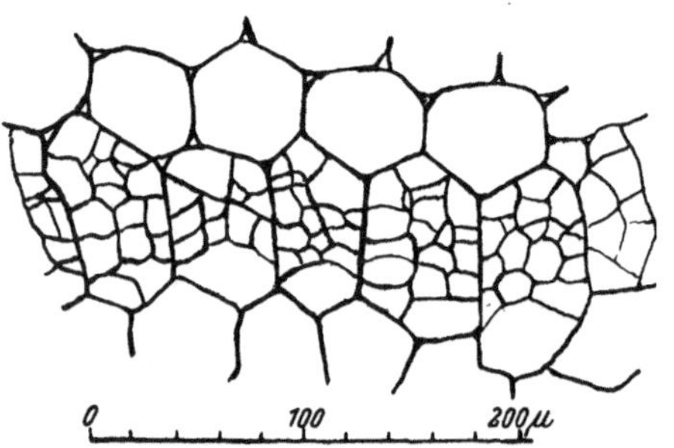

Abb. 8. Kammerung von Zellräumen im Hypocotyl von *Helianthus annuus*. (Nach Duncker, aus Tischler, 1942, S. 79.)

Wollte man konsequenterweise alle Kammerungen oder ähnliche Raumunterteilungen nach der Empfehlung Tischlers (1942) als „Furchung" bezeichnen, so müßte jede Syncytien-, ja sogar Zweiteilung der Zelle unter diesen Begriff fallen, da hierbei immer ein gegebener Raum zerlegt wird. Von diesem Gesichtspunkte aus bezeichnet ja TISCHLER (1934, S. 202) selbst die Vakuolisierung des Plasmas als „Plasmafurchung“ und folgt hierin KÜSTER (1918), der die Berührungsflächen großer Schaumblasen im vakuolisierten Plasma „Furchungsflächen“ nennt. Da also, nach obiger Auffassung, jede Zellteilung, ja selbst die ihrer Inhaltskörper (BELAR 1928, S. 94) als „Furchung“ zu gelten hätte, so belegt YAMAHA (1926) auch die „Membranleistenbildung“ mit diesem Namen, BELAR (1928, S. 91) die Zerteilung des Eiplasmas von *Stangeria*, LAND (1907) die „freie Zellabgrenzung“ der proembryonalen Zellen von *Ephedra trifurca* und schließlich YASUI (1937) sogar die Spaltung der neuangelegten Zellplatte bei phanerogamen Gewächsen (YASUI sagt da: “the furrowing of the mother cell-wall”). Wir glauben, daß man damit dem Begriff „Furchung“ schon zuviel zutraut. Im englischen Schrifttum freilich bezeichnet “furrowing” recht heterogene Dinge, was dem Sprachgeiste entsprechen mag. Die deutsche Sprache hat aber genügend Worte, um Ungenauigkeiten im Ausdrucke aus dem Wege zu gehen.

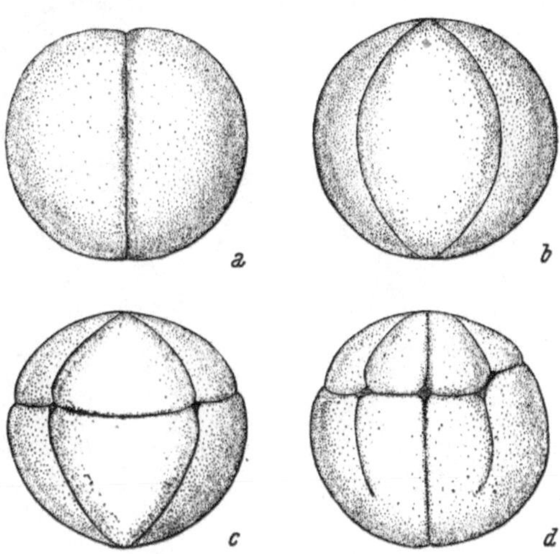

Abb. 9. Totale inäquale Furchung des Froscheies. Da die Dottermasse in der auf dem Bilde befindlichen unteren Eihälfte angestaut ist, können die ersten Längsfurchen darin nicht so schnell durchschneiden, wie in der oberen Hälfte (am animalen Pol). Daher wird hier das Plasma rascher und in mehr und kleinere Zellen zerschnitten als in der unteren Hälfte. *d* Übergang aus dem 8- in 16-Zellstadium. (Aus Kühn, 1941.)

Die Eifurchung wurde zum erstenmale von den Franzosen PRÉVOST und DUMAS (1824) beim Froschei beschrieben, soll aber nach SHARP-JARETZKY (1931, S. 33) schon früher gesehen worden sein. PRÉVOST und DUMAS sagen auf S. 110 ihres Artikels, daß die befruchteten Eier „... ont commencés à s'en distinguer par un petit sillon qui part de la cicatricule ... et se dirige vers la circonférence de l'hémisphère brune comme le fait le rayon d'un cercle ...“ Das führt zur „... formation d'un nombre considérable de petites rides parallèles ...“. Da unseren Autoren die Zellteilung noch unbekannt war, so haben sie tatsächlich nur die Furchen gesehen (s. Abschn. I, D).

Es lassen sich vier Arten von Eifurchung unterscheiden:

1. Die totale äquale Eifurchung mit vollständiger und genauer Halbierung des Eiplasmas nach jedem Teilungsschritt, da der leichte und gleichmäßig im Plasma verteilte Dotter der Durchschnürung kein

Hindernis in den Weg legt; z. B. die Eier der Seeigel, Seesterne, Nematoden, Anneliden u. a.

2. Die totale inäquale Furchung mit vollständiger Durchtrennung, aber in ungenaue Hälften, des Eiplasmas, weil das flüssigere Eiplasma an dem einen Pol des Eies sich zuerst von dem Dotter abteilt und sich dann rascher zum Keime weiterentwickelt; z. B. Froscheier (Abb. 9).

3. Die discoidale Furchung mit Zellteilungen nur im Bereiche einer polar gelegenen Keimscheibe, da der Rest des Eies mit schwerem Dotter vollgepfropft ist. Da die Wandbildung in der Keimscheibe erst einsetzt, wenn sie mehrkernig geworden ist, so vollzieht sie sich ohne

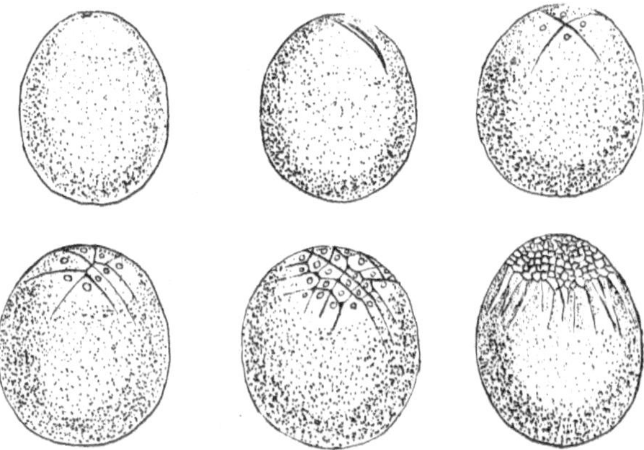

Abb. 10. Discoidale Furchung des Eies von *Loligo* (Tintenfisch). Die schwere Dottermasse in der einen Hälfte des Eies (im Bilde unten) erlaubt nur eine beschränkte Plasmateilung in einer schmalen Scheibe am animalen Pol, wo sich der Embryo entwickelt und somit auf den ungeteilten Teil des Eies aufsitzt. (Aus Geitler 1934, S. 95.)

achromatische Spindelapparate und nur aus seichten oberflächlichen Furchen; z. B. Selachiereier (Abb. 10).

4. Die superficielle Furchung mit Zellbildungen nur auf der Oberfläche des Eies, nachdem sich der Kern mehrfach geteilt und das leichte Plasma dahin verlagert hat. Hier ist von Furchenbildung nur noch soviel zu sehen, wie auf der Oberfläche eines jeden großzelligen Gewebes. Die Abgrenzung der Zellen erfolgt durch Scheidewandbildung, wie bei der discoidalen Furchung, zuerst die senkrecht zur Oberfläche stehenden (Antiklinen), dann die parallel dazu liegenden (Periklinen) (Abb. 11).

Wir haben oben bei der discoidalen und superficiellen Furchung gesehen, daß die „Furchung“ durchaus nicht immer eine Durchschnürung sein muß, wie die eingangs zu diesem Kapitel erwähnte Gleichsetzung dieser Begriffe voraussetzt. Einige Überlegung wird uns aber auch zeigen, daß dies auch für die totale inäquale Furchung zutrifft und nur die totale äquale Furchung Fälle zeigt, wo eine wirkliche vollständige Durchschnürung erfolgen kann. Doch auch bei der äqualen wurde schon von VAN BENEDEN, STRASBURGER (1880, 1888, S. 184) und CARNOY (1885, 1887) die weite Verbreitung der Wandbildung aus seichten Furchen betont.

Wenn wir nun unseren Blick auf die totale äquale Furchung konzentrieren wollen, so sollen uns hierbei in erster Linie die Untersuchungen an Seeigeleiern als Richtschnur dienen, weil ihre Teilung am besten bekannt ist. Und um ihre Durchschnürung zu verstehen, müssen wir uns zuvor einen tieferen Einblick in die Zustände im Inneren des Eiplasmas und seiner Oberfläche verschaffen. Den weitaus größten Teil der Zelle nehmen da die Asteren und die Spindel ein, deren Umfang uns schon ihre große Wichtigkeit bei der Plasmateilung, sowohl als direkter Wirkungsfaktor (Zugfasern) als indirekter durch Hervorbringung chemisch-physikalischer Zustandsänderungen mit lokalen Änderungen der Oberflächenspannung, beweist.

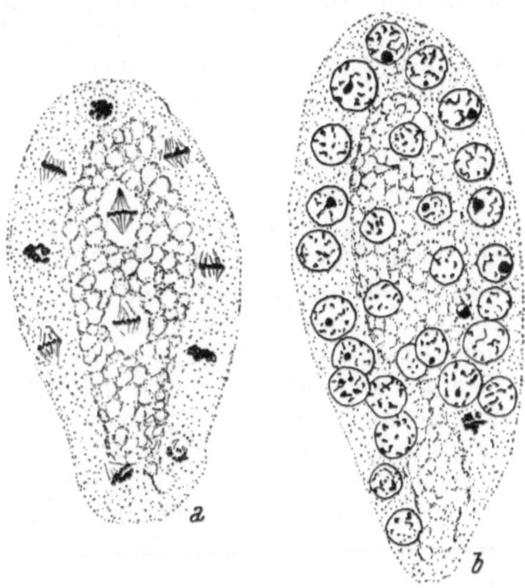

Abb. 11. Superfizielle Furchung des Eies von *Aphis sambuci* nach Buchner 1915. Die Kerne vermehren sich im Eiplasma und sammeln sich an der Eioberfläche, wo das Plasma sich dann durch Scheidewandbildung zellulär kammert. (Auch Buchner 1915.)

Frischgelegte Eier von *Echinus* sind von *unregelmäßigem* Umriß und von einer gallertigen Eihaut („Rinde") umhüllt. In diesem Zustande verweilen sie bis nach dem Eindringen des Samentierchens; dieses erst ruft bestimmte morphologisch wichtige Änderungen hervor, die z. B. PÉTERFI (1927) genauer bespricht. Unterhalb der dicken Gallerthülle nämlich zieht sich das Plasma zusammen und die frühere Eihaut (Eichorion) hebt sich als Befruchtungsmembran ab, so daß ein „perivitelliner Raum" entsteht, der mit einer „perivitellinen Flüssigkeit" erfüllt ist. An dem Eiplasma sind um diese Zeit die drei folgenden neuen Hautschichten zu unterscheiden: 1. eine frische Außenhaut, Pellikula oder „hyaline Schichte" genannt, und als Teile des darunterliegenden Ektoplasmas, 2. die „halbstarre Rindenschichte" und 3. die „subcortikale flüssige Rindenschichte". Die hyaline Rindenschicht hat nach CHAMBERS (1939) Eiweißcharakter und die darunterliegende halbstarre ist nach PÉTERFI (1927) stark lipoidhältig. Die zuinnerst liegende subcorticale Schichte endlich grenzt schon an den Strahlenapparat, sie ist die Trägerin der Wirbelströmungen, die vom Pol zum Äquator gehen und sich hier an der Furchenebene zellmittwärts wenden, um wieder in die entgegengesetzte Richtung umzubiegen („Fontäneströmung" SPEKS 1918).

Aber auch die hyaline Schichte steht zur Zeit der Furchenbildung nicht stille, wie uns ZIEGLER (1903) und besonders MEVES (1912) an Hand seiner schönen Bilder gefurchter *Parechinus*-Eier zeigen. Über die Tätigkeit dieser Schichte bei *Mespilia globulus* unterrichten uns einerseits eine experimentelle Arbeit von DAN, YANAGITA und SUGIYAMA (1937) und andererseits theoretische Erörterungen von WARREN (1939). Die Wichtigkeit dieser semisoliden Schichte für die Durchschnürung wird auch von SHARP-JARETZKY (1931) betont. ZIEGLER (1903) sagt, daß sie sich „vor Beginn der Theilung an der Stelle der entsprechenden Furche verdickt", aber an der übrigen Zelloberfläche sehr dünn bleibt. Die verdickten Teile drücken den Zellkörper zusammen und schneiden in ihn ein, bis er, wie von einem Ringmuskel oder einer Gummischnur durchgeschnitten wird. Dieser Mechanismus wird von ZIEGLER für alle Zellen verallgemeinert, worin ihm WARREN (1939) folgt, der auch die Kriechbewegungen der Amöben damit insoferne erklären will, daß bei ihnen das Plasma von einer kontraktilen Haut dauernd von hinten nach vorne gepreßt wird (vergl. WARREN 1939). Auch die einseitige Furchung des Ctenophoreneies weiß ZIEGLER (1898) vom Standpunkt seines Teilungsmechanismus zu deuten; SPEK aber (1918, 1926) gibt ihr eine andere Erklärung.

Um die Bewegung der Oberfläche eines tierischen Eies bei der Furchung genau kennen zu lernen, kleben DAN, YANAGITA und SUGIYAMA (1937) kleine Koalinkörnchen daran fest und notieren die Distanzunterschiede zwischen ihnen zu Beginn und am Ende des Prozesses. Sie stellen fest, daß bei einer Furchung ohne oder mit Trennung der Blastomeren (im „HERBSTschen Phänomen"), einer anfänglichen Zusammenziehung der Oberfläche, eine Dehnung und damit Verdünnung folgt, wodurch eine Gleichartigkeit der Krümmung der Oberflächen, mit Ausnahme der Furchenregion, herbeigeführt werden soll. Dadurch sollen einerseits Spannungsdifferenzen an der Oberfläche, aber auch andererseits Änderungen der Permeabilität hervorgerufen werden, die für die Erzeugung innerer Ströme maßgebend sind (vergl. CHAMBERS 1924. HEILBRUNN 1928).

Was nun den Einschnürungsprozeß anbelangt, so ist er in vieler Hinsicht das Ergebnis der oben beschriebenen Strömungen in der subkortikalen Plamaschichte und der Entmischungen und Gelierungen von Substanzen, welche vom Plasmastrom zum Äquator gebracht werden. Einen Überblick über die Kette von Vorgängen, die sich hierbei abspielen, gibt uns erst kürzlich ihr bester Kenner CHAMBERS (1939), der seinerseits auf Arbeiten von SCHECHTMANN (1937) über Sol-Gel-Umkehrungen des subkortikalen Plasmas im Zelläquator, fußt. SCHECHTMANN konnte mittels der VOGTschen Vitalmarkenmethode einwandfrei nachweisen, daß die Furchenregion zuerst eine Kontraktion erfährt, der eine Dehnung und zugleich Einsenkung des Plasmas folgt. Diese Oberflächenvergrößerung ist, im Gegensatz zu den obigen Resultaten DAN-YANAGITA-SUGIYAMAS, ein echtes Wachstum, also Neubildung oder Aufnahme von Substanz. SCHNEIDER (1938) überprüft die Untersuchungen SCHECHTMANNS an *Pleurodes*-Eiern nach Färbungen mit Nilblausulfat, und zwar mit positivem Erfolg.

Die hyaline Außenschichte führt die von ZIEGLER (s. o.) beschriebenen Bewegungen nur dann durch, wenn sich die Blastomeren trennen, was meist n i c h t g e s c h i e h t. Sie dringt also in der Furchungsebene nicht bis zur Zellmitte vor, sondern bleibt in einer seichten Furche liegen (MEVES 1912); trotzdem geht die Furchung weiter, d. h. die Zellteilung geht u n t e r W a n d b i l d u n g zu Ende. Die hyaline Schichte hält dann die Blastomeren wie eine Gummihaut zusammen, so daß sie ihrer Tendenz, sich abzurunden, nicht nachgeben können und sich gegenseitig abplatten (CHAMBERS 1914). Diese Lagerungsverhältnisse sind am besten aus einigen Lichtbildern J. SCHMIDTS (1939)

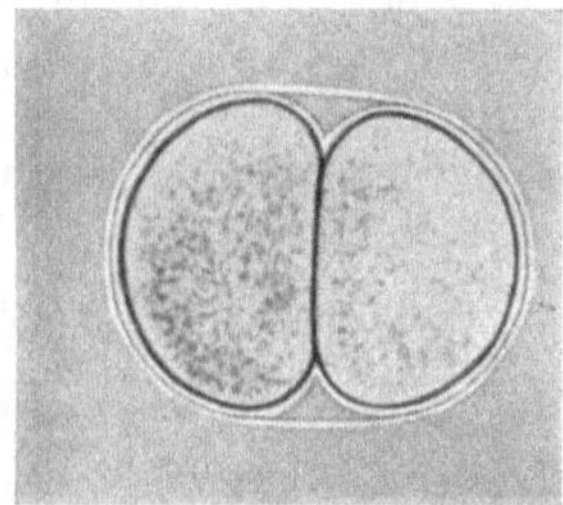

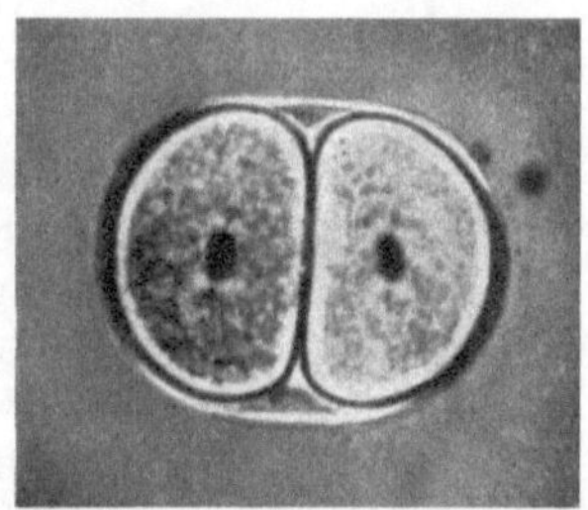

Abb. 12. Zweizellenstadium des Eies von *Psammechinus miliaris*. Lichtbilder, links im gewöhnlichen Licht, rechts bei gekreuzten Nikols mit $1/_{16}$ λ Glimmerplatte aufgenommen. Man sieht außer der Eihaut (ganz außen), an den Blastomeren die „hyaline Schicht", welche nicht bis zur Eimitte vordringt. Die Häute sind besonders deutlich im polarisierten Licht, im Leben sind sie kaum sichtbar, bei unserer linken Abbildung aber durch Retusche gegenüber der Originalabbildung etwas zu stark herausgearbeitet. Man vergl. daher zu unserem Bild auch das Original in S c h m i d t 1939.

ersichtlich (Abb. 12). Wenn die Außenhaut mit der Mikronadel zerrissen wird (CHAMBERS 1924), so fallen die Blastomeren auseinander. HERBST (1900) zeigte, daß die hyaline Außenhaut im Ca-freien Seewasser aufgelöst wird und die Blastomeren sich dann unter Abrundung trennen (sog. HERBSTsches Phänomen). Natürliches Seewasser läßt sie aber wieder entstehen. Diese alles überziehende Überhaut war schon HAMMAR (1896, 1897) bekannt und GOLDSCHMIDT-POPOFF (1908) widmen ihr eine eigene Untersuchung.

Der Entstehungsprozeß der Scheidewand bei Eifurchungen ist ganz merkwürdig und erst in der letzten Zeit richtig erkannt worden. J. GRAY (1925), MOTOMURA (1936) und SCHECHTMANN (1937) zeigen, daß vom Grunde der Furche aus das subcorticale Plasma allseits gegen die Zellmitte strömt, so daß eine plasmatische f l ü s s i g e R i n g - l e i s t e bis zur Zellmitte vorwächst (E. B. WILSON 1895) und sich dort schließt. SCHNEIDER bringt dies in seiner Abb. 18 zwar etwas zu skizzenhaft (die Zellen sind schon bis zur Mitte isoliert!), aber deutlich zum Ausdrucke (Abb. 13). Man sieht darauf, wie dicke Streifen (gefärbten) Ektoplasmas von den Außenflächen des Eies in die „Furchen“ verlagert werden und in ihrer Mitte sich die Scheidewand verfestigt. Diese flüssigen Ringleisten sind am Innenrande wulstförmig aufgetrieben und unregelmäßig abgerundet, infolge des Widerstandes beim Einfließen in das zähe Spindelplasma. In den älteren Teilen sind sie dünner, soweit sie nämlich zur Ruhe gekommen und geliert sind. Die Zwischenwand hat nie größere Festigkeit als die äußere Hautschicht des Eies, bzw. der Blastomeren.

Noch im Jahre 1924 sieht CHAMBERS den Durchschnürungs g a n g als einen leeren Raum an, der von den Oberflächen des eingesenkten Plasmas begrenzt ist. Die Eigenschaft der Blastomeren mit ihren Oberflächen nicht zu verschmelzen, nennt er "property of non coalescing with other cell surface", die seiner Meinung nach einer "certain substance" zuzuschreiben ist, die sich in den beiden Oberflächen angereichert vorfindet. Aber bei Pressung der Blastomeren unter Glas gelingt ihm ihre Trennung nicht, was jedoch geschehen müßte, wenn die „Furche“ tatsächlich leer ist. Nichtsdestoweniger soll noch CHAMBERS (1924) die köpfige Stirnseite der einwachsenden „Furche“ (der „Furchenkopf“) „hohl“ sein (CHAMBERS 1924, Abb. 42 a—e). Solche „hohlen Furchenköpfe“ wurden früher des öfteren beschrieben. Besonders charakteristisch sind sie bei dem sich einseitig furchenden Ctenophoren-Ei, wie aus den Beschreibungen ZIEGLERS (1898, II) und besonders den eindrucksvollen großen Zeichnungen YATSUS (1912) darüber, zu entnehmen ist.

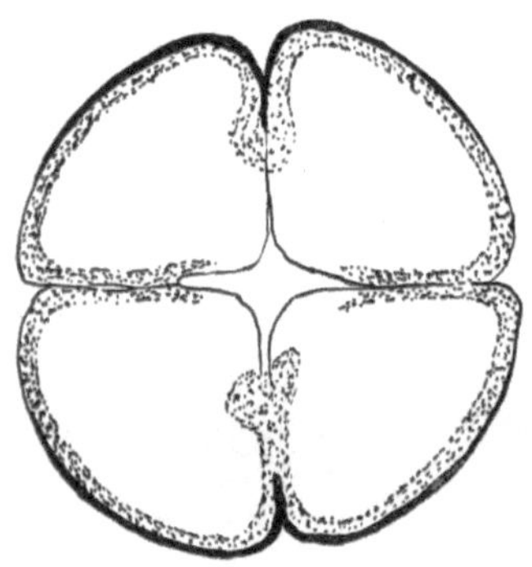

Abb. 13. Totale äquale Furchung der Eier von *Pleurodeles* durch Einströmen subcorticalen Plasmas in die Teilungsebene und Verfestigung unter Bildung einer Scheidewand darin. (Nach S c h n e i d e r 1938.)

Es unterliegt keinem Zweifel, daß die W a n d b i l d u n g b e i d e r E i f u r c h u n g w e i t a u s h ä u f i g e r ist, als die Durchschnürung. Doch sind beide Typen lückenlos miteinander verknüpft, ja bei den Eiern z B. von *Echinus microtuberculatus* und überhaupt der Echiniden kommen sie nebeneinander vor, so daß hierbei neben einer inneren individuellen Veranlagung auch die Wirkung äußerer Faktoren maßgebend sein dürfte. Die Durchschnürung wird aber, da sie verständlicher erscheint, als charakteristisch angesehen. Da die Scheidewand ein homogenes Aussehen hat, ist es übrigens nicht ausgeschlossen, daß sie als leere „Furche“ (Schnürspalte) aufgefaßt wird.

Wir erwähnten oben, daß man schon öfter die Bildung von Zellplatten oder deren Rudimente (HOFFMANN 1898) bei der Teilung der tierischen Eier, als eine normale Erscheinung bezeichnet hat. Diese Platten sollen aus Körnchen wie in Pflanzenzellen, ja selbst in phragmoplastähnlichen Apparaten entstehen können. Dies scheint aber besonders den behäuteten tierischen Somazellen eigen zu sein, da bei ihnen ähnliche Bewegungen wie im Eiplasma nicht gesehen wurden;

die freien Zellen (Mesenchym) hingegen schnüren sich wie die Amöbozyten durch, wie aus einem Bilde v. MÖLLENDORFFS in der Zeitschr. f. Zellf. 28, 535 (1938) zu ersehen ist.

4. Die Durchschnürung pflanzlicher Zellen.

Die Durchschnürung ist die eigentliche Teilungsart der Amöbozyten und Gymnoblasten tierischer und pflanzlicher Herkunft, sowohl im Freileben als auch in Gewebeflüssigkeiten (Mesenchymzellen), wenn also genügend Raum vorhanden ist. Wenn der Raum aber fehlt und der Plasmaleib von einer festen Haut umgeben ist, so kann eine anfängliche Durchschnürung in eine Wandbildung übergehen, oder schließlich jede Einfurchung ausbleiben und sich die neue Wand gleich an die alte angliedern. Dies trifft gerade für die membranbedeckten Pflanzenzellen zu. Doch gibt es Fälle, wo sich besondere Zellen als Gymnoblasten benehmen können, wie die generativen Zellen im Pollenkorn der Angiospermen nach Berichten von WYLIE (1923), WULFF (1933) u. a. Autoren, wenn sie sich unter Zweiteilung in die Spermazellen durchschnüren. Von dieser Regel gibt es freilich auch Ausnahmen, wie bei *Asclepias Cornuti* nach FINN (1925) oder bei *Portulaca* nach COOPER (1933), bei denen deutliche Fadensysteme im Bereiche der früheren Spindel erscheinen, die Teilung also zentrifugal ist.

Theoretisch kann es natürlich nicht ausgeschlossen sein, daß sich der Plasmaleib, selbst einer membranbedeckten Pflanzenzelle von seiner starren Hülle empanzipieren kann, um sich wie ein Gymnoblast zu teilen. So stellte sich z. B. C. FARR (1916—1922) die simultane Tetradenteilung angiospermer Sporenmutterzellen vor, was aber MÜHLDORF (1939, 1941) zurückwies. Selbst die am schwersten zu deutenden Fälle (*Liriodendron*typus, s. Abschn. II, E, 8) führt er auf die zentrifugale Zellteilung der Angiospermenzelle zurück (vergl. MANEVAL, 1914).

Aus der Welt der Algen aber beschreibt kürzlich GEITLER (1944) einen interessanten Fall von Durchschnürung in zwei bis vier Zellen bei der einzelligen Rhodophyte *Porphyridium cruentum*. Der Zelleib ist von einer relativ festen, aber gallertigen Haut umhüllt, die an ihren Außenteilen dauernd verschleimt und dementsprechend von innen her neugebildet werden muß. Überhaupt ist die hauptsächlichste Tätigkeit der Alge die Bildung von Schleim, worin sie lebt und der sie vor dem Austrocknen schützt. Die frischgebildeten Wandschichten sind stärker lichtbrechend, als Zeichen ihrer Elastizität und Festigkeit. Die Lebensumstände werden wohl als Ursache zu betrachten sein, daß diese Wand nicht als fester Bestandteil des Zelleibes gilt und bei seiner Teilung nicht im Plasma entsteht, sondern dieses sich wie bei einer Durchschnürung zurückzieht und in die Radialgänge Wandsubstanz ausscheidet. Diese ist anfangs völlig homogen, muß aber bald in ihrer Mittelzone verschleimen, da die Tochterzellen auseinander gehen, um selbständig zu werden. Da sie sich an den Radialecken abrunden, beginnt diese Sonderung hier zuerst, so daß damit der Anschein erweckt wird, als ob sich die Hülle der Mutterzelle „eingefaltet“ hätte, was aber angesichts des schmalen Gürtels, welcher sich hierbei auf die Radialflächen zu strecken hätte, undenkbar ist. In den Schnürspalten des Plasmas ist also die Wandsubstanz offenbar eine Neubildung und nicht durch Dehnung und Einfaltung aus der Mutterzellhülle entstanden.

5. Die Abschnürung von Knospen (Sprossung).

Knospungen nennt man schlechthin die Abgliederungen kleiner Bruchstücke von Plasmakörpern mit einem auffallenden Mißverhältnis der Massen zu Ungunsten der neuen Zelle. Ihre Unterscheidung von einer stark inäqualen Teilung stößt in Sonderfällen auf Schwierigkeiten. Knospen sind aber daran zu erkennen, daß sie bruchsackartig durch einen dünnen Verbindungsstiel aus dem Mutterplasma hervorquellen

Abb. 14. Sprossung bei den Zellen von *Saccharomyces cerevisiae* in drei Stadien nach Guillermond. (Aus Tischler 1934, S. 353.)

und die Kernteilung weder zeitlich noch örtlich damit in Verbindung steht. Meist teilt sich der Kern erst, wenn die Knospe fertig ist, so daß sie ihren Kern erst nachträglich erhält. Darauf schnürt sich die Knospe durch Verengerung des Verbindungsstieles vollends ab. Die Knospung stellt also nur eine örtliche Oberflächenvergrößerung „in der Richtung des geringsten Membranwiderstandes“ (Schiffner 1926) dar. Bei der inäqualen Teilung aber bildet sich die junge Zelle aus einer breiten Basis, meist bei Gesamtstreckung der Zelle.

Die Knospung, als Zellbildungsprozeß, ist nur auf wenige Organismenarten beschränkt, z. B. unter den Protozoen bei *Podophrya*, *Spirochona*, der Schwärmerbildung von *Noctiluca* (Pratje 1921), der Gametenbildung bei Sporozoen u. a., weiters bei gewissen Pilzgruppen. z. B. den Saccharomyceten, Ustilagineen (Bauch 1923), Mucorineen u. a. Am bekanntesten sind hinsichtlich dieser Vermehrungsart die Hefepilze (Sproßpilze).

Schon Meyen kannte die Sprossung der Hefen. Sie ist dann häufig wieder beschrieben worden. Nach Guillermond (1903 und später) ist die Stelle der Knospung in keiner Weise vormarkiert. Der Mutterzellkern streckt sich mit einer Hälfte in die Knospe und dann wird sie abgezwickt. Buscalioni und Casagrandi (1898) finden aber bei

Saccharomyces appendiculatus gewisse Zusammenhänge zwischen Knospung und Kernteilung, wozu TISCHLER (1934) meint, „daß sich nirgendwo eine stoffliche Beteiligung der Kerne ausschließen läßt" (Abb. 14).

Bei manchen Pilzen werden auch Konidiosporen durch Sprossung gebildet (WAKAYAMA 1931: *Endomyces*), was natürlich feuchtes Lebensmedium voraussetzt, denn im trockenen werden nur zentripetale Wände wie in den Hyphen gebildet (s. Abschn. II, B, 2), die bei Ablösung der Sporen gespalten werden, was einer Abschnürung dann ähnlich sehen kann, wenn sich die Wände gleichzeitig abrunden. Dabei können in die Trennungszonen der Mittelwand eingebaute, besondere „Disjunktoren" beschleunigend wirken (LOHWAG 1941: *Sklerotinia urnula* nach WORONIN).

Knospungen sind ferner die Basidiosporenbildung (RUHLAND 1901, VOKES 1931, COLSON 1935), die Karposporenbildung mancher Rhodophyceen (SVEDELIUS 1933: *Asparagopsis* und *Bonnemaisonia*) und die Spermatienbildung bei Ascomyceten und Uredineen, wenn die Tochterzellen aus einem dünnen Anheftungsstiel bruchsackartig hervortreten. Bei *Rhodymenia* sollen nach DELF-GRUBB (1924) die Antheridien-Mutterzellen abwechselnd rechts und links Antheridien abknospen ("bud off"). Den Bildern zufolge könnte es auch eine stark inäquale Zellteilung sein, bei der die Kerne, wie für Rhodophyceen eigentümlich, weit ab von der Teilungsstelle entstehen.

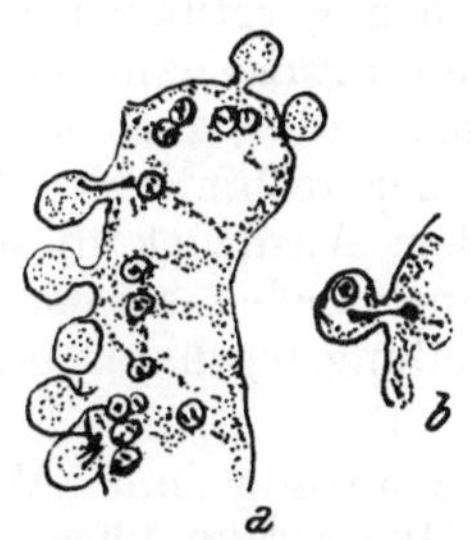

Abb. 15. Multiple Knospung bei Symplasten von *Hyphelia*. Gleichzeitiges Erscheinen vieler Knospen, in welche die Kerne nachträglich einrücken. (Nach J u e l l 1920.)

Von m u l t i p l e n K n o s p u n g e n kann gesprochen werden, wenn ein Plasmakörper (Zelle oder Symplast) gleichzeitig viele Kleinzellen entstehen läßt, z. B. *Myxidium Lieberkühni* (DOFLEIN 1929). Simultane Aufteilungen g a n z e r Körper sind aus diesem Begriffe auszuschließen (*Ichtyosporidium Hertwigii*); es sind das Zerklüftungen. Ein typisches Beispiel einer multiplen Knospung stellt auch *Hyphelia pulvinata* nach JUEL (1920) dar, bei der sich die Tochterkerne erst nach Fertigstellung der Protuberanzen in die Sprosse begeben (Abb. 15).

Beschalte Protozoen (*Arcella* nach ELPATIEWSKY 1907, Thecamöben nach BELAR 1921: *Chlamydophrys minor* und *parva*) entlassen durch Steigerung des Innendruckes Vortreibungen aus den Gehäusen, die nach Erreichung der normalen Größe abgeschnürt werden („Knospenteilung"). *Spirochona* muß an den Knospen erst alle Organe (ondulierende Membranen usw.) vor der Abschnürung ausbilden (DOFLEIN 1929).

Auch die Richtungskörperbildung bei der Eireifung ist nach den Untersuchungen SPEKS (1918) als Knospung und nicht als stark inäquale Teilung anzusehen. Die Abgliederung des Richtungskörperchens paßt sich dem Raume im Eichorion an, sie kann eine Abschnürung oder, bei Raummangel, selbst Wandbildung sein (CARNOY 1887, F. GROSS

1935), ja sich sogar in eine Aushöhlung des Eiplasmas einpressen (LEBRUN 1901) und mit einer uhrglasförmigen Platte abgrenzen.

Sprossungen bei der Gemmenbildung mancher Pilze vermerken ARNAUD (1912) bei *Dematium*, BOSS (1927) bei *Ustilago hypodytes*, WESTON (1918) bei *Traustotheca* (*Dictyuchus*), GUILLERMOND (1909, 1927) bei *Sporobolomyces* und den Endomycetaceen.

6. Die Mechanik der Zelldurchschnürung.

Die Frage nach der Natur der Kräfte, welche eine Zellteilung vollführen, hat sich sicher schon der Entdecker der Teilungsfigur, FOL (1873), gestellt; denn er vergleicht sie mit einem magnetischen Kraftliniensystem. In der Folgezeit hat man sodann alle nur erdenklichen Kräfte und deren Kombinationen, welche hier in Frage kommen können, eingehend geprüft, ohne aber eine einigermaßen befriedigende Lösung gefunden zu haben. Nicht besser steht es auch um den Kernteilungsmechanismus, auf dem sich der Mechanismus der Plasmadurchschnürung aufbaut, so daß TISCHLER (1943) nach dem wörtlichen Zitat einer resignierten Bemerkung BELLINGS, die Worte ausspricht: „Mit dem Ausdruck dieser Hyperresignation, der wir uns natürlich nicht anschließen, sei der wenig Klarheit bringende Abschnitt über die Kernteilungsmechanik beschlossen."

Es ist natürlich, daß die beiden Haupttypen der Zellteilung, Durchschnürung und Wandbildung, verschiedene Mechanismen besitzen (GURWITSCH 1904). In diesem Abschnitt behandeln wir nur die Durchschnürung, die Wandbildung aber bleibt dem Abschnitt über die Tätigkeit des Phragmoplasten vorbehalten. Das Studium des Durchschnürungsmechanismus hat wegen der scheinbaren Einfachheit des Teilungsprozesses viele Forscher angezogen.

Während der Teilung ist der größte Teil des Plasmas in den Zustand einer achromatischen Strahlung versetzt, die keine zufällige Ausfällung ist (wie A. FISCHER 1898, M. H. FISCHER und WO. OSTWALD 1905 meinen), sondern ein in sich geschlossenes Organell (SPEK 1918). Die vitale Realität der Strahlen weist J. SCHMID (1937) polarisationmikroskopisch durch positive Doppelbrechung bei lebenden Eiern von *Psammechinus* nach, wodurch die s o l i d e Natur der Fibrillen feststeht, im Gegensatz zur Auffassung mancher Autoren, die in ihnen f l ü s s i g e Stränge sehen. Ihre Kontraktion geht durch Fältelung der langgestreckten Eiweißmoleküle vor sich (Abb. 16), was Zugwirkung ergeben muß (J. SCHMID 1943). Eine Zusammenziehung der Astralstrahlen kann sich nach SPEK (1918) auch durch örtlich begrenzte Dichtezunahme der Plasmakolloide ergeben, die Volumenabnahme also auch als Zugwirkung zur Geltung kommen.

Während der Zellteilung gehen ferner im Plasmaleib und an seiner Oberfläche Veränderungen der P e r m e a b i l i t ä t und V i s k o s i t ä t vor sich. Dabei werden die schweren Inhaltskörper aus der Furchungszone entfernt und das Plasma darin durch eine spezielle Tätigkeit der

Zentren verflüssigt (CHAMBERS 1924, S. 297). Permeabilitätsänderungen an Eiern im Teilungsprozeß bewies HERLANT (1918, 1920) dadurch, daß in schwach hypertonischen Flüssigkeiten leicht plasmolysierte Eier nach ungefähr 30 Min. wieder straff werden, da ihre Oberfläche die Salze durchläßt. Mit dem Erscheinen des Dyasters aber setzt die Plasmolyse wieder ein und das gleiche Spiel wiederholt sich stets von neuem. Erhöhung der Permeabilität setzt die Viskosität herab.

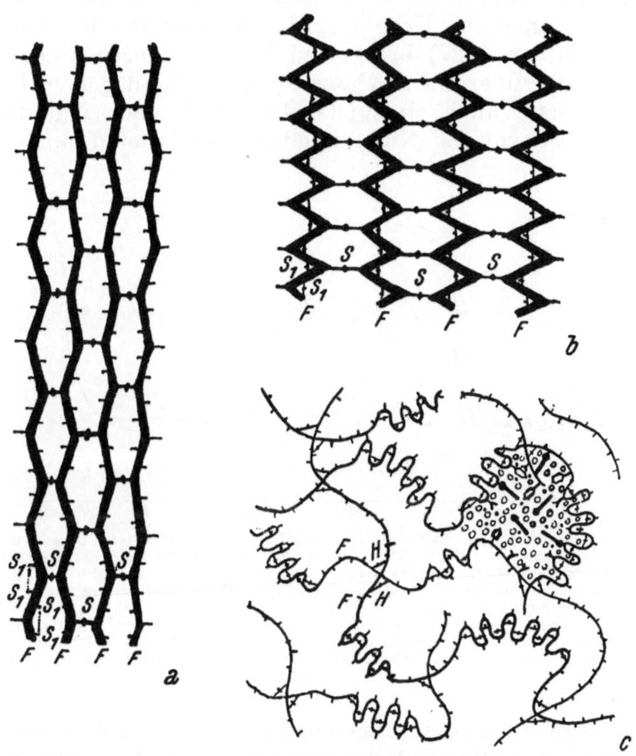

Abb. 16. Schematische Bilder über die Kontraktilität im Plasma. *a* Schema vom Feinbau einer gestreckten Proteinfibrille: *F* Fadenmoleküle, die durch seitliche Ketten in regelmäßigen Abständen verknüpft sind, S_1 freie Seitenketten. *b* Schema einer kontrahierten Proteinfibrille. Die früher freien Seitenketten haben sich geschlossen und das Molekül zusammengezogen. *c* Schema vom Proteingerüst im Zytoplasma. Die Fadenmoleküle *F* sind durch Seitenketten in ihren Haftpunkten (*H*) verbunden, sie sind teils gestreckt und teils kontrahiert (Kontraktionswellen). In einer Zwischenmasche des Wabengerüstes ist der Inhalt eingezeichnet: Wassermoleküle (kleine Kreise), Jonen (Punkte), Lipoide (fette Punkte mit Strich). An den Seitenketten sind außerdem noch andere Stoffe angehängt (Gabelzeichen, Sechsecke). Die Abbildung soll die Kontraktionsmöglichkeit der Spindelfasern versinnbildlichen. (Nach J. Schmidt 1943.)

Zusammenfassendes über die Viskositätsänderungen bei der Teilung verdanken wir HEILBRUNN (1928), der neben CHAMBERS (1924) diese Frage untersuchte. Beide finden einen Anstieg in der Prophase mit einem Abstieg darauf, welcher nach CHAMBERS bei Eiern von *Echinus* und den Nemertinen während der ganzen Mitose (Kern!) andauert;

nach HEILBRUNN (1928) finden sich aber bei Eiern von Echinodermen, Mollusken und Anneliden zwei Maxima (in der Prophase und knapp vor der Furchung) mit einem steilen Abstieg in der Zwischenperiode (Abb. 17). Das Plasma ist am zähesten in der Nähe der Zentrosomen und am flüssigsten an der Peripherie (CHAMBERS 1924). Da nach ihm beide Zentren sich verdichten (er nennt sie "spheres of solidification") und sich voneinander entfernen, so teilt sich die Zelle in der flüssigsten Region. Die Strahlen sind nach ihm flüssiges Hyaloplasma, das zu den Zentren fließt. Künstliche Erhöhung der Viskosität oder Entquellung des Plasmas (BELAR 1927) bringt den Teilungsprozeß zum Stillstand oder läßt ihn nicht über ein gewisses Stadium hinausgehen. Die „Fontäneströmung“ setzt auch ein Viskositätsgefälle zwischen den Polen und dem Äquator voraus. Nicht minder wichtig sind die chemisch-

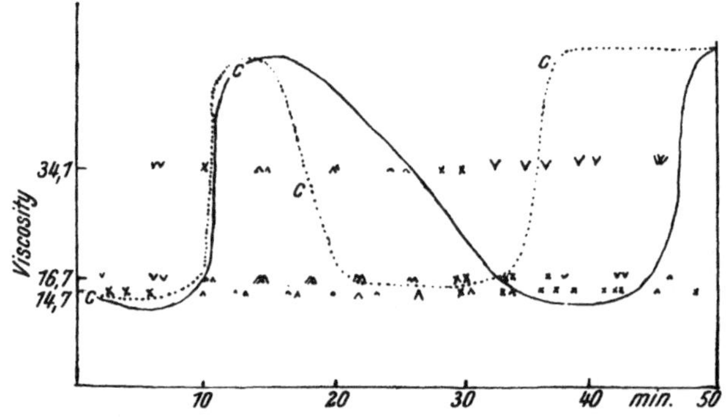

Abb. 17. Viskositätsänderungen während der Mitose im Seeigelei, im Diagramm. Auf der Ordinate die Viskositätswerte, auf der Abszisse die Zeit in Minuten nach der Befruchtung. Die einheitliche Linie bezieht sich auf die Zentrifugenversuche von Heilbrunn (1920) am *Arbacia*ei, die punktierte auf die rohen Schätzungen der Mikrodissektionsversuche von Chambers (1919), ohne Angabe der Tierart. *C* sind die Punkte bei welchen Chambers die Beobachtungen verzeichnet hat. „V“ gibt einen niederen Viskositätsgrad an als der Ordinatenwert des betreffenden Punktes, „Λ“ einen größeren. Die Länge der „V“s ist auch bezeichnend, ein langes „V“ bedeutet einen um vieles kleineren Viskositätswert. (Nach Heilbrunn 1928, S. 267/8.)

physikalischen Zustandsänderungen im Plasma für das Zustandekommen der Differenzen der Oberflächenspannungen zwischen den Polen und der Äquatorebene, mit welchen die meisten Theorien über die Teilungsmechanik rechnen.

Nach der obigen Einleitung wollen wir nun eine Gruppierung der Erklärungsversuche vornehmen, die uns das Verständnis der Teilungsmechanik erleichtern sollen. Man kann nämlich hievon zwei Gruppen unterscheiden. Die erste wendet ihre Aufmerksamkeit der faserigen Struktur des Teilungsplasmas zu, dem eine Zugwirkung (HEIDENHAIN 1895, 1896, RHUMBLER 1896 bis 1904) oder Stemmwirkung (MEVES 1897) zugeschrieben wird. Die zweite Gruppe hingegen richtet ihre Blicke vornehmlich auf die Zelloberfläche, mit den oben erwähnten Spannungsdifferenzen, die zwischen den Polen und der Teilungsebene herrschen. Wichtig ist hierbei immer die Steigerung der

Oberflächenspannung in der Furchungszone, die sich einerseits durch Senkung der Spannung an den Polen oder andererseits durch ihre unmittelbare Erhöhung im Äquator ergeben soll. Die Teilung der Zelle soll aber auch durch Kräfte elektrischer, elektro-magnetischer oder ganz eigener Art vollbracht werden, deren Wirken sich in der Anordnung der plasmatischen Faserung im Sinne elektromagnetischer Kraftlinien zu erkennen gibt (GALLARDO 1909). Sie entstehen durch ungleiche Konzentration bestimmter Ionenarten an verschiedenen Stellen der Zelle (LILLIE 1910/11) (Abb. 18). Schließlich sollen Diffusionsströme die notwendigen Verlagerungen im Inneren des Plasmas und damit die oberflächlichen Spannungsdifferenzen für die Zelleinschnürung herbeiführen. Es muß noch betont werden, daß die Mechanik der Plasmateilung auf die des Kernes zurückgeht, es jedoch auch Theorien bloß für die Diakinese der Chromosomen in der Anaphase gibt, wie die „Stemmkörpertheorie" von BELAR (1927, 1929), die daher mit der „Stemmfasertheorie" von MEVES nichts gemein hat, weil letztere auch die Plasmateilung betrifft.

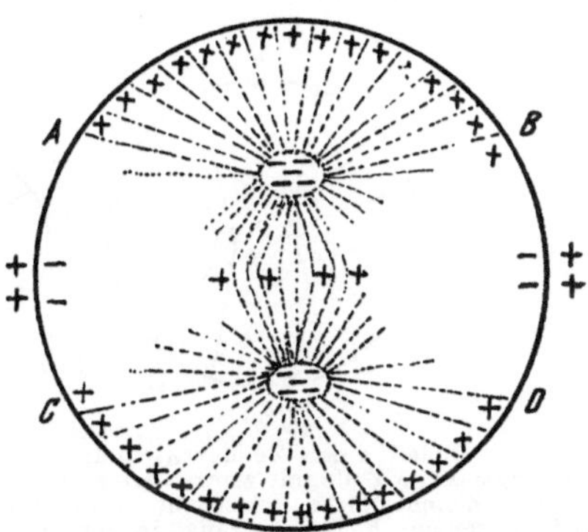

Abb. 18. Schema von der Verteilung der Potentialdifferenzen an den verschiedenen Zonen des Seeigeleies, aus welcher Lillie einerseits die Polwanderung der Chromosomen, andererseits aber auch die Zelldurchschnürung mechanisch erklären will. Die Stromdichte ist durch die Dichte der (+) und (—) Zeichen angedeutet. Die Abnahme des Flächenpotentials im Zelläquator soll nach der Regel von Lipmann-Helmholtz die Oberflächenspannung steigern und die Einschnürungsbewegung hervorrufen. (Nach Lillie 1911. S. 727, Abb. 3.)

Die HEIDENHAINsche Theorie läßt sich folgendermaßen kurz skizzieren. Zwischen dem Zellkern, den Zentren und den restlichen Zellinhaltskörpern besteht, auf Grund ihres Lagerungsverhältnisses, eine Spannung, die durch das Strahlungssystem aufrechterhalten wird, dessen Elemente, gleich Muskelfibillen, elastisch gedehnt sind. Die Anordnung der Zellorganellen ist durch diese gespannten Fäden bestimmt, die sich zwischen Mikrozentrum und Zelloberfläche erstrecken und an ihren Enden festgemacht sind. Damit ist auch die Plasmahaut gespannt. Im Gleichgewichtszustand aller zusammenspielenden Kräfte haben alle Radien die gleiche Spannung. Der Übergang aus dem mono- in den dizentrischen Zustand erfolgt mit Hilfe einer „spezifischen Kontraktion" der Polfasern, die, auf besonderen Reiz hin, die Zentren aus der Zellmitte nach den Polen hin ziehen. Dadurch werden aber auch die Fäden zwischen den Zentren und der Äquatorlinie stärker gedehnt und die Haut, bzw. das Plasma zur Zellmitte eingezogen. In der Ruhezelle ist das Fadensystem entspannt und daher mit wenigen Ausnahmen (z. B. Leukozyten, Pigmentzellen) unsichtbar.

Zur Veranschaulichung seiner Theorie ersann HEIDENHAIN ein Teilungsmodell (Abb. 19), das aus zweien, mittels Scharnieren beweglichen

Stahlhalbreifen besteht, die sich zu einem ganzen Reifen zusammensetzen. Zwischen seiner Peripherie und den „Zentren“ in der „Zell-“mitte, sowie zwischen diesen, sind Gummischnüre gezogen, deren Spannung so gewählt wird, daß das System straff und der Reifen rund ist. Zieht man die „Zentren“ auseinander, so werden die äquatorialen Schnüre am stärksten gespannt und der Reifen wird bisquitförmig eingeschnürt. Im Realfall der Zellteilung würde das so weiter bis zur Durchschnürung gehen.

Das Modell HEIDENHAINs wirkt sehr überzeugend, enthält aber nur unbewiesene Annahmen des Autors. Die HEIDENHAINsche Theorie versagt bei Pflanzenzellen, wo Asteren fehlen. Die Permanenz der Strahlen ist vom Standpunkte neuerer Anschauungen der Kolloidnatur des Plasmas abzuweisen. GURWITSCH (1904) traut dem degenerierten Strah-

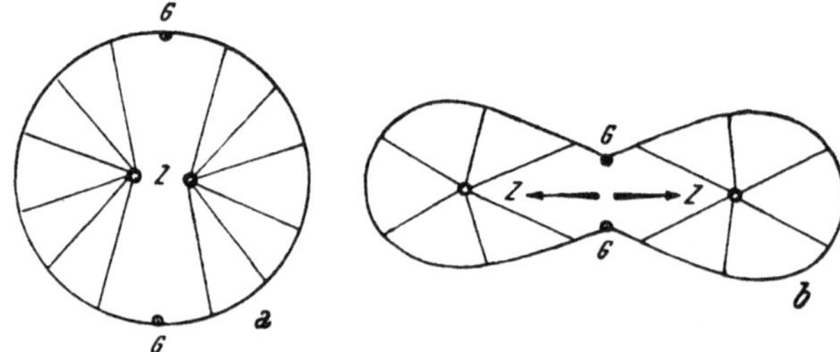

Abb. 19. Modell einer Zelldurchschnürung nach der Zugfasertheorie von Heidenhain: *a* teilungsbereite Zelle mit zentral gelegenen „Zentrosomen“, die durch Fasern (Gummischnüre) mit der Zelloberfläche (elastische Halbreifen, die in *G* gelenkig verbunden sind) in Verbindung stehen; *b* Teilungszone, in der sich die Zentrosomen von einander entfernen, wobei die Zugfasern die Zelloberfläche zur Zellmitte ziehen, was letzten Endes mit einer Durchschnürung enden soll. (Nach Heidenhain 1896.)

lenapparat nach der Kernteilung, nicht mehr die Rolle eines aktiven Spannungsträgers zu. Ja, WILSON (1925) bezeichnet die Theorie HEIDENHAINs als einen „naiven Versuch“ der Erklärung der Teilungsmechanik, trotz der Realität der Fibrillen und der sicheren Beziehungen zwischen ihnen und den Chromosomen.

Einen besonders eifrigen Verfechter hat die HEIDENHAINsche Theorie in RHUMBLER gefunden (1896 bis 1904), der sie auf die Grundlage der Wabenstruktur des Plasmas bringt. Neben der Durchschnürung zieht er auch die Zellplattenbildung in sie ein, da zwischen beiden gleitende Übergänge vorhanden sind. Die Entstehung der Strahlenfigur deutet er im Sinne des BÜTSCHLIschen Luftbläschenversuches (1893, s. weiter unten) folgendermaßen: die Attraktionssphären verdichten sich und ordnen die Enchylemmatröpfchen des umgebenden Plasmas in Wabenreihen um, die, bei Verkleinerung der Tröpfchen, eine Zugwirkung auf den Zelläquator ausüben und ihn zellmittwärts ziehen. Um aber auch die Zellplattenbildung zu erklären, nimmt er auch eine Zweiteilung des früher einheitlichen Wabenradiensystems im Äquator an, wodurch eine Zone geringsten Widerstandes entsteht, in die ein Einströmen des

Plasmas und damit die Durchschnürung mit gleichzeitiger Substanzänderung, also Plattenbildung, erfolgen kann.

Schon HEIDENHAIN hat zur Unterstützung der Polwanderung der Chromosomen durch Faserzug, auch die Stemmwirkung der Spindel herangezogen. MEVES (1897, 1899) tat einen Schritt in dieser Richtung weiter und verlegt die Stemmwirkung der Asterenstrahlen auch in die Teilungsebene, so daß sie von ihnen zerdehnt werden soll, und seitliches Plasma, wie in einen leeren Raum, einströmen kann. Bald nach ihrem Erscheinen erfuhr diese Theorie eine so scharfe Abweisung von seiten RHUMBLERS (1897, 1898), daß sie an Glaubwürdigkeit verlor.

Weit mehr Beachtung als die Theorie von HEIDENHAIN hat die von BÜTSCHLI (1876) gefunden, weil sie experimenteller Forschung zugänglich ist und von SPEK (1918 bis 1923) eine gründliche Bearbeitung und kritische Gegenüberstellung zu anderen Theorien erfahren hat. SPEK (1918) sagt: „Die Ursache der Entstehung der Oberflächenspannungsdifferenzen bei der mitotischen Teilung der Zelle läßt sich aus charakteristischen histologischen Differenzen des Zelleibes während der Mitose ableiten.“ Womit eine Verknüpfung der HEIDENHAINschen mit der BÜTSCHLIschen Theorie als selbstverständlich proklamiert ist. Eine Parallelität von Furchung und inneren Vorgängen läßt sich selbst bei seichten Eindellungen, z. B. nach DALCQ und SIMON (1932), wahrnehmen, da sie durch eine Volumenverkleinerung in der Trennungszone infolge der Gelifikation der Wandplatte entstehen sollen.

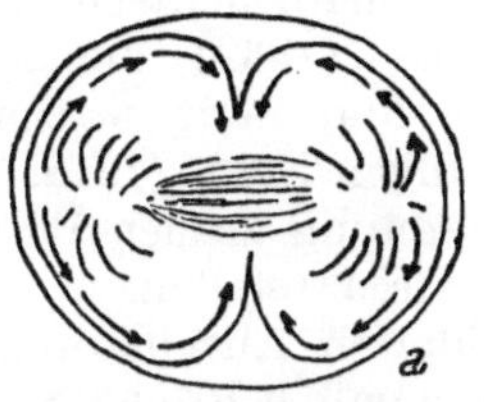

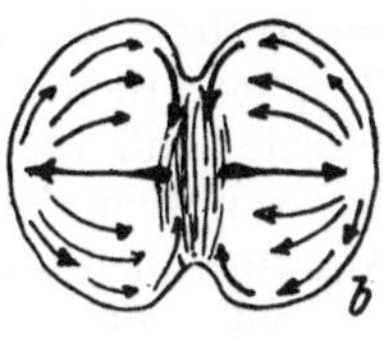

Abb. 20. „Fontäneströmung“ bei der Furchungsteilung im Ei von *Rhabditis pellio* (*a*) und im Öltropfen (*b*) nach Versuchen von Spek schematisch dargestellt. (Nach Spek 1918.)

Die Entstehung der achromatischen Teilungsfigur erklärt BÜTSCHLI an dem folgenden Modellversuch, der mehr als ein bloßer Vergleich sein soll. In einer mit Chromsäurelösung koagulierten Gelatine, die sich abkühlt und in Erstarrung befindet, entstehen um zwei, in einer richtigen Entfernung stehende Luftbläschen Polstrahlungen mit Spindeln, da sich die Bläschen zusammenziehen und die Körnchen in der Gelatine sich in radialer Richtung auf sie hin ordnen. Auch die Oberflächenspannungsdifferenzen illustriert BÜTSCHLI (1893) an Modellversuchen mit Öltropfen, in denen nach Untersuchungen von QUINCKE Strömungen entstehen, wenn sie an zwei gegenüberliegenden Punkten mit Seifenlösungen in Berührung gebracht werden. Ähnliche Strömungen wies ERLANGER 1897) an Eiern von Nematoden im Furchungsstadium nach. In Öltropfen fallen sie besonders deutlich aus, wenn man NaOH-Kristalle an zwei Gegenpole heranbringt. Dann laufen sie an der Oberfläche der Tropfen zum Äquator hin, biegen zur Zellmitte um und wenden sich darin zu den Polen wieder zurück. SPEK (1918) nennt sie „Fontäneströmungen“ (Abb. 20). Er findet die oberflächlich gelegenen Ströme in den durchsichtigen Eiern einiger Tiere, besonders gut aber beim Nematoden *Rhabditis dolichura.* Die zentral gelegenen Gegenströme jedoch waren nicht zu sehen, weil sie vom Plasma verdeckt sind. Man möchte aber glauben, daß sie in dem dichten Spindelplasma, dem CHAMBERS (1939) galertige Konsistenz zuschreibt, überhaupt nicht eindringen können. Wir berichteten früher (Abschn. II, A, 3), daß die Wandbildung bei der Furchung der Tiereier durch zentripetales Einfließen subcorticalen Plasmas erfolgt. ein Fontänestrom also hierbei zwecklos ist. Nichtsdestoweniger sieht CONKLIN (1902) bei *Crepidula*-Eiern einen geschlossenen Kreislauf.

In systematischen Versuchen mit der passendsten Ölmischung, der richtigsten Tropfengröße und mit Sodakristallen konnte SPEK (1918) den Verlauf der Durchschnürung fortlaufend studieren. Die Ströme verschieben die entstehenden Seifeteilchen zum Äquator, wo sie sich anhäufen. Von rein mathematisch-physikalischer Seite untersucht neuerdings RASHEVSKY (1932) die spontane Teilung theoretischer Tropfen, die langsam und stetig wachsen. Beispiele unsymmetrischer Durchschnürung zwingen SPEK (1918, 1926) zum Schluß, daß sowohl die Abnahme der Spannung an den Polen als auch ihre Steigerung im Äquator absolute Werte darstellen.

Den oben geschilderten Anschauungen hat bis heute nur ein Einziger widersprochen, nämlich ROBERTSON (1911), der auf Grund seiner Experimente mit Öltropfen, die er mit in Alkalien getränkten Fäden durchteilt, zum Ergebnis gelangte, daß in der Teilungszone eine Verminderung der Spannung herrscht.

Während die HEIDENHAINsche Theorie der Zellteilungsmechanik die Anordnung der Fibrillen im Plasma, vom Standpunkte ihrer Aufgabe betrachtet, sehen andere Theorien darin nur den Ausdruck gewisser Kräfte, die sich bei der Teilung bekunden. Diese Theorien versuchen also aus der Teilungsfigur die Kräfte zu erkunden, welche sich darin abspiegeln. Sie glauben, daß ihnen dies durch eine genaue Analyse der Teilungsfigur oder ihre Nachahmung an Modellversuchen am besten gelingen kann. FOL (1873), ZIEGLER (1895), RHUMBLER (1903) u. a. stellen die teilende Kraft einer magnetischen gleich, GALLARDO (1909) einer elektrischen. Schwierigkeiten, die sich bei den Identifizierungen dieser Kraft hinsichtlich der drei- oder vierpoligen Spindeln ergaben, wurden durch Hilfshypothesen („Kraftketten" statt Kraftlinien nach HARTOG 1905) überbrückt und als es auch damit nicht weiter ging, so erklärte sie HARTOG (1905, 1914) in einer Reihe von Schriften als eine neue Kraft, die er „Mitokinetismus" nannte und die zwar analog, aber nicht identisch mit der magnetischen oder elektrischen sein soll. LILLIE (1910 u. a.) meint, daß man nicht erst irgendwelche Kräfte postulieren müsse, da schon aus kolloidchemischen Überlegungen, im Hinblick auf die innerplasmatischen Differenzierungen einer Teilungszelle, verschiedene elektrische Ladungen am Pol und dem Äquator und daher auch Ströme zu erwarten sind, die einesteils die innere Ordnung, aber anderntei ls auch Oberflächenspannungsdifferenzen und die Plasmateilung hervorrufen; denn alle dynamischen Theorien geben die Existenz solcher Spannungsdifferenzen zu.

Man hat den Zellteilungsapparat auch mit einem System von Diffusionsströmen verglichen, die etwa durch Strömungen von Plasma nach den Polen hin (GIARDINA 1902, aber auch BÜTSCHLI und RHUMBLER) oder durch die Existenz von Punkten höherer und niederer Konzentration (LEDUC 1912, 1914) entstehen. Diese Anschauung stützt sich zum größten Teil auf Modellversuche, die zwar bestechend wirken, wie die von LEDUC, aber doch nur bloße Annahmen enthalten und übrigens aus Gebieten genommen sind, die der Zellteilung fern stehen.

Über die Erklärung des Teilungsmechanismus bei der Durchschnürung der Amöben nach GLÄSER (1912) vergl. Abschn. II, A, 1.

Wenn wir nun zum Schluß unsere kurze Darstellung der Teilungsmechanik überblicken, so werden wir feststellen müssen, daß die zellteilenden Kräfte noch völlig in Dunkel gehüllt sind. Wir sehen zwar ihre Wirkung, doch bleibt uns ihre Natur verschlossen. Das Triebwerk der Zellteilung wird aber kaum nur von einer einzigen Kraft bewegt, es existieren deren mehrere, die derart aufeinander abgestimmt sind, daß bei Versagen einer von ihnen, der ganze Kräfteapparat zum Stillstand kommt. Da sich bei der Zelldurchschnürung die Plasmateilung unmittelbar aus der Mitose ergibt, kann man annehmen, daß auch die Mechanik beider Prozesse eine ununterbrochene Kette zusammengehörender Teilvorgänge ist, die letzten Endes zum Einbruch des Ektoplasmas in das Entoplasma führen. Wir beurteilen dieses Geschehen nur nach Modellversuchen, bei denen die Triebkräfte aus weit größeren Dimensionsbereichen stammen, als sie bei der Zellteilung gegeben sind.

7. Die Durchschnürung von Symplasten in zwei Stücke.

Die Durchschnürung von Symplasten in nur zwei Stücke ist keine häufige Erscheinung. Wir erwähnten früher (Abschn. II, A, 6) die „Knospenteilungen" bei *Arcella*, die nach vorheriger Kernvermehrung auf die Doppelzahl, durch Ausstoßung des halben Zellplasmas aus dem Gehäuse, und dessen Abschnürung erfolgen. Es gibt aber Symplastendurchschnürungen ohne Zusammenhang mit Kernteilungen; diese bezeichnet DOFLEIN (1929) als „Plasmotomie". Hier herrscht also eine völlige Unabhängigkeit zwischen Kern- und Plasmateilung, so daß Kerne im Mitosezustand jederzeit angetroffen werden, bei *Arcella* aber nicht, da bei ihr Kern- und Plasmateilungen gekoppelt sind. Als Beispiel einer „Plasmotomie" führt DOFLEIN die Myxosporidien (*Myxosporidium leydigi*) aus der Harnblase der Haie und Rochen an.

Doch auch die normale Durchschnürung der zweikernigen Ciliaten, die wir früher als Zellteilung betrachtet haben (Abschn. II, A, 2), ist streng genommen eine Symplastenteilung.

Ein Beispiel für eine Durchschnürung eines mehrkernigen Symplasten in nur zwei Stücke bei Pflanzen findet, sich im Schrifttum nur für den Pilz *Entomophthora fumosa* von Rees (1932) angegeben. Dieser parasitische Pilz bildet im Wirtskörper kein fädiges Myzel, sondern vielkernige „hyphal bodies“ aus, welche sich nach Kernvermehrung, regelrecht durchschnüren und halbieren. In einem bestimmten Zustand der Entwicklung gehen die Hyphenkörper in Conidiophore über (Abb. 21).

8. Die Zerklüftung (allgemeine Zerschnürung) von Symplasten bis zur Einkernigkeit.

a) Allgemeine Charakterisierung des Prozesses.

Die generativen pflanzlichen und tierischen Syncytien haben die Fähigkeit, in einem gegegebenen Augenblicke bis zur Einkernigkeit zu zerfallen. Das Plasma zerlegt sich dabei in kleine Portionen, die sich um die Kerne ballen und mit einer Hautschicht überziehen. Diese Haut übernehmen sie zum Teile wenigstens, von dem mütterlichen Zelleib oder bilden sie neu aus. Trennen sich die Zellen (Sporen), so umhüllen sie sich außerdem noch mit einer Außenwand, die sie ausscheiden.

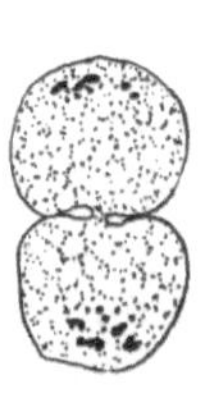
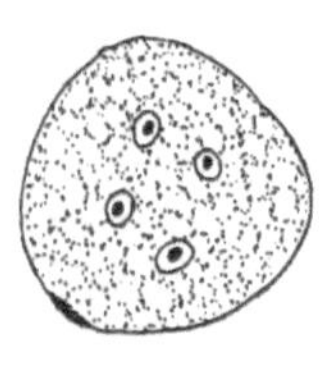

Abb. 21. Durchschnürung in zwei Teile des cyncytialen Hyphenkörpers von *Entomophthora fumosa*, eines parasitischen Pilzes auf *Pseudococcus citri*. Der Pilz bildet keine Hyphenschläuche, sondern mehrzellige Plasmakörper aus, die sich mittels Durchschnürung vermehren. (Nach Rees 1932.)

Die Ursachen für den Zerfall eines Symplasten sind sicher in ihm selber gelegen, aber auch durch äußere Faktoren beeinflußbar. Jeder Kern oder jede Kerngruppe zieht nur eine bestimmte Menge von Plasma an sich, die ihrer „physiologischen“ Kraft gerade entspricht, und an den Grenzen ihrer „Wirkungssphären“ (Strasburger 1893) scheiden sich unregelmäßige, mit einer Flüssigkeit erfüllte Klüfte aus, die den Plasmakörper zuerst von seiner Peripherie her, aber später, in seinem Inneren, auch von bereits vorhandenen Klüften aus, nach allen Richtungen hin durchsetzen. Bilden sich statt der Klüfte dünne Platten aus, so kann von einer „Wandbildung“ gesprochen werden; diese Fälle, soweit sie im Schrifttum deutlich als solche gekennzeichnet sind, sollen im Abschnitte über zentripetale Wandbildung (II, B, 4) besprochen werden. Doch heben wir hervor, daß vielfache Übergänge zwischen der Kluft- und Wandbildung bestehen, da an die Stelle von Teilungsplatten, nach ihrer Spaltung in die Hautschichten und Einfüllung von Flüssigkeit zwischen diese, leicht Klüfte treten können. Die Zerklüftung nimmt oft das Aussehen einer Plasmazerdehnung an, wenn die Ballen anfangs unregelmäßig zerrissene Umrisse annehmen. Dies ist ein Zeichen einer beschleunigten Durchschnürung und gilt als „Vakuolisation".

Im allgemeinen kann die Symplastenteilung als eine Dehydratation bezeichnet werden, da sich die Plasmaballen um die Kerne konzentrieren. Am überzeugendsten ist die Wasserabgabe bei den Äthalien der Myxomyceten im Zustand der Sporulation zu sehen. Der ganze Prozeß hat äußere Ähnlichkeit mit einer Austrocknung nassen Erdreichs, mit dem er oft verglichen wird. Nur muß bei diesem Vergleich bedacht werden, daß die Klüfte mit Flüssigkeit und nicht mit Luft erfüllt sind (Yamahas 1926, Rißspaltetypus).

Bei dem Zerfall von Symplasten wird in manchen Fällen nicht alles Plasma an die Kerne gebunden, es bleibt ein „Restplasma" zurück, was schon den ersten Beobachtern dieser Erscheinungen bekannt war (Berthold 1886, Klebs 1891 u. a.) und das besonders massig z. B. bei *Diplophysalis* nach den Angaben von Karling (1930) oder der Sporogenie der Gregarinen ist.

b) Die Zerklüftung des Myxomycetenplasmodiums.

Diese wollen wir als besonders typischen Fall für Syncytienzerklüftung gesondert betrachten.

Für die Sporenbildung kriechen die Plasmodien der Schleimpilze aus ihrem Substrat heraus und formen sich zu Fruchtkörpern um. Ihre Oberfläche wird krustig, im Inneren sind sie aber schaumig (Harper 1914). Alles überflüssige Wasser wird teils durch Verdunstung, teils durch Ableitung in besonderen Drainageröhren (Capillitium) aus dem Plasma entfernt. Diese spannen sich zwischen der Columellahöhle und der Oberfläche des Fruchtkörpers aus und gehen aus langgestreckten Vakuolen hervor, die sich bei gewissen Arten verzweigen und allerlei Oberflächenskulpturen annehmen können. Die Vakuolenhaut verfestigt sich zur „Membran" des Capillitiumrohres. Gewisse büschelförmige Fibrillen, welche zur Stoffheranschaffung nach Harper-Dodge (1914) bei der Wandbildung bei *Hemiarcyria* dienen sollten, wurden weder von Harper (1914) bei *Didymium* noch von anderen Autoren bei anderen Arten gesehen. Howard (1931) betont ausdrücklich ihr Fehlen bei *Physarum*. Die Zerklüftungsdauer eines Äthaliums ist je nach seiner Größe verschieden, geht aber nicht über 24 Stunden hinaus. *Didymium* braucht nach Harper (1914) eine Nacht, nach Schünemann (1931) aber 15—20 Stunden, *Physarum* nach Howard (1931) unter günstigen Umständen nur rund zwölf Stunden.

Erst nach Erreichung einer genügenden Konzentration des Plasmas stellen sich die ersten tafelförmigen Klüfte ein, die von der Oberfläche des Sporangiums oder der Columella aus beginnen und größere Äthalien vorerst in eckige Blöcke zerschneiden. Bei *Physarum* beginnen die Klüfte auch vom Capillitiumraum aus. An die radialen setzen sich tangentiale Spalten an, so daß Prismen und Zylinder entstehen, die sich nun unregelmäßig weiterzerklüften.

Natürlich ist der Zerklüftungsprozeß nicht bloß als Wasserausscheidung aufzufassen, gewiß begleiten ihn auch chemische Änderungen im Plasma. Aussonderung von Plasmasäften beschreiben für die Sporenbildung schon ROTHERT (1892) bei *Saprolegnia*, HARPER (1899) bei *Synchytrium decipiens* (Abb. 22) und KUSANO (1909) bei *Synchtr. Puerariae*. Bei weiterer Eindickung der Zwischensubstanzen und gleich-

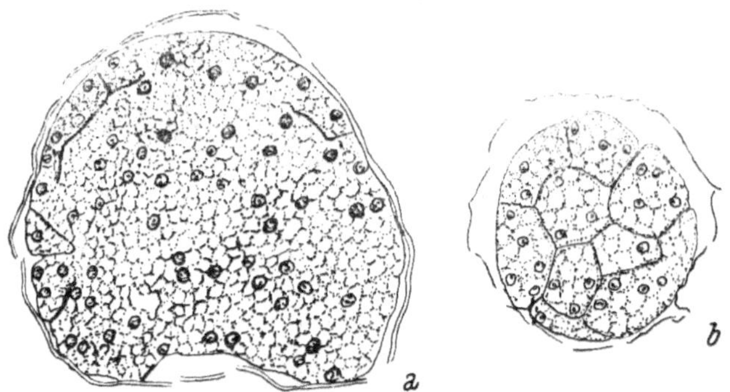

Abb. 22. Zergliederung der Sporangienzysten von *Synchytrium decipiens* durch Teilungsplatten und dann Wände, zuerst in mehrkernige und später einkernige Stücke (Sporen), die sich polygonal abplatten. *a* im optischen Querschnitt und *b* in der Aufsicht gezeichnet. (Nach Harper 1899.)

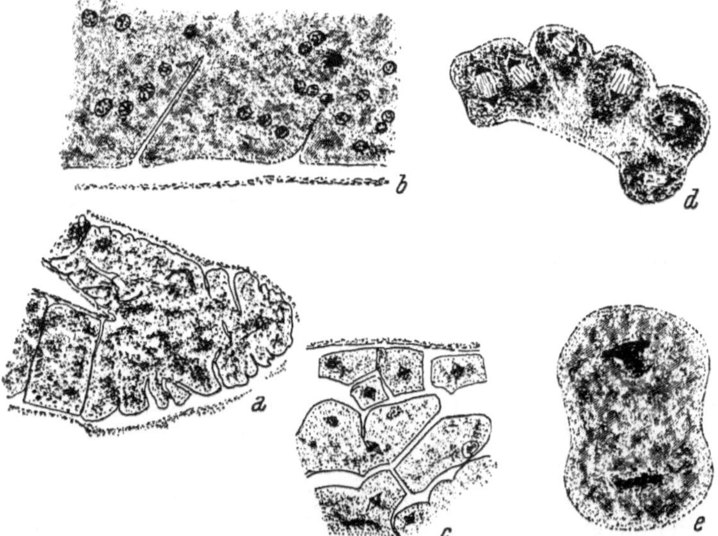

Abb. 23. Allgemeine Zerschnürung (Zerklüftung) des Myxomycetenplasmodiums von *Fuligo varians* bis zu einkernigen Sporen. *a* Entwässerung des Plasmodiums und Bildung der ersten Hauptspalten im Fruchtkörper, *b* vergrößerter Ausschnitt aus *a* mit zwei verschieden weit ausgebildeten und daher verschieden breiten Spalten, *c* die Zerklüftung ist bis zur Bildung vielkerniger polygonaler Blöcke fortgeschritten, *d* die letzten Kernteilungen in den Sporenballen, *e* letzte Zweiteilung, die sich deutlich als Durchschnürung kennzeichnet. (Nach Harper 1900.)

zeitiger Vergrößerung der Sporen, kann es nach HOWARD (1931) bei *Physarum* zu einer polygonalen Abflachung ihrer Membranen kommen, so daß dann der Sporangiuminhalt das Aussehen eines Parenchymgewebes erhalten kann (s. Lichtbild bei HOWARD 1931, Taf. 19, Abb. 72), was bei anderen Schleimpilzen nicht vorkommt. Bei *Physarum* können also die Sporen erst nach Spaltung dieser Zwischenwand frei werden und sich abrunden.

Die Plasmahautschicht der ersten Kluftspalten soll nach BISBY (1914) durch Einfaltung von der Oberfläche in das Innere des Äthaliums gelangen. Doch kann die Mutterplasmahaut sicher nicht den großen Bedarf für alle Sporen dekken. Der Übergang von der Zwei- zur Einkernigkeit der Plasmaballen deckt den ganzen Vorgang als Durchschnürung auf (HARPER 1911, HARPER 1914, HOWARD 1931) (Abb. 23). Die Trennungszone ist stark verflüssigt und hyalin, so wie sie etwa CONKLIN (1902) auch für die Eier von *Crepidula* schildert.

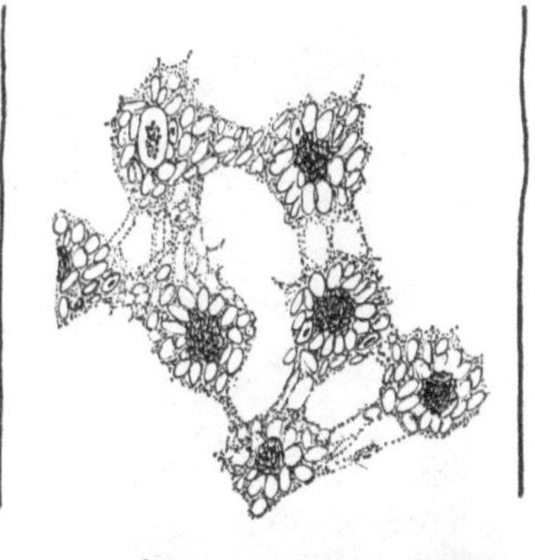

Abb. 24. Sporogenese bei *Cladophora callicoma* mit verschiedenen Stadien der Ausdifferenzierung der Schwärmsporenanlagen. Die Zerklüftung des Plasmas erfolgt durch „Zerfließen" der Plasmaportionen an den Zellgrenzen. (Nach Czempyrek 1930.)

HARPER (1899, 1900, 1914) möchte die allmähliche Kondensation des Sporensplasmas als direkte Tätigkeit der Kerne auffassen und damit ihr gehäuftes Auftreten längs der Kluftspalten verständlich machen. Die Kerne sollen nach seiner Meinung Stellen chemisch charakterisierter Stoffe (Nucleoproteide, Nucleinsäuren) sein, die entweder selbst oder ihre Stoffwechselprodukte "could become centers of moisture retention" und die Kluftspalten, ja selbst die Furchen bei der Zweiteilung, hervorrufen. Er wendet diese Erklärungsweise auch für die Sporenbildung von *Pilobolus* an. Die Häufung der Kerne an den Spalten bestätigt SCHÜNEMANN (1930, S. 657) bei *Didymium nigripes*, doch CADMANN (1931) erwähnt bei der gleichen Art nichts dergleichen.

c) Weitere Beispiele für Syncytienteilungen mittels Zerklüftung.

Die Zerklüftung des Plasmas in die Schwärmsporen bei *Cladophora* kennen wir aus einer eingehenden Beschreibung von CZEMPYREK (1930) (Abb. 23). Von den untersuchten Arten hatte *Cl. glomerata* neben simultaner, vereinzelt auch succedane Teilung, *Cl. calicoma* nur succedane. Infolge der Dünnheit des Plasmabelages, bilden sich bei der Zusammenziehung des Plasmas um die Kerne in den einzelnen Schlauchabschnitten dieser Alge, große Zwischenräume, so daß das Plasma in die Sporen förmlich zerfließt. Ein nachträgliches Schwellen der Prosporen, die bei manchen Pilzen selbst zur gegenseitigen Abplattung führen kann, wurde von Czempyrek bei *Cladophora* nicht verzeichnet (s. auch Schussnig 1931). Die Sporenbildung hat anfangs den Charakter einer Vakuolisation und nur allmählich erhalten die Plasmaballen ein glattes Aussehen. Doch gilt dies nur für die wenigkernigen Formen von

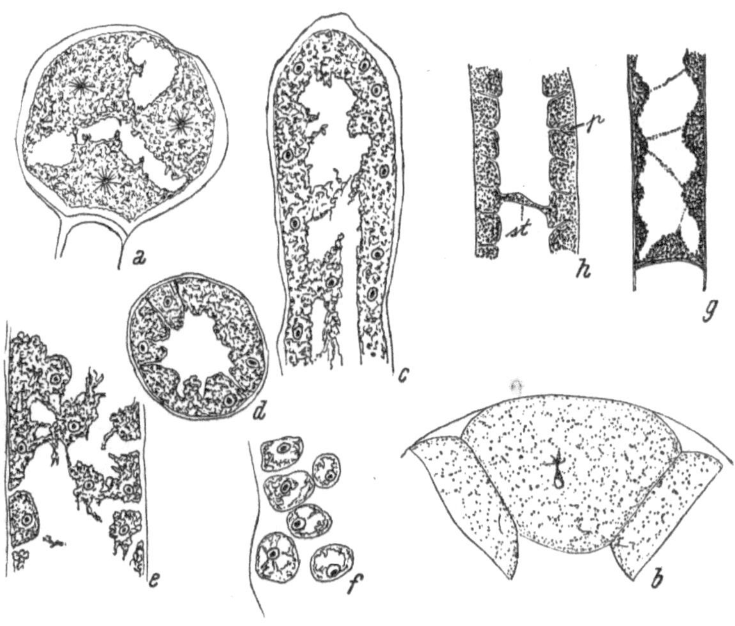

Abb. 25. Die Oosphären- (*a*—*b*) und Sporenbildung (*c*—*h*) bei *Saprolegnia*, mittels Zerklüftung des Sporenplasmas. *a* Eibildung im Anfangsstadium, durch Plasmazerdehnung an den Grenzen der zukünftigen Oosphären, *b* desgleichen durch Plattenbildung; doch kann dieses Bild auch der Endzustand von *a* sein. *c* Zerklüftung des Zoosporangiums im Anfangsstadium, im Längsschnitt und *d* im Querschnitt. *e* Fortgeschritteneres Stadium und *f* abgeschlossenes Stadium der Sporenbildung, in *f* noch nicht gequollene Sporen. *g* und *h* andere Zerklüftungsbilder als *a*—*d*, da sie mehr auf die Bildung enger Spalten (*h*) hinausgehen. (*a*, *c*—*f* nach Davis 1903, *b* nach Claussen 1908, *g* und *h* nach Rothert 1892.)

Cladophora, die vielkernigen sind bei der Enge des Raumes gezwungen, ihre Sporen abzuplatten (Strasburger 1880, Oltmanns 1923). Diese Verschiedenheit des Teilungsmechanismus findet sich auch bei Pilzen, wie z. B. *Saprolegnia*, die nach Davis (1903, Abb. 13) die Oosphären offensichtlich durch Zerfließen (ebenso *Achlya* nach Carlson 1929), nach Claussen (1908) durch glatte Spalten bildet, die aus dem zentralen Saftraum ins Plasma dringen (Abb. 25).

Sehr eingehend beschreibt KLEBS (1891) die Aufspaltung des Plasmas in den vielkernigen Schläuchen von *Hydrodictylon* in die Zoosporen, nach dem Leben und TIMBERLAKE (1901) ergänzt seine Schilderungen in mancher Hinsicht nach gefärbten Präparaten. Bei Übertragung einer Probe aus einer Nährlösung in Wasser, stellt sich die Teilung zur Nachtzeit ein. Nach einer gleichmäßigen Verteilung der Kerne im Plasma, zerteilt sich dann der grüne Inhalt durch unregelmäßig gewundene farblose Gänge („Spalten"), die aber vor den inneren und äußeren Hyaloplasmaschichten Halt machen, die also in die Sporen nicht aufgenommen werden. Je mehr solcher farbloser Kluftspalten den grünen Inhalt durchziehen, desto klarer wird das Bild der Teilung, da die einzelnen Plasmaportionen sich gegeneinander schärfer absetzen. Diese nehmen zuerst band- oder würfelförmige Formen an, schnüren sich aber in immer mehr Stücke durch, wobei in den Teilungsebenen vielfach helle Furchen auftreten, „als ginge die Einschnürung von innen nach außen resp. umgekehrt" (KLEBS 1891).

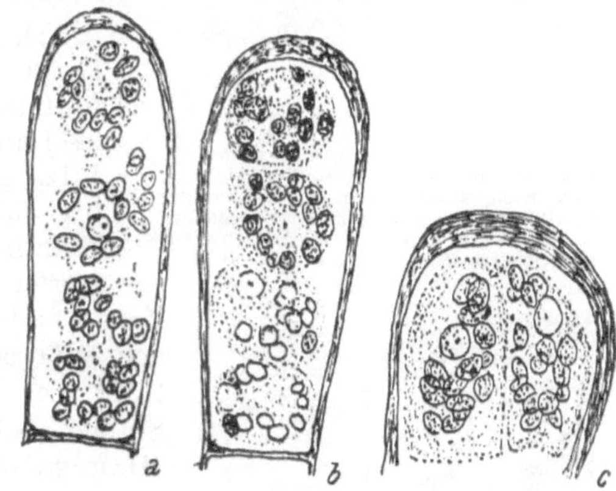

Abb. 26. Zoosporenbildung des *Aglaozonia*-Stadiums von *Cutleria multifida* mittels Zerschnürung und Abrundung der Plasmaballen. (Nach Yamanouchi 1912.)

Nach anfänglicher Kontraktion, schwellen die Prosporen wieder, oft bis zur gegenseitigen Abplattung (so auch STRASBURGER 1880, BERTHOLD 1886). Die flüssige Zwischensubstanz verfestigt sich und BERTHOLD (1886, S. 301) faßt sie als Membran, KLEBS aber (1891, Sp. 833) als „die direct sich berührenden Hautschichten der zusammengepreßten Zoosporen" auf, da davon nach endgültiger Sporenreife nichts zurückbleibt. Vergl. die Abb. 26: Zoosporenbildung von *Cutleria multifida.*

Die Gametenbildung geht bei *Hydrodictyum* nach dem gleichen Muster vor sich, wie die Entstehung der Zoosporen.

Nach WESTONS (1918) anschaulichem Bericht über den Hergang der Sporenbildung von *Traustotheca (Dictyuchus)* vollzieht sich die Abgrenzung des Sporangiums vom Restschlauch wie bei *Vaucheria* (s. Abschn. II, B, 5). Der Sporangiuminhalt zerfällt darauf durch unregelmäßige Klüfte, bzw. ein System sich kreuzender Lücken, doch bleibt eine periphere Lage unverbraucht zurück. Nach dieser ersten Phase der Sporenbildung verschwinden die Umrisse der Sporen plötzlich und das Plasma wird infolge Wasserverlust durchsichtig und schaumig. Doch erscheinen die „Risse“ zwischen ihnen bald wieder, die Sporen dehnen sich unter Wasseraufnahme bis zur gegenseitigen Berührung und trennen sich schließlich bei Abrundung durch Spaltung der Zwischenwand. BÜSGEN (1882) sieht aber die Sporen in der zweiten Bildungsphase sich sogar zu einer homogenen Masse wieder verschmelzen, dem WESTON aber nicht zustimmt. Im schlüpfreifen Zustande sind die Sporen in einer schleimigen Flüssigkeit im Sporangium eingeschlossen (Abb. 27). Vergl. auch die Abb. 28: Sporenbildung von *Polyphagus.*

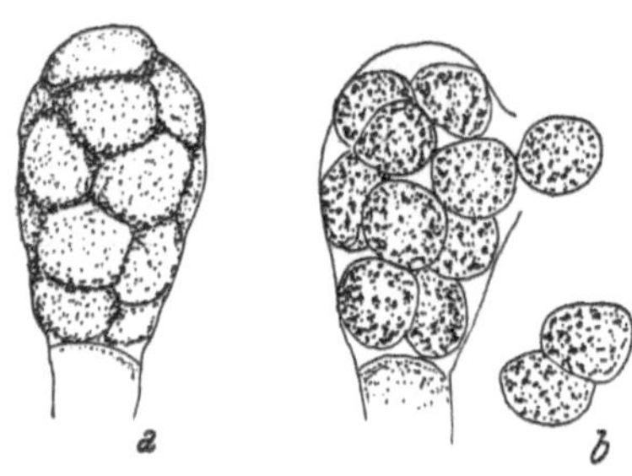

Abb. 27. Sporenbildung von *Traustotheca clavata* im Endstadium *a*, in dem sich die Sporen nach anfänglicher unregelmäßiger Zerklüftung des Sporangiumplasmas nähern und gegenseitig abplatten. *b* Ausschwären der Sporen. (Nach Weston 1918.)

Ähnliche Beispiele über den Zerklüftungsprozeß, wie die obigen fünf, könnten in einer größeren Anzahl aus dem Gebiet der Algen und Pilze gegeben werden. Die Literatur darüber ist umfangreich und kann hier nur andeutungsweise verwertet werden. Die Dauer der Zerklüftung richtet sich nach den äußeren Begleitumständen; sie beträgt bei *Sporodinia* ungefähr eine Stunde, bei *Pilobolus* sechs Stunden (HARPER 1899). Der Prozeß beginnt meist an der Peripherie, doch kann er auch von inneren Vakuolen aus ansetzen (*Synchytrium* nach HARPER 1899), succedan oder simultan sein und manchmal so rasch eintreten, daß die bisherige friedliche Zusammenarbeit der Kerne plötzlich zusammenbricht (BOLD 1931, *Chlorococcus*). Bei *Rhizopus* beginnt die Spaltung von der Columella (D. B. SWINGLE 1903) aus und bei *Sporodinia* und *Pilobolus* (HARPER 1899) oder *Phycomyces* (SWINGLE 1903) sollen Vakuolenwände im Plasma zu Hautschichten benachbarter Sporen umgewandelt werden, wozu kleinere Vakuolen zu größeren zusammenfließen. Die Spalten schneiden größtenteils senkrecht von der Oberfläche ein, seltener kugelschalenförmig; der erste Modus ist weitverbreitet, z. B. bei der Zerfällung der Sori in die Gametangien bei *Synchytrium decipiens* nach HARPER (1899), von *Synch. fulgens* nach KUSANO (1930) oder *Synchtr. Puerariae.*

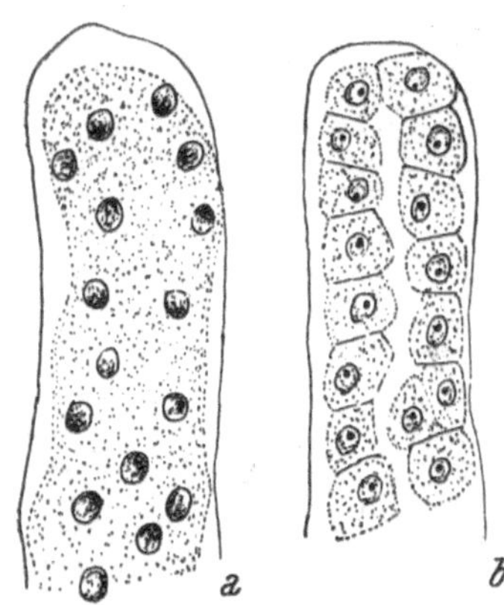

Abb. 28. Sporenbildung im Sporangium von *Polyphagus euglenae* mittels Wänden. Es könnte dies aber auch ein abgeschlossenes Stadium der Zerklüftung mit bereits angeschwollenen und sich berührenden Sporen sein. (Nach Wager, aus Gäumann 1926, S. 43.)

d) Die Zerklüftung von Symplasten im Tierreich.

Vegetative Symplasten sind im Tierreiche weit häufiger als im Pflanzenreiche, was mit der regeren physiologischen Tätigkeit der Tiergewebe zusammenhängen mag. Die Symplasten können sich in mehrbis einkernige Abschnitte zerklüften, und zwar entweder durch Zwischenschaltung von Wänden oder umfangreicher metaplasierter Grundsubstanzen, wodurch die Zellen weit auseinanderrücken.

Mannigfache Formen kann auch die Zerklüftung generativer Symplasten bei der Herausbildung von Schwärmern oder sporenähnlicher Fortpflanzungsprodukte annehmen. Man nennt sie „multiple Teilung", da bei ihr sich das Plasma in eine große Anzahl von Sprößlingen zerlegt, nachdem der Ursprungskern sich zuvor vielfach geteilt hatte. Wenn die Teilung sehr rasch und in viele Stücke vonstatten geht, so gewinnt man den Eindruck einer Zerstäubung, zumal wenn die Teilstücke keine auffallende Eigenhaut ausbilden. Im allgemeinen kann man annehmen, daß die Zerfällung an der Peripherie beginnt, weil die ersten fertigen Sporen hier angetroffen werden. Als Beispiel soll uns die Schizogregarine *Lipocystis* nach dem Berichte von GRELL (1938) dienen (Abb. 29), bei der die Gametogenese als unregelmäßiger Zerklüftungsprozeß des Cystenplasmas beginnt die Gametenkerne rücken darauf an die Oberfläche der einzelnen Gamonten und formen sich mit einer kleinen Plasmaportion zu Knospen aus. Nach Abknospung der Gameten bleibt ein Restkörper zurück. Die Kopulation der Gameten führt zur Bildung von Sporocysten, deren Plasma sich auch nach Teilung des Kernes in acht Folgekerne, in ebensoviele längliche Sporozoiten zerlegt. Solche Symplastenteilungen werden auch „Z e r f a l l s t e i l u n g" oder S c h i z o g o n i e genannt. Die sich abkugelnden Plasmaballen bilden im Augenblicke ihrer Formung eine eigene Hautschichte aus. Als Beispiele können die Schwärmerbildung bei Radiolarien und Knospung bei *Noctiluca*, die multiplen Spaltungen bei der Vermehrung der Sporozoen (*Trypanosoma lewisi*, Gregarinen, Coccidien, Hämosporidien) genannt werden

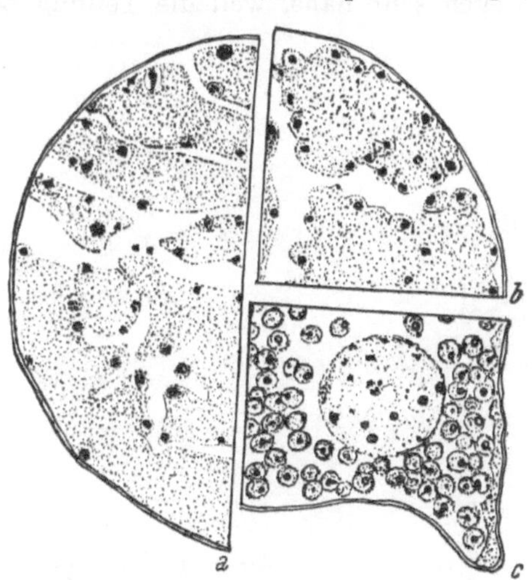

Abb. 29. Entwicklung der Gameten bei der Schizogregarine *Lipocystis polysperma* G r e l l in drei aufeinanderfolgenden Stadien nach Ausschnitten von Bildern über Gametogonie-Cysten dargestellt. Die ganze linke Hälfte stellt die Zerklüftung des Cystenplasmas in unregelmäßige Stücke dar, aus denen die Gamonten entstehen. Die Gameten sprossen darauf aus der Oberfläche dieser Gamonten hervor (im Quadranten rechts oben) und formen sich zu den Gameten (Quadrant rechts unten mit Progameten). (Nach G r e l l 1938.)

(s. DOFLEIN 1929). Auch bei *Trichosphaerium Sieboldi* soll nach DOFLEIN (1929) der komplizierte Bau eine häufige Aufeinanderfolge von Zweiteilungen verhindern, so daß eine gleichzeitige Vielteilung nach rascher Kernteilung notwendigerweise Platz greifen muß.

B. Die Zell- und Symplastenteilung mittels zentripetaler Wandbildungen.

Die zentripetale Wandbildung steht der Durchschnürung schon deswegen sehr nahe, weil die Teilung bei beiden an der Peripherie des Plasmakörpers beginnt. Aus der Durchschnürung dürfte die Wandbildung auch phylogenetisch abzuleiten und sicher eine Folge der Anpassung an die Raumenge im Gewebe sein. Der Unterschied zwischen beiden wird aber klar, wenn man bedenkt, daß die Wandbildung Plasmaverdichtungen, die Durchschnürung Verflüssigungen voraussetzt, bei dieser also ein Einbruch des Ektoplasmas in das Zellinnere möglich ist, bei jener nicht.

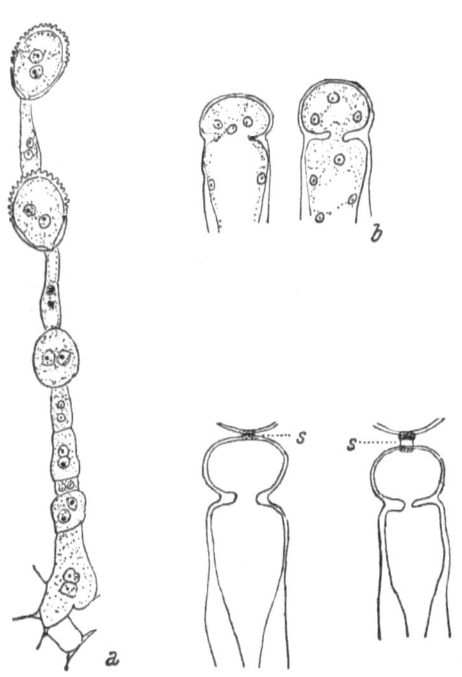

Abb. 30. Zentripetale Abgrenzung und Ablösung der Conidiosporen bei Pilzen, *a* eine Konidienkette mit Sporen verschiedenen Ausbildungsgrades von *Cronartium ribicola*, *b* der nähere Prozeß der Scheidewandbildung, *c* Sporenabgliederung mittels Auflösung einer Mittelschichte in der eingeschnürten Zwischenwand zwischen den Sporen (*s*) bei *Albugo candida*. (Alles aus Gäumann 1926.)

In der deutlichsten Form tritt uns die zentripetale Wandbildung als Ringplatte entgegen, die in das Zellinnere succedan vordringt. Schwierig ist die Unterscheidung von einer zentrifugalen Wand, wenn der Bildungsvorgang simultan ist. In solchen Fällen muß man die Eigenschaft der zentripetalen Wandanlagen als entscheidend betrachten, daß sie entweder überhaupt keine oder nur unscheinbare „Teilungskörper", d. h. besonders aktivierte Zonen an der Wandanlage besitzen. In größeren Symplasten können schließlich die Wandanlagen aus zentripetalem Beginn zu allseitigem Bildungsverlauf übergehen.

1. Die Zell- und Symplastenteilung mittels zentripetaler Ringplatten.

a) Beispiele aus der Gruppe der Algen und Pilze.

Bei Algen und Pilzen ist der zentripetale Wandbildungstypus sehr verbreitet, aber in seiner einfachsten Form von der Durchschnürung kaum zu unterscheiden (Vergl. Abb. 30). Nur in fixierten und gefärbten Präparaten könnten Körnchenansammlungen in der Teilungszone als Wandplatte gedeutet werden, die freilich sofort nach der Bildung, in die Hautschichten gespalten wird, da die Zellen sich trennen. So könnte man z. B. die Bilder von HARTMANN (1918) über die Gametenbildung von *Chlorogonium* in ihren ersten Stadien ansehen, bei denen offensichtlich Plasmakeile aus Körnchen der Spaltung vorangehen. Viel deutlicher sind die Platten auf den Bildern über *Enteromorpha* nach RAMANATHAN (1939) oder *Ulva lactuca* nach N. CARTER (1926), (Abb. 31), da sie hier die Grundlage für dauernde Wände abgeben. In Bildern nach gefärbten Präparaten über *Microspora* zeichnet CHOLNOKY (1932) die Platten als dichte Körnchenansammlungen, die zuerst an der Kernteilungsfigur erscheinen, von hier zur Zellperipherie wachsen und von dort erst als richtige Wandanlagen zentripetal zurückkehren. Bei *Ulothrix oscillarina* sind nach I. GROSS (1931) Kern- und Zellteilung nicht immer gleichartig auf einander abgestimmt, da Spuren von Platten schon von den Prophasen ab erscheinen.

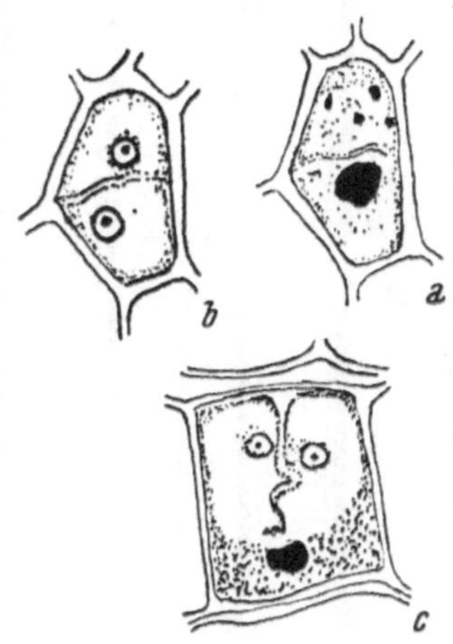

Abb. 31. Teilung und Scheidewandbildung in den vegetativen Zellen von *Ulva lactuca* *a* bei hochgehobener Objektivlinse und bei *b* bei Einstellung auf die Kernnähe, *c* in Seitenansicht. Die Wand ist noch unvollständig ausgebildet. (Nach N. Carter 1926.)

Die vegetative Teilung der Diatomeen hat meisterhafte Bearbeiter in PFITZER (1871) und LAUTERBORN (1896) gefunden (Abb. 32). Die Querwand beginnt immer von der Peripherie aus als „dunkle Linie“, nach CHOLNOKY (1928: *Diatoma*, 1935: *Melosira*) als Körnchenplatte und schließt sich in der Zellmitte; bei exzentrischer Lage des Kernes aber entsteht sie zuerst in dessen Nähe (*Surirella*), LAUTERBORN (1896) zeichnet die erste Trennungsebene als Berührungsfläche winziger Vakuolen, ebenso GEMEINHARDT (1926, Taf. III, Abb. 11). Bei *Coscinodiscus* (IKARI 1923) bildet sich die erste Platte am exzentrischen Kern aus und umläuft von da ab gürtelförmig die Zelle, bis sie sich schließt, dann erst wächst sie zur Mitte vor. Sie spaltet sich bei allen Formen von der Zellmitte aus zuerst und erhält von hier ab ihre Verkieselung.

Die Teilung bei den Bakterien soll der allgemeinen Meinung nach eine Durchschnürung sein, wofür die abgerundeten Ecken in der Trennungszone zeugen. Eine Ausnahme ist *Bacillus Bütschlii*

(s. Abschn. II, C, 3). Doch gibt es Fälle, wo der Schnürspalte eine plasmatische Platte vorangeht, wie bei *Bacillus radicosus* nach GUILLERMOND (s. BENECKE 1912, S. 156) oder *Bacillus hirtus* nach ELLIS (1906).

Unter den Polyangiden (Myxobakterien) sieht JAHN (1924) bei *Mellitangium* und *Archangium* in der Teilungszone „dichtes Plasma", kann es aber nicht mit Sicherheit als Wandanlage identifizieren, während seine Vorgänger auf diesem Gebiete nur Durchschnürungen vermerken.

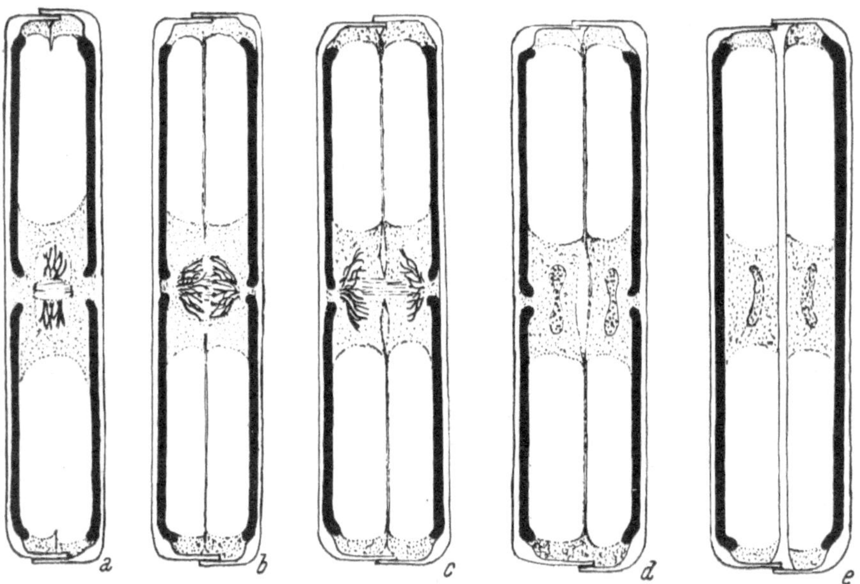

Abb. 32. Teilung der Diatomaceenzelle von *Pinnularia oblonga* von der Metaphase ab. *a* Metaphase, die Chromatophoren sind schon geteilt, an der Peripherie der Zelle erscheint die Teilungplatte, die nun in zentripetaler Richtung an Ausdehnung gewinnt. Sofort setzt auch die Abrundung der Tochterzelle ein. *b* Späte Anaphase. Die Teilungsplatte hat die Kernspindel erreicht. *c* Die Spindel wird rückgebildet, bevor sich eine Platte in ihr ausgedehnt hat. Bevor sich das Diaphragma in der Zellmitte geschlossen hat, beginnt von hier aus seine Aufspaltung in zwei Lamellen, die zu den Hautschichten der Tochterzellen werden. *d* Telophase mit vollendeter Plasmateilung. Die vier Chromatophorenhälften in *a* wachsen zu ihrer vollen Länge aus und verlagern sich in den Tochterzellen an ihren Platz, in *d* sind nur zwei statt vier gezeichnet, *e* Tochterzelle mit noch nicht ausgebildeten Kieselpanzern. (Nach Lauterborn 1896.)

Die Eigenhaut (GEITLER 1936) der Cyanophyceen zeigt nach MÜHLDORF (1938) gewisse Eigenschaften, die sie einer tierischen Pellicula homolog machen (Abb. 33). Bei der Teilung entsteht die Querwand sowohl bei den zylindrischen als auch den abgerundeten Zellen als einheitliche zentripetale Ringplatte, die sich in der Mitte schließt (HAUPT 1923, MÜHLDORF 1938). Da aber die Abrundung sehr rasch auf die Wandbildung folgt und die Platte hierbei in die Tochterhäute gespalten wird, so wird eine „Einfaltung" (GEITLER 1936) der mütterlichen Pellicula und damit eine Durchschnürung vorgetäuscht. MAINX (1926) warnt vor der gleichen Fehlerquelle bei *Eremosphaera*.

Die vegetativen und meist auch die generativen Hyphen der **Pilze** teilen sich durch zentripetale Wandanlagen, die ohne Koppelung an Mitosen, entstehen. *Coprinus ephemeroides* und *C. lagopus* sollen jedoch, nach BAUM (1900), darin eine Ausnahme stellen, was von MAIRE (1902) bei *C. radiatus* und BENSAUDE (1918) bestätigt wird, während der gleiche Befund bei *Basidiobolus* als übertrieben gelten kann. Die Scheidewand ist in der Regel einschichtig und nur, wenn eine Zelltrennung stattfinden soll (Konidiosporen bei *Thielavia*), differenziert sich in ihrer Mitte eine besondere Lamelle dafür aus. Breite Hyphen mit großen Vakuolen werden für die Wandbildung von einer Plasmaschichte überbrückt (STRASBURGER 1880). Eine genaue Schilderung des Wandbildungsprozesses verdanken wir OLIVE (1906) (Abb. 34). Danach sind an der Stirnseite der Wandlage, wo ihr Wachstum erfolgt, kleine Plasmastauungen zu verzeichnen, in denen der Entmischungsprozeß dauernd abläuft. Die Wand ist also in ihrer Grundlage plasmatisch. Bei *Thielavia* beginnt die Diaphragmenbildung geringe Zeit nach der Kernwiederherstellung und währt ungefähr zwei Tage (BRIERLEY 1915). Auch hier fehlen die Körnchen in der Wachstumszone nicht. Bei unvollständigem Verschluß der Diaphragmen ergeben sich „fraktionierte Querwände" (KÜSTER).

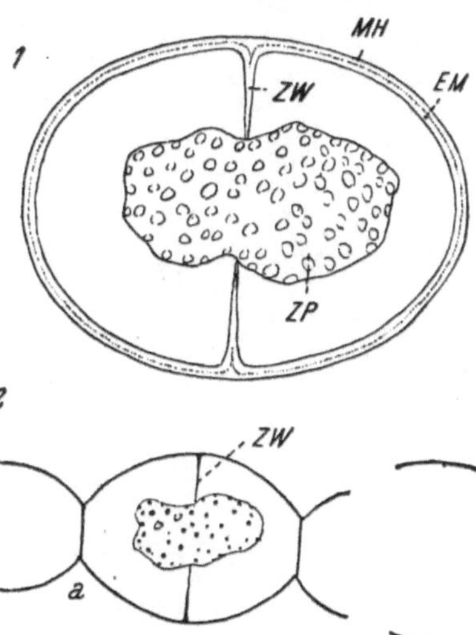

Abb. 33. Teilung von Cyanophyceenzellen in *1* von *Chroococcus turgidus* mit halbdurchgebildeter Scheidewand, deren Aufspaltung und die Abrundung der Tochterzellen eine „Einfaltung", bzw. „Durchschnürung" der Zelle vortäuscht. *2* Wandbildung in einer tonnenförmigen Fadenzelle von *Nostoc*, die durch teilweise Aufspaltung der Scheidewand und Abrundung der Tochterzellen entstehen. (Nach Mühldorf 1938.)

b) Die Zellteilung bei Spirogyra und den übrigen Conjugaten.

Bei *Spirogyra* ist die Zellteilung streng mit der Kernteilung gekoppelt. Vorbereitungen der Kernteilung ziehen, mit wenigen Ausnahmen, auch die Prozesse der Zellteilung, bzw. Bildung der Zwischenwand an einer dem Kerne nächstgelegenen Stelle nach sich (WISSELINGH 1908). Nach STRASBURGER (1875, S. 38) werden die ersten Zeichen der Wandbildung 45 Min. nach den ersten Regungen im Kerne sichtbar, sie treten als eine Ansammlung von Mikrosomen im protoplasmatischen Wandbelag in Erscheinung. Bei zentraler Lage des Kernes treten sie gleichzeitig rings an der Innenoberfläche der Zelle, bei exzentrischer, an dem ihm nächstgelegenen Punkte hervor. Daß diese Stelle vom Kerne bestimmt ist, beweist WISSELINGH (1908, S. 165—168) mit der Zentrifuge, indem begonnene Wandprimordien aufgegeben werden und neue in der jeweiligen Kernnähe entstehen. Aufgehoben wird dieser Zusammenhang zwischen der Kern- und Zellteilung in hypertonischen Flüssigkeiten (KLEBS 1887, 1888, vergl. PFEIFFER 1930) oder von stark abgekühlten, narkotisierten und zentrifugierten Zellen (GERASSIMOW 1905, NATHANSON 1900, WISSELINGH 1908).

Schon STRASBURGER (1875) betonte, daß bei *Spirogyra* „von einer Einfaltung der Hautschicht oder Cellulosemembran der Mutterzelle zum Zwecke der Theilung" . . . „in keinem Falle die Rede" sein kann. Der Bildungsanfang ist vielmehr ein Plasmawulst („bourrelet membranogène" nach CONARD 1939), (Abb. 35), zusammengeströmtes oder verdichtetes, jedenfalls aber für den Bildungsprozeß aktiviertes Plasma.

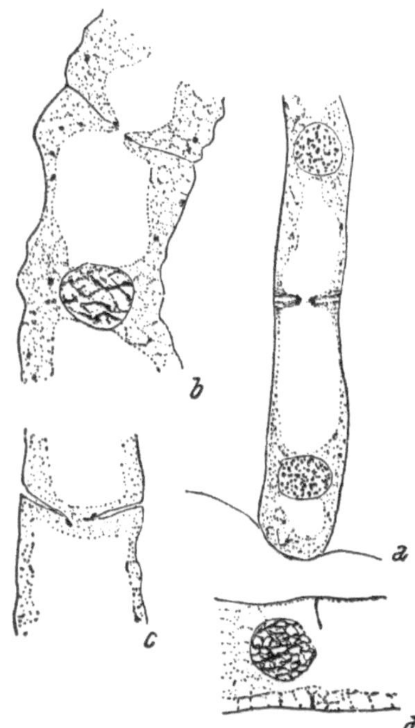

Abb. 34. Bildung der Teilungswand bei der Abgrenzung des Conidiophors von *Empusa*. *a* Übersichtsbild, *b* und *c* vergrößerte Ausschnitte mit fortgeschrittenen Stadien der Wandbildung. Man beachte die Plasmaverdichtungen an der Bildungsstelle der jungen Wand. *d* Wandbildung im teilweisen Zusammenhang mit der Plasmastruktur. (Nach Olive 1906.)

STRASBURGER (1875—1880) beschreibt ein Gewimmel von Körnchen darin, das besonders groß an der Stelle der Wandbildung ist, was von BERTHOLD (1886) bestritten, aber neuerdings von STOLLEY (1930) wieder bestätigt wird. Die Beteiligung des Plasmas am Wandbildungsprozeß wird von MACALLISTER (1931) geschildert und ist an Schnittpräparaten als Faserung, die senkrecht auf die Wandlamelle steht, kenntlich (Abb. 36). Ihr Übergang aus dem Wandbelag in das Zellinnere wird dadurch vollzogen, daß sich die Kerntasche bis an ihn ausdehnt und bei Fortschreiten der Wandanlage wieder zentripetal zusammenzieht. MACALLISTER nennt sie in diesem Zustande geradezu "a swollen saclike phragmoplast". Sie setzt sich aus langen Vakuolen zusammen, deren Wände CONARD (1939) "appareil lamellaire" nennt. Die Streifung darin in der Ebene des Zelläquators stellt auch STRASBURGER (188, S. 182) einem Pragmoplasten gleich, zumal die Teilungsplatte durch Verschmelzen von Knötchen der Fasern entsteht. CONARD (1939) betont, daß sich von der ersten Platte auch die Hautschichten gleich abheben und zwischen sie die eigentliche Wandsubstanz (Zellulose) ausgeschieden wird. Die erste Diaphragmalamelle ist also plasmogenen Ursprungs und hat keinen Zellulosecharakter

(CZURDA 1937, S. 75). Sie bleibt jedenfalls als Mittellamelle in der definitiven Querwand erhalten.

Auch bei den anderen Conjugaten lassen sich die Teilungs- und Wandbildungsvorgänge auf die gleiche Regel bringen, wie wir

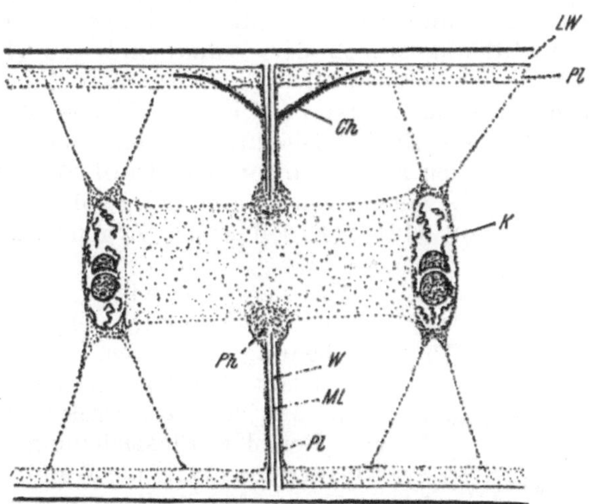

Abb. 35. Die Wandbildung und Teilung bei *Spirogyra majuscula* in schematischer Darstellung, in einem fortgeschrittenen Stadium. Man sieht in der Scheidewand neben der sekundären Zelluloseauflagerung immer auch eine Mittelwand, die, als erste Teilungsplatte, plasmatischen Ursprunges ist. Nach Conard 1939.) Zeichen: *Ch* Chromatophor, *K* Kern, *ML* Mittellamelle, *Ph* Phragmoplast (Plasmawulst), *Pl* Plasmabelag, *W* sekundäre Wandschichten.

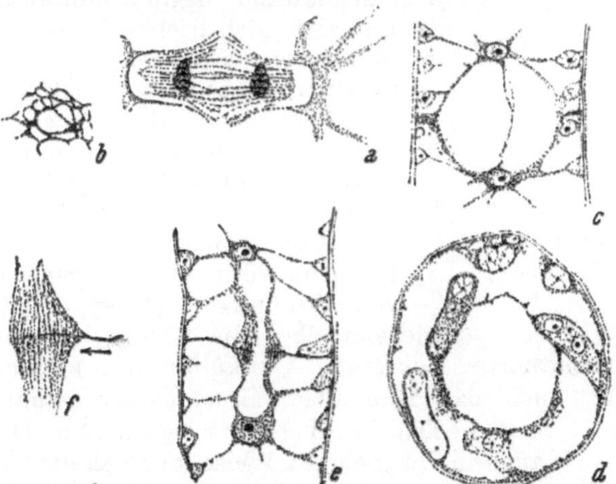

Abb. 36. Der Teilungsprozeß und die Wandbildung bei *Spirogyra setiformis* in einer Reihe von Mikrotomschnitten dargestellt. *a* Späte Anaphase des Kernes mit beginnender Vakuolisierung des grobfaserigen Verbindungsschlauches, der zum „Phragmoplasten" (MacAllister 1931) wird. *b* Der Verbindungsschlauch wie in der Abb. *a* aber im Querschnitt. *c* Die stark ausgebreitete Telophasenspindel mit einem Frühstadium der Wandbildung, welche die Grenzen des früheren Wandplasmas bereits überschritten hat. *d* Die Spindel wie in der Abb. *c* aber quergetroffen. *e* Späte Telophase im Längsschnitt mit fast vollständiger Scheidewand. Die Innenvakuole ist schon länglich zusammengezogen und die Teilungsplatte wird in ihrem Begrenzungsplasma in einer faserigen Teilungszone differenziert. *f* Vergrößerte Wiedergabe des Phragmoplasten". (Nach MacAllister 1931.)

sie oben bei *Spirogyra* kennen lernten. Bei *Mougeotia* muß nach HEIDT (1939) zuerst der plattenförmige Chromatophor in der Teilungszone durchgeschnürt werden, bevor der Zellkern für seine Teilung darin Platz hat. Um diese Zeit ist die Wandanlage schon als flacher Plasmaring an der Teilungsstelle sichtbar. Einige näheren Einzelheiten über den Bildungsprozeß der Wand sind aus Bildern von CHOLNOKY (1932) zu entnehmen, auf denen die Wandplatte als schmale Körnchenschichte, zuerst im Umkreis der Kernteilungsfigur erscheint; doch hat das definitive Diaphragma einen zentripetalen Bildungsverlauf. Die gleichen Feststellungen trifft CHOLNOKY (1932) auch hinsichtlich der Teilungsplatte von *Zygnema* bei den Zellen eines Fadens, und KURSSANOW (1912) bei keimenden Zygoten derselben Art an (Abb. 37).

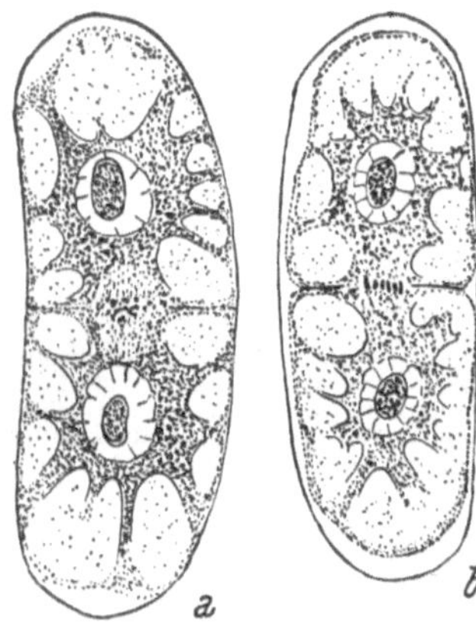

Abb. 37. Die Teilung und Wandbildung bei keimenden Sporen von *Zygnema*, *a* in der Prophase der Kernmitose und mit einer zarten Andeutung des protoplasmatischen Diaphragmas in der Teilungszone, das sich in *b* (Metaphase) bereits deutlich gefestigt hat. (Nach Kurssanow, 1912.)

Von den einzelligen Conjugaten hat besonders *Closterium* eine genaue Bearbeitung erfahren. Nach LUTMAN (1911) teilt sich der Chromatophor in der Nacht und der Kern in der darauffolgenden. Bei der Plasmateilung wird nach WISSELINGH (1912) die Wand in der Trennungszone für die Streckung zuerst zellulosefrei gemacht, was schon zu einer Zeit geschieht, da von der Kernteilung noch keine Spur vorhanden ist. Die „primäre Scheidewand" beginnt nun an dieser Stelle und zieht sich irisblendenartig in der Zellmitte zusammen. Sie ist jedenfalls plasmogen und hat keinen Zellulosecharakter, erhält diesen Stoff vielmehr erst später aufgelagert. Bei der Trennung der Tochterzellen wird nach WISSELINGH diese primäre Scheidewand gespalten. Über andere Conjugaten sind die Angaben nur fragmentarisch, so über *Cosmarium* von WILDEMANN (1891), *Hyalotheca* von ACTON (1916) oder vorwiegend über die Chloroplastenorganisation (*Nectrium, Tetmemorus, Euastrum, Xanthidium* u. a.) von N. CARTER (1920); vergl. auch das Bild über *Mesotaenium caldariorum* von CZURDA (1937, S. 46). Die isthmustragenden Desmidiaceen teilen sich auch in der gleichen Weise, nur daß die Tochterzellen im Augenblicke ihrer Trennung aus Öffnungen der Mittelwand bruchsackartige Vortreibungen entlassen, die in 1 bis 3 Stunden zur vollen Größe der Mutterzellen heranwachsen und so die fehlende Hälfte ergänzen. Die Haut dieser Vortreibung ist außerordentlich dehnbar und erhält erst später die definitive Außenmembran aufgelagert. Der Chromatophor hat inzwischen seine oft komplizierte Gestalt vereinfacht und fließt durch den Isthmus in die neue Zellhälfte ein, worauf er seine charakteristische Form wieder gewinnt.

c) *Die Teilung bei Cladophora, Sphaeroplea und den Rhodophyten.*

Da *Cladophora glomerata* das erste Objekt ist, bei dem die Zellteilung beobachtet worden war (Abschn. I, D), so hat es alle Wandlungen ihrer Deutung an sich erfahren. Die einzelnen Schlauchabschnitte dieser Alge sind eigentlich keine Zellen und die Kern- und Plasmateilung nicht gekoppelt, daher galt sie anfangs auch als eine Teilung ohne Kern (Mohl 1844, Brauns 1851). Im übrigen wurde die Scheidewandbildung bei ihr als eine „Einfaltung" der vollen Längswand der Mutterzelle (Mohl 1835), ihrer innersten Schichten (Mohl 1845, Pringsheim 1854) oder schließlich nur des „Primorialschlauches" (der äußersten Plasmaschichte) angesehen. Naegeli (1842) sieht der Einfaltung membranartige Vorstufen im Plasma vorangehen und Mitscherlich 1847 (vergl. Strasburger 1875, S. 87, Fußnote) endlich an der Stelle der Wandbildung eine gelatinöse Masse erscheinen, in der die Wand als Ringleiste auftaucht, nach der Zellmitte vorwächst und sich nach reichlicher Verdickung, durch Spaltung verdoppelt. Strasburger (1880 und früher) erklärt diese Masse als Zellsaft, worin kleine Körnchen zur Innenkante der Wandlamelle hinfließen und sie wie bei *Spirogyra* aufbauen. Der Chlorophyllkörper wird nach dem Zeugnis aller mechanisch von der Wand durchgedrückt.

Brand (1908) gibt uns die eingehendste Schilderung der Wandentstehung von *Cladophora.* Der membranbildende Stoff am Orte seines Erscheinens, soll durch Verflüssigung aus der Mutterzellhaut entspringen und zu ihr gehören, weil er bei einer Plasmolyse des Zelleibes, außerhalb desselben bleibt. Die neue Wand erscheint darin als Ringleiste und zuerst ohne Verbindung mit der alten Haut, in der sie sich erst nachträglich verankert. Sie ist erst so zart, daß sie Reagentien nicht standhält, aber von einer gewissen Reife ab zerlegt sie sich in zwei dickere Blätter und ein mittleres, das mit Rutheniumrot färbbar ist. Dieses Mittelblatt erscheint zuerst als ein kleiner Punkt an der Peripherie der Wandanlage und breitet sich langsam darin aus, bis sie durchgespalten ist. Nach Brand ist also die neue Wand das Produkt der alten, wenn nicht durch Einfaltung aus ihr, so doch aus ihrem Stoffe, gebildet (Abb. 38).

Die Brandsche Auffassung hat bisher die meiste Anerkennung gefunden, sie findet sich auch in Tischlers Karyologie an bevorzugter Stelle behandelt. Tischler sagt, daß die Substanz an der Teilungsstelle „von außerhalb des Protoplasten, also von der alten Wand, herrührt" und der ganze Vorgang eine Hautschicht-Einfaltung im Sinne Yamahas (1926) ist, ferner daß der Protoplast von der Peripherie her „eingeschnürt“ wird. Ja, SHARP-JARETZKY (1931, S. 267) meint, daß die Wandleiste „in den Zelleib hineinwächst und dabei den Protoplast vor sich herstößt“, womit die Passivität des Plasmas an diesem Vorgang deutlich unterstrichen ist.

Erst in der allerjüngsten Zeit hat LANZ (1940) die Querwandbildung von *Cladophora* von der richtigen Seite her angesehen, indem sie die Stoffansammlung an der Teilungsstelle als homogenes Plasma erkannt hat. Wenn es BRAND (1908) bei der Plasmolyse nicht im Plasma liegen sah, so sei er durch die „gelegentlich scharfe Hautumgrenzung“ des Plastiden getäuscht worden. Wenn sich also etwas bei *Cladophora* einfaltet, dann kann es nur der Plastidenzylinder sein, weil er sich gleichzeitig mit der Wandbildung durchschnürt, und zwar aktiv und nicht unter der unmittelbaren Einwirkung der Ringplatte.

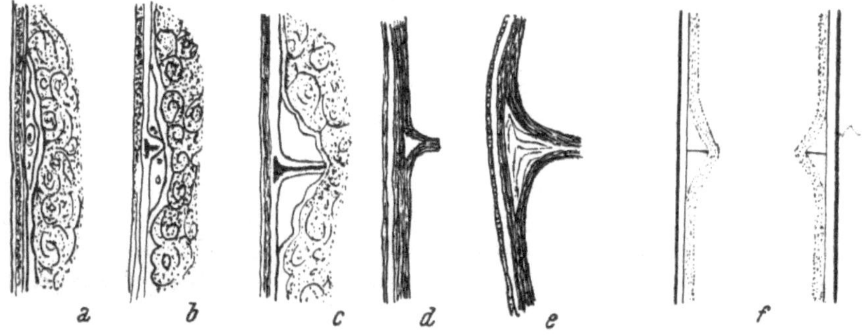

Abb. 38. Teilung und Wandbildung bei *Cladephora* nach der Auffassung von Brand (1908) (*a—e*) und Lanz (1940) (*f*). Näheres siehe im Text. (Nach Brand 1908 und Lanz 1940.)

Nach der obigen Darstellung von LANZ kann an dem plasmatischen Ursprung der ersten Wandplatte bei *Cladophora* nicht der geringste Zweifel herrschen. Ihre Entstehung im Bildungsplasma wird man sich nach dem *Spirogyra*schema MACALLISTERS (1931) denken können, wenn auch genaue Einzelheiten darüber nicht bekannt sind (s. o.). Auch die Ansatzstelle an der Mutterhaut wird zweifellos durch innere Gleichgewichtsbedingungen im Plasma festgelegt, da Störungen durch Zentrifugieren z. B., ihre Verlagerung nach sich ziehen; jedoch üben die Kerne, wenigstens bei den vielkernigen Formen, keinen Einfluß darauf aus. Die einkernigen Cladophoren (z. B. *Acrosiphonia bombicina* KJELLM. nach WILLE 1900) lassen aber wenigstens eine zeitliche Beziehung zwischen der Kern- und Plasmateilung erkennen.

Die Querwandbildung bei *Sphaeroplea* lernen wir nur aus einem kurzen Bericht von HEINRICHER (1883) kennen, worin einige Unregelmäßigkeiten festgehalten werden, sonst aber nur ihr zentripetaler Charakter erwähnt wird.

Die Wandbildung bei den Rhodophyten wird im Schrifttum häufig mit der von *Cladophora* verglichen, was vor allem hinsichtlich ihres zentripetalen Wachstums stimmt. Ob aber alle weiteren morphologischen Einzelheiten dabei ebenfalls übereinstimmen, ist nicht bekannt, doch liegen keine Bedenken gegen eine solche Annahme vor. KYLIN (1937) bemerkt, daß die Spindel aus der Mitose keine weitere Verwendung findet, obgleich z. B. in den einkernigen Spitzenzellen der Kurztriebe von *Griffithia corallina* die Kernteilung der Plasmateilung knapp vorangeht. In den mehrkernigen Scheitelzellen dieser Rotalge (KYLIN 1916) besteht selbstverständlich kein Zusammenhang zwischen beiden Teilungen. Da im ausgewachsenen Thallus an den Berührungsflächen benachbarter Wände sich Mittellamellen oder ihnen ähnliche Bildungen finden lassen, besteht die Möglichkeit, daß sie auf Plasmaplatten zurückgehen.

In einer etwas abweichenden Art schildert J. F. LEWIS (1909) die Wandbildung bei der Abgrenzung der Seitenzweige von *Griffithia Bornetiana*. Bei den kleinen "dome-shaped segments" unterhalb der Triebspitzen, aus denen die Zweige entstehen, entwickeln sich die Scheidewände in unebener Gestalt, strecken sich aber nachträglich.

Die einzelligen Rhodophyten weichen in der Wandausbildung vom zentripetalen Typus nicht ab, wie uns GEITLER (1927) bei *Rhodospora sordida* und PASCHER-PETROVÁ (1931) bei *Chroothece mobilis* zeigen. Welche Rolle hierbei dem Plasma zufällt, wird nicht erwähnt.

Da bei den Phaeophyceen in lebenden Zellen die Wandbildung als simultan geschildert wird und in fixierten Präparaten hierbei unzweifelhafte Zonen aktivierten Plasmas (Teilungskörper) erscheinen, so haben wir sie zu der zentrifugalen Bildungsart gestellt (Abschn. II C 1, 2).

2. Die Wandbildung bei der Abgrenzung der Sporangien und Sexualorgane von Traghyphen bei den Pilzen bzw. dem Restschlauch bei Vaucheria.

Wir haben oben die Kammerung der Pilzhyphen durch Anlage zentripetaler Wände geschildert. Prinzipiell gilt diese Teilungsart auch für die Abgrenzung von Sporangien an ihren Traghyphen. Je nach der Weite der Hyphe und dem Umfang der Innenvakuole kann der Teilungsverlauf simultan oder succedan ausfallen. Das zeigt uns STRASBURGER (1880, S. 220) bei *Saprolegnia ferax*, bei der sich die „Zellplatte" aus kleinen Körnchen stark lichtbrechender Substanz kondensiert. Diese Beobachtung STRASBURGERS und ähnliche anderer Autoren beziehen sich auf lebende Objekte, fixierte sind durch Vakuolisationen in der Teilungszone ausgezeichnet, die wir nun besprechen wollen.

Die Vakuolen in der Abgrenzungszone von Sporangien und dem Restschlauch bei *Vaucheria* sind der Koagulation farblosen Plasmas zu verdanken, das sich darin ansammelt. STRASBURGER (1880) schildert uns, wie im Zeitpunkte der Abgrenzung sich der grüne Inhalt aus der Teilungszone bei *Vaucheria* zurückzieht und einem „farblosen Zellsaft"

Platz macht. Doch nach rund einer Viertelstunde nähern sich die grünen Oberflächen wieder, und an der Berührungsstelle taucht plötzlich „durch den ganzen Querschnitt" ... „eine Cellulosemembran" ... „als schwarze, scharfe Linie" auf. Das Bildungsmaterial wird aber sicher keine Zellulose, sondern entmischtes Plasma sein. In Fixationspräparaten koaguliert das Plasma in der Teilungszone und dann sollen die Hautschichten längs der Oberflächen der flachen Vakuolen gehen, die mit ihren Längsachsen in der Teilungsrichtung liegen. So beschreibt es HARPER (1899) für *Sporodinia* und *Pilobolus* und DAVIS (1904) und MUNDIE (1929) für *Vaucheria*. Dabei sollen die kleinen Vakuolen in der Grenzzone zu einer großen zusammenfließen. MUNDIE vergleicht diese Vorgänge von *Vaucheria* mit denen bei *Phycomyces* und *Rhizopus* nach den Berichten von D. B. SWINGLE (1903) und *Polysiphonia* nach YAMANOUCHI (1906). Letzterer bezeichnet bei der Keimung der Tetrasporen von *Polysiphonia* die Wandbildung als das Resultat einer "cleavagefurrow" entlang der Vakuolenwände. MIRANDE (1913) und HEIDINGER (1908) halten die erste Querwand in der Abgrenzungszone bei *Vaucheria* für doppelt. Sie soll sich nach HEIDINGER im Laufe eines Nachmittags ausbilden und zwischen 6 und 7½ Uhr fertig sein.

3. Die Wandbildung bei der Abgrenzung der ersten Spitzenzelle am Suspensorschlauch der Embryonen von Ephedra.

Am Schlusse dieses Abschnittes wollen wir noch einen seltenen Fall von zentripetaler Wandbildung bei einer höheren Pflanze, nämlich *Ephedra* nach dem Bericht von LAND (1907) erwähnen. Von den ursprünglichen acht Proembryoinitialzellen, die in der Eizelle von *Ephedra* entstehen, bilden sich nur zwei bis fünf weiter aus, indem sie Suspensoren entwickeln. Die Initialzelle verlängert sich zu einem Schlauch, an dessen Spitze die Embryozelle abgegliedert wird. Dies geschieht zwar nach einer regelrechten Mitose, aber mittels einer zentripetalen Wand. Die Art der Beteiligung des Plasmas am Bildungsprozeß wird nicht geschildert, die Bilder lassen keine Teilungskörper erkennen. Die darauffolgenden Teilungen sollen schon mit regelrechten Phragmoplasten entstehen (Abb. 78).

4. Symplastenteilung durch anfänglich zentripetale und darauf allseits sich ausbreitende Platten.

Wir haben schon im Abschn. II, A, 8, bei der Beschreibung der Zerklüftung der Symplasten gesagt, daß es einen fließenden Übergang zwischen dieser Art der Symplastenzerfällung und den Wandbildungen gibt, wobei noch besonders hervorzuheben ist, daß die Wände in den meisten Fällen nur vorübergehender Natur sind. Bei der Sporenbildung von *Saprolegnia* zeigt z. B. STRASBURGER (1880), daß in plasmareichen Sporangien Wände gebildet werden. Und zwar deuten sie sich in Form von Grenzflächen aus stark lichtbrechenden Körnchen an. Sie sind zuerst sehr fein, verdicken sich aber später. In plasmaarmen Sporangien hingegen sollen „Zellplatten“ nicht gebildet werden. Ein ähnliches Netz glänzender Körnchenplatten findet BÜSGEN (1882) auch bei *Dictyuchus*. Die Sporenelemente erhalten durch dasselbe polyedrische Umrisse. Doch nach fünf Min. bis dreiviertel Stunden soll es verschwinden und der Protoplast wieder homogen werden, und wenige Augenblicke darauf sollen an seine Stelle vakuolige Zwischenplatten treten. Diese erst erhalten das Aussehen scharf umrissener Platten, aus denen sich durch Quellung eine mittlere schleimige Schichte und zwei resistente Eigenmembranen der Sporen herausdifferenzieren.

Flächige Körnchenansammlungen von auffallender Lichtbrechung zeichnen auch die Grenzen der Spermien bei den Phaeophyten aus. Wenn die fertigen Spermien sich durch Verschleimung der Membranen befreien, so bleiben diese Körnchen unaufgelöst, woraus OLTMANNS (1922, 2. Bd.) auf ihre plasmatische Natur schließt.

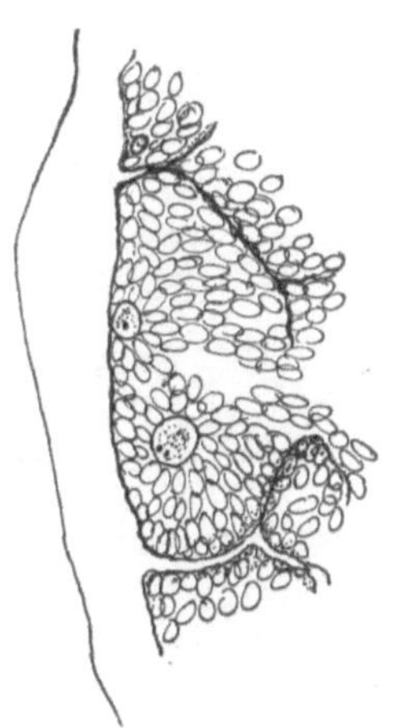

Abb. 39. Sporenabgrenzung bei *Derbesia* im Sporangium durch zuerst zentripetal und nachträglich allseits auftretende Teilungsplatten, die sich spalten und zu Hautschichten umwandeln, zwischen denen dann Membransubstanz abgesondert wird. (Nach Davis 1908.)

KUSANO (1909) kennt bei *Synchytrium Puerariae* einen Zerfall des Sporenplasmas durch "broad furrows" und durch "precipitation of partitions in compact cytoplasmic mass.". HARPER (1914) hält beide Arten nur für zwei aufeinanderfolgende Phasen eines Zerklüftungsprozesses mit schließlicher Wandbildung. So enden übrigens sehr viele Zerklüftungen generativer Syncytien, bei denen die Plasmazerteilung anfangs so stürmisch erfolgt, daß die Plasmaballen auf größere Distanzen auseinandertreten, später aber wieder zusammenrücken. Solchen Teilungsprozessen, die wir als beschleunigte Durchschnürungen auffassen, und die schon im Abschn. II, A, 8 behandelt wurden, sind in diesem Kapitel Vorgänge gegenübergestellt, bei denen der Teilungsverlauf im entgegengesetzten Sinne vor sich geht. Sie beginnen nicht mit einem plötzlichen Einbruch äußerer Schichten in das Plasmainnere, sondern sind durch Auftreten dünner Erstlamellen gekennzeichnet, die sich nachträglich erweitern können. Das vollzieht sich in der Weise, daß sich die erste Teilungsplatte in die Hautschichten der Nachbarzellen zerlegt, die nun zwischen sich den Wandstoff aussondern.

Die oben skizzierte Charakteristik der Symplastenteilung durch Wandbildung sieht man am deutlichsten in den Abbildungen über die Sporenentstehung bei DERBESIA von DAVIS (1908) (Abb. 39), über die Cystenabgrenzung bei *Protosiphon* von BOLD (1933) oder noch besser über die Zergliederung der Sporangien bei *Plasmopara Halstedtii* von NISHIMURA (1926) widergegeben. In den beiden ersten der obig aufgezählten Fälle werden von den zentripetal vordringenden Platten ovoide Stücke herausgeschnitten, im dritten Fall aber der Plasmaleib in polygonale Blöcke zerlegt (Blockteilung) (Abb. 40). Die zuerst zentripetal, späterhin aber nach allen Richtungen hin sich auszweigenden Lamellen nehmen zwar ihren Anfang an der Hautschicht des Sporangiums, sind aber selbstverständlich nicht als ihre Einfaltung zu verstehen. Ihre Spaltung in die Hautschichten wird von NISHIMURA in einer eigenen Skizze festgehalten. Bei *Rheosporangium aphanidermatus* soll gerade diese Aufspaltung der Erstplatte nach EDSON (1915) die Besonderheit zeigen, daß ihre Ansatzstellen an der Oberfläche des Sporangiums während ihrer Bildung heftig aufbroddeln. TISCHLER (1934, S. 364)

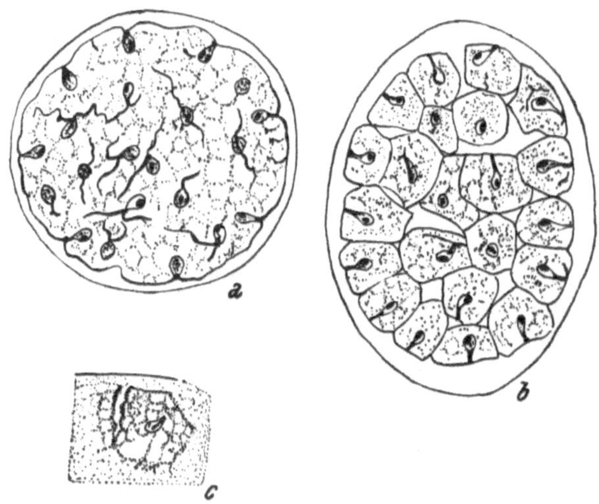

Abb. 40. Zerlegung des Sporangiums von *Plasmopara Halstedtii* durch zentripetale Teilungsplatten (*c*), die mit einem Male einkernige Sporenzellen liefern. Diese sind zuerst polygonal aneinander abgeplattet, runden sich unter Trennung an den Grenzschichten ab. (Nach Nishimura 1926.)

bringt diese Wallung mit dem „Heranschaffen bestimmter Stoffe an die Stelle der jungen Wandbildung“ in Verbindung. Wir möchten eher glauben, daß sie das Zeichen heftiger innerer Entmischungsvorgänge ist, die an der glatten Oberfläche kenntlich werden und wie sie übrigens auch bei Eifurchungen an den Einschnürungszonen schon seit langem bekannt sind.

Doch ist die Wandbildung in Syncytien nicht etwa nur auf die Klassen der niederen Pflanzen beschränkt, sie ist auch in einigen Beispielen bei Vertretern höherer Klassen gefunden worden. Bei *Ephedra* nämlich bleibt das Eiplasma nach der dreimaligen freien Kernteilung und Abgrenzung der Proembryozellen, nicht unverändert liegen; es bildet sich in eine “nutritiv mass” (LAND 1907) um, die zelligen Charakter annimmt (Abb. 40). Zu dieser Nährmasse werden außer dem Eiplasma auch noch andere Teile hinzugeschlagen, worüber man Genaueres in

SCHNARFS Embryologie (1933) findet. Sie wird durch Zwischenwände in eine große Anzahl zellenartiger, allem Anscheine nach kernloser Klumpen zerteilt. Diese Zerbröckelung ist deswegen sehr merkwürdig, weil sie von keinen Kernen gesteuert wird. Die Wandsubstanz ist homogen und offensichtlich vom Plasma ausgeschieden, doch wahrscheinlich nur von schleimiger oder flüssiger Natur, wie dies ihrem Charakter als Nährmasse entsprechen wird.

Auch bei *Gnetum* wird der syncytiale weibliche Gametophyt mit Wänden durchschichtet und in ein zelliges Gewebe verwandelt. PEARSON (1929) zeichnet diese Vorgänge, gibt aber keine Beschreibung der Entstehungsweise. Er spricht nur von "cleavage", worunter die Engländer „Durchschnürung", „Spaltung" oder auch „Wandbildung" verstehen. Die näheren Umstände der Wandbildung werden nicht beschrieben. An der Oberfläche der Zellenmasse aber sind die Ansatzstellen der Wandungen leicht in "depressions or cleavage furrows in the cytoplasmic surface" eingedellt. Natürlich sind Kernteilungsfiguren an der Wandbildung nicht beteiligt.

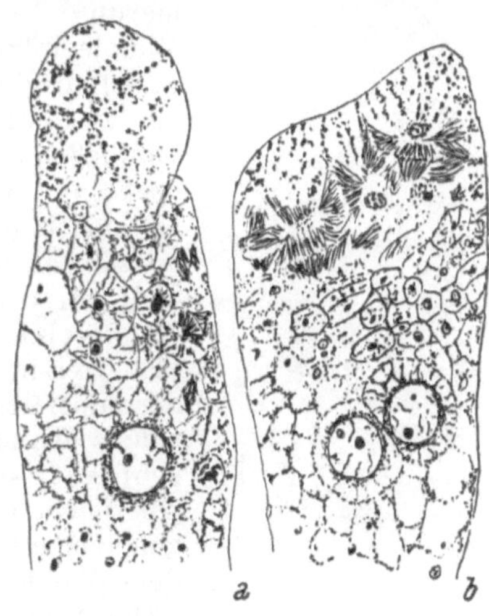

Abb. 41. Zellenbildung (Nährgewebe) im Archegonium von *Ephedra trifurca*. In *a* oben der stark vergrößerte zweite Spermakern, darunter Nährgewebszellen und eine embryonale Zelle. In *b* ein etwas älteres Stadium; auch aus dem zweiten Spermakern entsteht ein ephemeres Gewebe. Unten zwei von den vier embryonalen Zellen. (Nach Land 1907.)

Zwei weitere Beispiele von zentripetaler Wanddurchschichtung in Syncytien stellen die Embryosäcke von *Asclepias*arten (Abb. 42) und der Graminee *Aegilops*. Nach FRYEs Untersuchungen teilt sich der sekundäre Embryosackkern von *Asclepias* in 16 Folgekerne. Das auf diese Weise gebildete Syncytium wird nun nicht, wie es bei Phanerogamen typisch ist, durch äquatoriale Fadensysteme zerlegt, sondern durch Wandplatten, die von der Peripherie her ins Plasma vordringen und zuerst mehrkernige scharfkantige Blöcke herausschneiden, die sich durch, nach allen Seiten hin ausbreitende Entmischungen weiter bis zur Einkernigkeit zerlegen. Etwas Ähnliches hat für die Anfangsstadien der Endospermbildung auch SCHNARF (1926) bei *Aegilops* gefunden. Hier setzt die Wandbildung in einer dichten Plasmamasse am mikropylaren Ende des Embryosackes, ohne irgendeine Beziehung zu den Kernen des Sackes, die sich in Ruhe befinden, ein. Doch nur bei der Mikropyle war diese zentripetale Zerkleinerung in Erstblöcke mit Wänden ohne Strahlungen, wie sie für die Endosperme typisch sind (s. Abschn. II, C, 8, b), gefunden worden, der weitere viel größere Teil des Gegenpoles hingegen zerfiel in der üblichen Weise durch strahlige Teilungen.

Im Tierreiche werden Beispiele für Symplastenteilungen mittels zentripetaler und im Inneren des Körpers allseitiger Wandbildung von den discoidalen und superficiellen Furchungen geliefert; sie sind zweifellos aber auch in verschiedenen Teilen tierischer Gewebe nicht selten, doch hier nicht so deutlich und weniger bekannt als bei Furchungen. In Eiern mit schwerem Dotter kommen die Schnürungsfurchen nicht vorwärts, daher sammelt sich das leichtere Plasma entweder in einer Keimscheibe, an einem Pole, oder an der ganzen Oberfläche des Eies an. Im ersten Fall (z. B. bei *Loligo pealei*, Abb. 10) teilt sich der Zygotenkern im Scheibenplasma in mehrere Folgekerne, worauf eine Kammerung des Plasmas durch radiale (antikline) Wände folgt, die in leichten Eindellungen (Furchen) beginnen. Ob diese ersten Wände, wie bei der totalen Furchung der Echinideneier, durch Einfließen subcorticalen Plasmas in der Teilungsebene (s. Abschn. II, A, 3) entstehen, oder ob sie sich bloß durch lokale Entmischungen bilden, ist schwer zu sagen. Letzteres ist aber sicher der Fall bei den tangentialen (periklinen) Wänden, da sie ohne Berührung mit der Mutterpellikula, also frei im Plasma, in Erscheinung treten. Bei der superficiellen Furchung der Insekteneier sind solche Wandbildungen auf keine Keimscheibe beschränkt, sondern dehnen sich auf die ganze Oberfläche aus, die von dem lockeren Plasma eingenommen ist. Hinsichtlich des feineren Prozesses der Wandbildung wird man hier kaum etwas mehr sagen können, als was bei den dicoidalen Furchungen oben erwähnt ist.

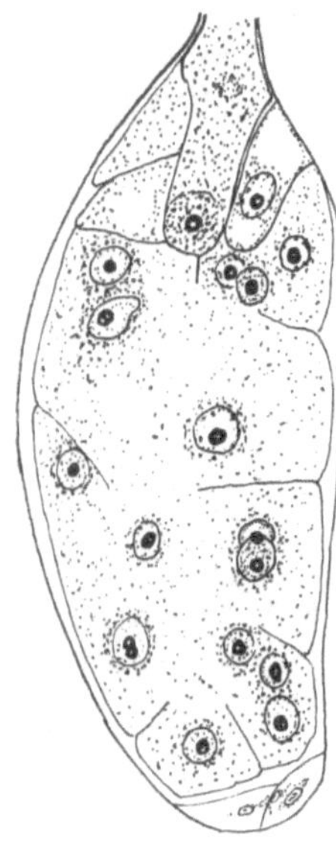

Abb. 42. Zerteilung des Endosperms von *Asclepias Cornuti* durch zentripetale Teilungsplatten in mehrkernige Blöcke, die sich dann bis zu einkernigen Zellen kammern. (Nach Frye 1902.)

Zum Schluß seien noch mit einigen Worten die Zerklüftungen anomaler und pathologischer Syncytien gestreift. In Gallen verschiedener Herkunft oder in Geweben, die der Gummosis verfallen sind, treten oft vielkernige Riesenzellen auf. Wie uns Küster in seiner Pathologischen Pflanzenanatomie (1925) zeigt, ist das Schicksal solcher Riesenzellen verschieden. In den meisten Fällen fusionieren die Kerne oder werden bis auf einen rückgebildet. Doch können auch Kammerungen vorkommen, wie bei der Wurzelkropfgalle nach Toumeys Untersuchungen (s. Küster 1925, S. 273). Der zellige Zerfall dieser Riesenzellen vollzieht sich durch Wandbildung und endet meist mit einkernigen Elementen.

5. Grenzschicht- und Wandbildungen nach plasmolytischem Plasmazerfall.

In einer Reihe von Abhandlungen hat uns Haberlandt (1919, 1920, 1921) mit Wandbildungen nach plasmolytischem Zerfall des Plasmas, hauptsächlich in den Haarzellen von *Coleus*, den Blattrandzellen von *Elodea* und den Epidermiszellen von Zwiebelschuppen bekannt gemacht. In den extremsten Fällen nahmen die Wände selbst Zellulosecharakter an. Kernteilungen blieben diesen Phänomenen fern, nur in einem Falle waren zwei Kerne vorhanden, die aber beide in eine Zelle gelangten, sonst fanden sich höchstens Vorbereitungen im Kerne vor. HABERLANDT bleibt nicht bei der bloßen Feststellung dieser Erscheinungen, er gibt auch ihre Erklärung, wonach die Zellen Träger gewisser Reizstoffe für die Teilung sein sollen, die durch den Wasserentzug bei der Plasmolyse an Konzentration soweit zunehmen, daß nach Überschreitung eines gewissen Schwellenwertes die Teilung ausgelöst wird (HABERLANDT 1919, III. Mitt., S. 348).

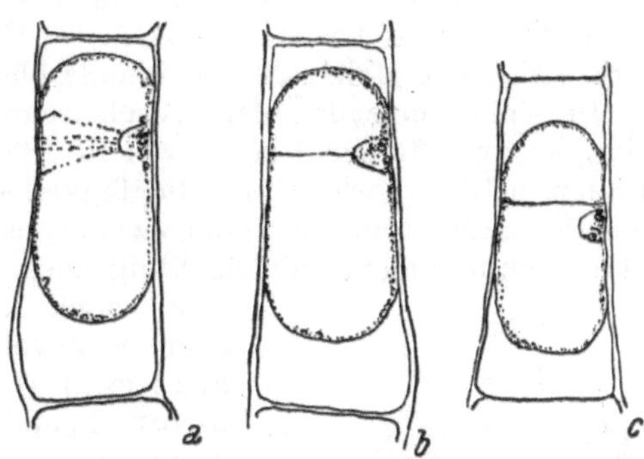

Abb. 43. Platten- und darauf Wandbildung in plasmolysierten Zellen von *Coleus Rehneltianus* in drei aufeinanderfolgenden Stadien, nach Versuchen von Haberlandt (1919, 1920).

Die plasmolytische Teilung in den Haarzellen von *Coleus* vollzieht sich folgendermaßen. Nach einer Plasmolyse in 10% Zuckerlösung von 24 Stunden Dauer zieht sich an der Stelle, wo die Wand gebildet werden soll, eine größere Menge Plasmas zusammen, in die auch der Kern eintritt. Von hier aus strahlen nun zuerst einzelne, dann immer mehr Stränge aus dem Plasma durch die Vakuole zur Gegenseite hin. Sie vereinigen sich zu einer Platte, die zur Querwand wird. Nur *Coleus Rehneltianus* gab so eindeutige Ergebnisse (Abb. 43), weniger gute erbrachten *C. hybridus*, *Saintpaulia ionantha*, *Primula sinensis* und *Cissus*.

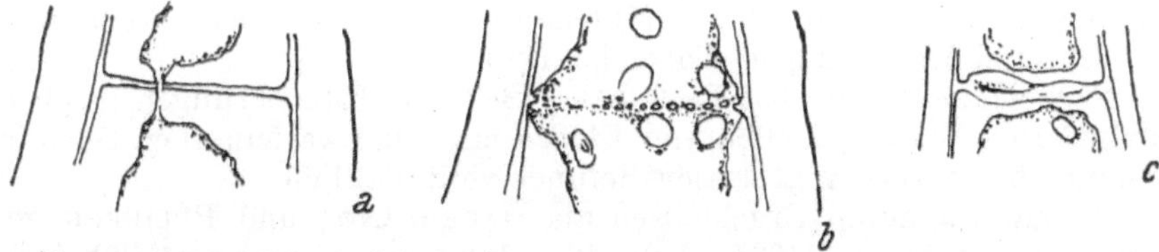

Abb. 44. Zellwandbildung in den Blattrandzellen von *Helodea canadensis* nach längerer Plasmolyse und darauffolgender Deplasmolyse und Zellteilung. In *a* Wandbildung bis auf ein kleines Loch, *b* siebartig durchbrochene Querwand, *c* vollständig ausgebildete und nachträglich verdickte Querwand. (Nach Haberlandt 1919.)

Neben vollständigen Teilungswänden fanden sich in den Präparaten häufig mannigfaltige Anfangsstufen und auch KÜSTERS „gefurchte Protoplasten“ vor, d. s. Zellen mit grobschaumigem Plasma. Gute Wandbildungen fand HABERLANDT 1921 auch in den Haaren von *Pelargonium zonale* und als weiteres Beispiel, in gequetschten Fruchtknoten von *Oenothera*, bei der Bildung von Adventivembryonen.

In den Blattrandzellen von *Elodea canadensis* stellten sich nach längerer Plasmolyse und folgender Deplasmolyse ebenfalls Kammerungen ein (Abb. 44). Die Wandanlagen gehen auf Ansammlungen kleinster Körnchen zurück, die sich ringförmig an der Wand anordnen und zu einer rechtwinkelig an die Längswand ansetzenden Plasmaplatte fusionieren. HABERLANDT vergleicht den Prozeß mit der Ringplattenbildung bei *Cladophora* (Abschn. II, B, 1, c). Die Kerne stehen außerhalb des Prozesses. Die Mehrzahl der Wände bleibt jedoch unvollständig.

In Epidermiszellen der Zwiebelschuppen fand HABERLANDT nach ein- bis zweitägiger Plasmolyse in 18% Traubenzucker, in gewissen Fällen, neben allerlei Unregelmäßigkeiten, auch aktive Einschnürungen der Plasmahaut an einer oder zwei gegenüberliegenden Stellen; ja selbst Durchschnürungen mit nachfolgenden Wandanlagen (Abb. 45), die zwar noch keine Zellulosereaktion gaben, aber in Javellescher Lauge unlöslich, also nicht mehr rein plasmatisch waren. HABERLANDT homologisiert die Kammerung der Zwiebelprotoplasten einerseits mit Durchschnürungen tierischer Eier, andererseits aber auch mit Scheidewandbildungen in Zoosporangien von *Vaucheria*. Doch haben letztere mit Durchschnürungen nichts zu tun (s. Abschn. II, B, 2).

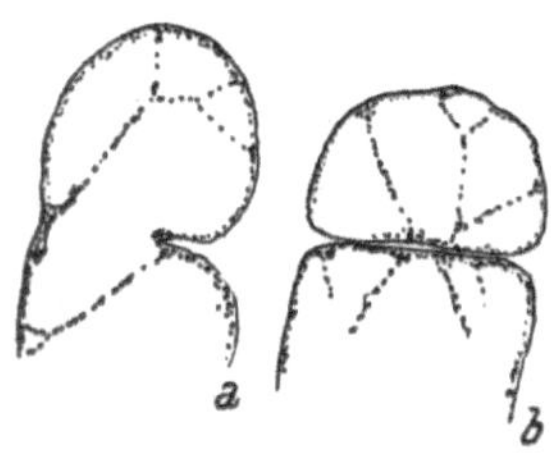

Abb. 45. Plasmolytische Zerschnürung des Protoplasten mit Wandbildung in Epidermiszellen der Zwiebelschuppen von *Allium Cepa* nach Haberlandt (1919, 1920).

Weiters homologisiert HABERLANDT die primitiven Plasmaplatten bei den obigen Zellkammerungen, besonders die Körnchenplatten von *Elodea*, mit Zellplatten der höheren Pflanzen. Die Platten ohne körniges Vorstadium (*Coleus*) sollen hingegen den „quer ausgespannten, zarten Protoplasmaplatten“ bei *Myosurus minimus* oder den „quer ausgespannten Plasmabrücken“ bei *Reseda odorata* nach STRASBURGER (1880, S. 11 und 17) identisch sein. HABERLANDT sieht in ihnen Mittelstufen zwischen dem „körnigen“ *Elodea*- und dem „fädigen“ *Coleus*haartypus.

Nach HABERLANDT hat PFEIFFER (1930) die Kammerungen in plasmolysierten Blattrandzellen von *Elodea* mit einer verfeinerten Technik untersucht und bestätigt dessen Befunde vollinhaltlich.

Zu ganz anderen Ergebnissen als HABERLANDT und PFEIFFER gelangt aber KÜSTER (1935, Abb. 46), der trotz seiner zwölfjährigen Beschäftigung mit diesem Gegenstande weder bei *Elodea* noch bei *Coleus*, nicht einmal annähernd gleiche Befunde erzielen konnte. Wenn Querwände gefunden wurden, dann enthielten sie keine Zellulose, so daß ihr Wert als bleibende Scheidewände nur sehr problematisch war. KÜSTER meint daher, daß die neuen Lamellen rein plasmatisch sind und mit „Querwandbildungen und Zellteilungen“ nichts zu tun haben. Er deutet ihre Entstehung bei *Elodea* weit einfacher als HABERLANDT. Da sich nämlich nach der Deplasmolyse die Plasmastücke treffen, so verkleben ihre Hautschichten zu einer etwas festeren Lamelle, die aber mit der alten Wand nicht verwächst, sondern „schwebend“ bleibt. Solange also die Plasmakammern nicht degenerieren, können sie wieder plasmolysiert werden, treten jedoch mit der neuen Wand zusammen ins Innere zurück.

KÜSTER kommt daher zu dem folgenden Schluß: „Die Bildung der HABERLANDTschen Lamellen ist ein Erstarrungs- und Degenerationsvorgang.“ Wenn die Plasmolyse genügend lange gedauert hat, so bekleiden sich die Protoplastenstücke mit einer „Vernarbungsmembran“ (GROHBOCK 1935, WEISSENBÖCK 1939), die natürlich festeres Ektoplasma sind, und wenn dann die Ballen wieder zusammentreten, so können die Membranen nicht wieder rückgängig gemacht werden und flachen sich zu einer „Querwand“ ab. Die plasmolytische Plasmazer-

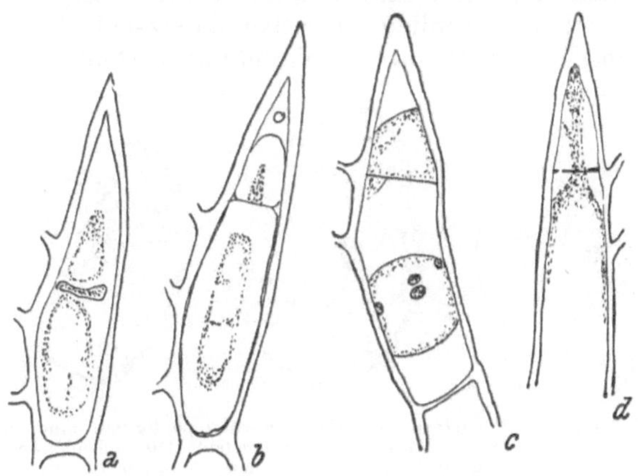

Abb. 46. Bildung von protoplasmatischen Scheinwänden nach Deplasmolyse in Blattrandzähnen von *Helodea* nach Küster (1935).

sprengung fällt gar nicht in den Begriff der Zellteilung, weil ihr jede Autonomie fehlt (s. Abschn. I, A).

Eine autonome Plasmazerstückelung ist aber bei *Cladophoropsis membrannacea* nach F. BORGESEN (vergl. OLTMANNS 1922/23, Bd. 2) bekannt. Da zergliedert sich das Plasma gewisser Astschläuche aus inneren Ursachen in längliche Ballen verschiedener Größe, die anfangs bei abgerundeten Menisken, durch ungefärbtes Plasma (oder einen anderen klaren Inhaltsstoff) von einander getrennt sind. Ebenso aus inneren Ursachen dehnen sie sich wieder aus und bilden bei gegenseitiger Berührung Zwischenwände aus, die mit der alten Wand verwachsen.

6. Die Bildung primitiver plasmogener Septen.

Wir haben oben gesehen, daß die plasmolytische Plasmazerstückelung nicht als Zellteilung zu betrachten ist. Nichtsdestoweniger ist aber die Bildung von wandähnlichen Septen dabei von allgemeinerem Interesse, weil sie wesensähnliche Züge mit der Plattenentstehung bei den höheren Pflanzen und überhaupt im Pflanzenreich aufweist. Denn der Stoff, aus dem sich diese plasmolytischen Septen zusammensetzen, ist offensichtlich derselbe, der zum Aufbau der plasmatischen Erstplatten bei Teilungen dient, nämlich die Grundsubstanz des Cytoplasten, welche sich aus dem Zelleib entmischt und der Aufgabe gemäß chemisch verändert. Bei den plasmolytischen Plasmaballen befindet sich der Stoff an der Oberfläche und gelangt durch Verklebung ins Plasmainnere, beim Vorgange der Zellplattenbildung aber ist er von vorneherein darin eingeschlossen. Von diesem Standpunkte aus betrachtet gewinnt die Grenzschichtbildung nach Plasmolyse wohl den Charakter einer primitiven Wandanlage, der ganze Vorgang aber nicht den einer primitiven Zellteilung. Diese Erscheinung gewinnt besonders dadurch an Interesse, weil sich ähnlich primitive Grenzschichten, wie es die plasmolytischen sind, im Pflanzenreiche häufig vorfinden.

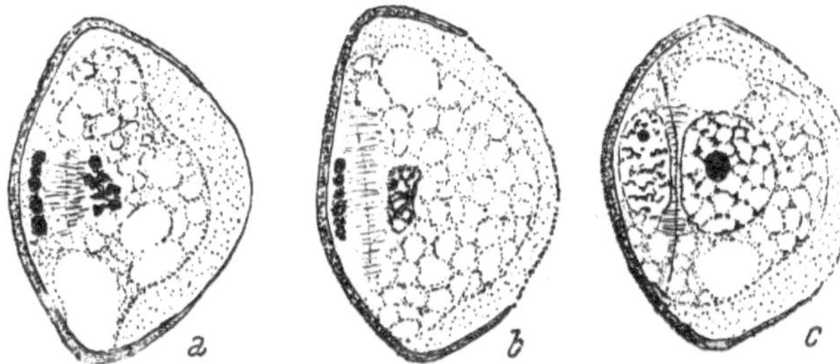

Abb. 47. Erste Teilung im Pollenkorn von *Gasteria cheilophylla* mit einer uhrglasförmigen Platte, die in einer unscheinbaren Phragmosphäre entsteht. Die Scheidewand verdickt sich nicht mehr sekundär, sondern behält ihren plasmatischen Charakter für die kurze Zeit ihres Bestehens bei. Die generative Zelle kugelt sich nämlich bald ab und stellt sich frei im Plasma der vegetativen Zelle auf. (Nach Geitler 1934, S. 103.)

Es gibt niedere Pflanzen, bei denen die normalen Zwischenwände die morphologische Stufe primitiver Plasmaplatten nicht überschreiten, z. B. die Cyanophyceen (Mühldorf 1938) und gewiß noch viele Vertreter aus der Gruppe der Algen. Die niederen Pilze besitzen in den vegetativen Organteilen Zellwände, die sich hinsichtlich ihrer chemischen Zusammensetzung nicht weit über eine plasmatische Vorstufe ihrer Bildung (Olive 1906) erheben werden. Überhaupt müssen wir dem Plasma die Fähigkeit zusprechen, Wände auf Kosten seiner Substanz herauszubilden, wo es die Notwendigkeit verlangt. Durch chemische Umwandlung seiner Substanz können ja auch Zellulosebalken als Stützorgane größerer Hohlräume (*Caulerpa* nach Noll 1887) auftreten. Das allgemeine Kennzeichen dieser primitiven Septen bei ihrer Bildung, ist das Fehlen jeglicher Beteiligung angrenzenden Plasmas an dem Vorgange in Form irgendwelcher merkbarer Strukturen (Körnchenansammlungen, Strahlungen usw.); er ist daher rein auf die Dicke des künftigen Septums beschränkt. Das Ausbleiben solcher Strukturen kann auch ein Zeichen von pathologischer oder abnormer Zellteilung sein, bei der sich der Vorgang bis zur primitivsten Stufe der Septenbildung rückzubilden vermag. Bei Vitalfärbungen mit Methylgrün oder Neutralrot schildert z. B. BECKER (1933) in den Staminalhaaren von *Tradescantia* die Abtrennung kernloser Stücke von kernhaltigen durch hyaline Plasmastreifen. In den Oberhautzellen gebürsteter Blätter (HABERLANDT 1925) weichen die Wandbildungen weitgehend von den nomalen der typischen Zellteilungen ab. In Gallengeweben vereinfachen sich die Zellteilungsvorgänge oft bis zum teilweisen Schwunde der für die betreffenden Pflanzen typischen Teilungsplatten in der Teilungszone (Trichomgallen von *Schizoneura* nach ZWEIGELT 1931, S. 283 bis 284). Einen rückgebildeten Teilungsapparat finden wir z. B. auch in den rudimentären Endospermen von *Vicia Faba* nach Berichten von BUSCALIONI (1898 b).

Doch selbst bei gewissen normalen Zellteilungen in Kormophyten kann sich die Wandbildung derart vereinfachen, daß der sonst bei ihnen typische Phragmoplast nicht in Tätigkeit tritt, oder wenn es auch der Fall ist, so überschreiten trotzdem solche Wandbildung nicht die Stufe einfacher Zellplatten. Ein oft zitiertes Beispiel dafür sollen die Zwischenwandungen der generativen und vegetativen Zellen im Pollenkorn der Phanerogamen stellen (Abb. 47). Sie entstehen in unscheinbaren Strahlungen, bleiben aber plasmatisch (GEITLER 1934). Sie lösen sich bald auf und der Plasmaleib bedeckt sich mit einer Grenzschicht vom Range einer Plasmahaut. Nicht anders dürfte es bei den aus ihnen gebildeten Spermazellen sein. Doch auch der weibliche Geschlechtsapparat der Phanerogamen zeigt hinsichtlich seiner Wandbildung weitgehende Vereinfachungen auf, die dem kurzzeitigen Charakter dieser Zellgruppierung entsprechen. Die morphologische Selbständigkeit jeder Zelle darin fällt schon durch ihre abgerundeten Membranen auf, was bei einem Dauergewebe ausgeschlossen ist. Nur von MOTTIER (1898) werden bei ihrer Bildung achromatische Strahlenapparate gezeichnet, sonst läßt man sie an Grenzflächen von Vakuolen, „frei“, d. i. ohne bestimmten Zusammenhang mit bereits vorhandenen Wänden und „nur durch verdichtetes Plasma“ (ARZT 1933, S. 676, bei *Podophyllum Emodi*), entstehen. Sehr eindrucksvoll in dieser Hinsicht ist z. B. das schöne Bild des Eiapparates von *Vallisneria spiralis* nach WYLIE

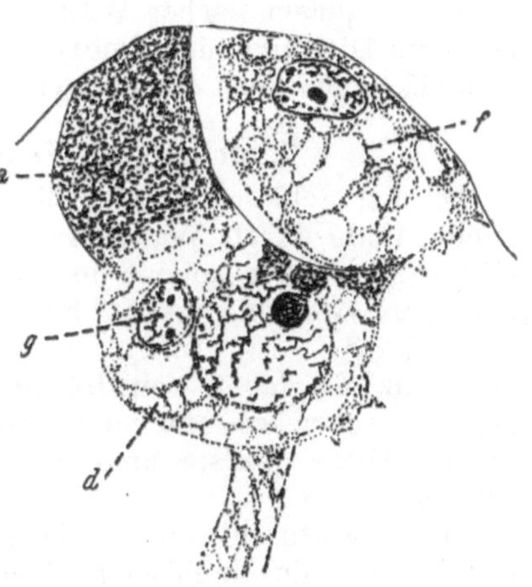

Abb. 48. Abgrenzung der Zellen im Eiapparat von *Vallisneria spiralis* im Längsschnitt, mittels dünner plasmatischer Wände, bei deren Bildung keine Teilungskörper zur Mithilfe kommen. *a* Kolbenförmiges Ende des Pollenschlauches. *f* Synergide (Schwesterzelle der Eizelle), *d* Ei (der große Kern rechts ist der Eikern). *g* Spermakern. (Nach WYLIE 1913.)

(1923), in dem die Grenzwände der Zellen des Eiapparates nur als Verdichtungen des allgemeinen plasmatischen Körnchensystems gezeichnet sind, im Leben also nur einfache Plasmaverdichtungen sein müssen (Abb. 48).

Vielen Forschern ist weiterhin der primitive Ausbildungsgrad der Membranen bei der Aufteilung mancher nukleärer Embryosäcke aufgefallen, so daß solche Beispiele oft als Beweis für die Entbehrlichkeit achromatischer Strahlungen bei Wandbildungen gelten. PALM (1922) z. B. hebt hervor, daß bei *Hypericum* die Wände anfangs als plasmatische Häute angelegt werden, wofür auch die folgenden Beispiele aus dem Schrifttum gebracht werden: *Potamogeton* nach HOLFERTY (1901), *Adoxa* nach LAGERBERG (1909), *Ottelia* nach PALM (1915) und *Aponogeton* nach AFZELIUS (1902). SVENSON (1925) beschreibt die Entstehung primitiver plasmatischer Wände zwischen zwei freien Kernen in einem lateralen Divertikel des Embryosackes von *Lycopsis arvensis*. Es ließen sich aber auch noch andere Beispiele dafür finden.

7. Strikturen, Wandlamellen und Propfen.

In den Schläuchen von Siphoneen und Pilzen können längliche Innenkanäle durch Wandvorsprünge oft bis zum völligen Verschluß eingeengt werden, so daß in diesem Falle von einer Kammerung gesprochen werden kann. Schon THURET und WORONIN waren sie bekannt. Neuerdings werden sie von BRIERLEY (1915) bei dem Pilz *Thielavia*, von BEHRENS (1931) bei *Rhipidium europaeum* genau beschrieben und von MÜHLDORF (1937, S. 241) bei *Fomes* erwähnt. Diese Wülste an den Wänden werden als „Strikturen" bezeichnet.

Die „Strikturen" unterscheiden sich leicht von zentripetalen Wandbildungen 1. durch ihren größeren Umfang, der weit die Dicke einer Membran übersteigen kann und 2. dadurch, daß sie keine unabhängigen intrasplasmatische Bildungen sind, sondern Anwüchse aus lokal verdickten Wandlamellen. Sie sind also Ringwülste der inneren Schlauchwand, die ihre Lamellen durch Schwellung in den Innenraum vorwölbt, während Teilungswände auf der Grundlage einer aus Plasmasubstanz ausgeschiedenen Platte entstehen. Daher sind solche Wülste auch grundverschieden von unvollständigen Wandlamellen verschiedener Art, die bei gewissen Pflanzen in den Zellraum hineinragen, wie z. B. den Assimilationslamellen der *Pinus*nadel. Denn über die Bildung der letzteren erfahren wir von REINHARDT (1905), daß sie p l ö t z l i c h und in ihrer ganzen Länge als strukturlose Anhänge der Zellwand erscheinen, die ihre Lamellenstruktur erst nachträglich erhalten; sie sind also plasmatische Bildungen. Die unvollständigen Querverschlüsse bei gewissen Pilzen (vergl. FITZPATRICK 1930), die sog. „fraktionierten Querwände" (TERNETZ 1900, KÜSTER 1935) sind größtenteils im Wachstum stehengebliebene echte Wandbildungen.

Am besten bekannt sind die Strikturen bei den Siphoneen, z. B. *Codium* (STRASBURGER 1880, MIRANDE 1913, KÜSTER 1934, MICHEL

1938). STRASBURGER beschreibt ihre Entstehung aus farblosem Plasma, das sich an den Bildungsstellen ansammelt. Der Verschluß muß nicht vollständig sein, doch kann der Kanal später geschlossen werden, nun aber nicht in weiterer Fortführung der Wandlamellierung, sondern deutlich als homogene Auflagerung am Wall. KÜSTER (1934) und MÜHLDORF (1937) zeigen, daß der Kanal auch dann von einem Plasmastrang für die Reizleitung durchzogen ist. Von MIRANDE (1913) wissen wir ferner, daß solche Diaphragmen teilweise oder ganz wieder aufgelöst werden können. Bei den Bryopsidaceen wird aber bei der Umwandlung von Fiedern in Gametangien, der Verbindungsstrang zerrissen und die Protoplasten, sowohl des Gametangiums als auch des Hauptstammes, grenzen sich mit Eigenwänden ab. Darauf wird der Wulst dazwischen größtenteils verschleimt. Doch sollen Eigenwände auch ohne Wülste möglich sein, dann sind die Septen natürlich dünn. Auch *Pseudobryopsis* vermag Eigenwände an den Querwülsten auszubilden.

Zapfenbildungen an Zellwänden sind im Pflanzenreiche keine seltene Erscheinung, doch führen sie zu Verschlüssen nach STRASBURGER (1880, S. 224 bis 225) nur im Pollenschlauch von *Allium ursinum*, um die zwar inhaltsarmen, aber nicht entleerten Teile abzusondern. Sie sind Auswüchse der inneren Wandfläche, die sich in der Mitte treffen. Auch die Spitzen rasch wachsender Pilzschläuche können sich gegen die älteren Teile durch Membranen abschließen, wie wir dies von RACIBORSKI (1896), BECKER (1937) und KÜSTER (1941) über *Basidiobolus ranarum* wissen. Nach KÜSTER ist der abgegliederte kernlose und inhaltsarme Teil noch wochenlang, nach ULEHLA (1938) nur noch wenige Minuten lang lebensfähig.

C. Die Zell- und Symplastenteilung mittels zentrifugaler Wandbildung.

Die Zellteilungen mit zentrifugaler Wandbildung sind nur mit einem einzigen Ausnahmsfall, nämlich *Bacillus Bütschlii*, an Mitosen unmittelbar geknüpft. In solchen Fällen erscheint es als selbstverständlich, daß die Wandbildung, die ja langsamer vor sich geht als die Durchschnürung und hauptsächlichst den Geweben eigen ist, im tätigsten Teil des Plasmas, d. i. im Spindelraum, beginnt. Die Plasmateilung kann dann natürlich erst einsetzen, wenn die Mitose vollkommen abgeschlossen ist, während bei Durchschnürungen oder zentripetalen Wandbildungen dies schon früher geschehen kann. Die beiden letztgenannten Teilungsarten sind also rascher als die zentrifugale, weil ihr Anfang auch in einen flüssigeren Zellteil fällt; bekanntlich ist das Spindelplasma durch höhere Viskosität von seiner Umgebung ausgezeichnet.

Die zentrifugale Wandbildung ist mit ganz geringen Ausnahmen (Abschn. II, C, 3) von mehr weniger breiten Gürteln aktivierten Plasmas begleitet, die sich in fixierten Präparaten als Apparate besonderer Struktur präsentieren, so daß wir sie als „Teilungskomplexe oder Teilungskörper" bezeichnen wollen. STRASBURGER nennt sie bei fädigem Bau „Verbindungsfadenkomplex". In dieser vollkommensten Ausbildung heißen sie aber gewöhnlich „Phragmoplaste". Sie können aber auch schaumiges oder körniges Aussehen haben. Sie sind jedenfalls der Ausdruck einer Plasmaverdichtung und wahrscheinlich auch erhöhter Viskosität in der Teilungszone, was CHOLNOKY (1930) bei Diatomeen direkt nachweisen konnte. Wie die besondere Tätigkeit solcher aktivierter Teilungszonen zu denken ist, ist vorderhand noch unbekannt.

1. Der Teilungskörper ist eine Schaum-(Vakuolen-)ansammlung.

Am ausdruckvollsten ist der Teilungskörper vom Vakuolentyp von W. T. SWINGLE (1897) bei *Stypocaulon scorparium* beschrieben worden (Abb. 49). Sowohl in den Scheitel- als auch in den primären Segment-

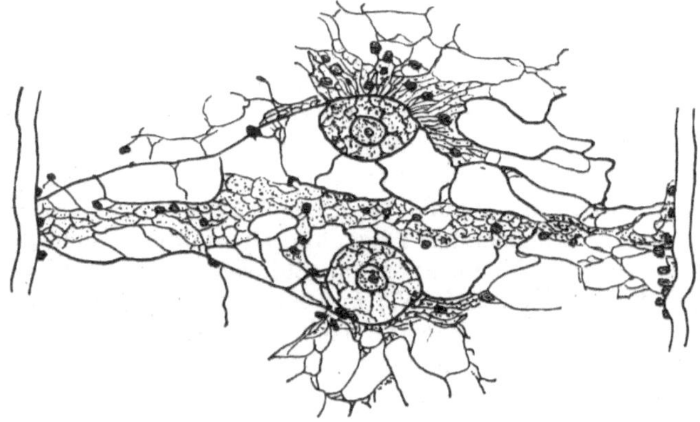

Abb. 49. Entstehung der Teilungsplatte im Plasma äquatorial angesammelter Vakuolen bei *Stypocaulon*. Hier soll die Platte durch Zusammenfließen kleiner Körnchen gebildet werden (Nach W. T. Swingle 1897.)

zellen nimmt das Plasma der Teilungszone eine grobvakuolige Struktur an und die Zellplatte „wird zuerst in einer Gruppe von Waben in der Mitte der Zelle, welche eine geringe Neigung zu einer Querstellung zeigen, angedeutet". In den primären Segmentzellen fehlt überhaupt jede Faserung. Die Zellplatte bildet sich durch Zusammenfließen von Körnchen aus, die in den Wabenwänden auftreten, jedoch stets „ohne irgendeine bemerkenswerte Theilnahme von Kinoplasma, wenigstens nicht in Gestalt von Fasern".

Vakuolennetze in der Teilungszone werden weiters von YAMANOUCHI (1912/13) in vegetativen Zellen von *Cutleria* und *Zanardinia* beschrieben, in denen nach Wiederherstellung der Tochterkerne in der Telophase, die Zellplatte "by means of alveoli of the cytoplasm", ohne Bekanntgabe näherer Vorgänge, entsteht. Auch in Oogonien von *Fucus* werden die Scheidewände der acht Oosphären nach STRASBURGER (1897) in einem Schaumplasma, und zwar durch Zusammenschluß bestimmter Körnchen, gebildet, ähnlich wie eine Zellplatte.

Ein recht loses Vakuolenwerk ist in den Abbildungen über die Teilung von *Sphacelaria fusca* (lebende Segmentzelle) nach W. ZIMMERMANN (1923) enthalten (Abb. 50). In der Teilungsebene ist sonst keine Spur des früheren unscheinbaren Spindelapparates zu erblicken. Die Vakuolenwände stellen sich darin in die Querrichtung der Zelle ein und scheinen direkt zu einem Wandprimordium zu werden. Über *Chorda filum* sagt KYLIN (1918) nur, daß sich ein Plasmastreifen mitten durch die Zelle spanne, in dem die neue Zellwand hervortritt (Abb. 51).

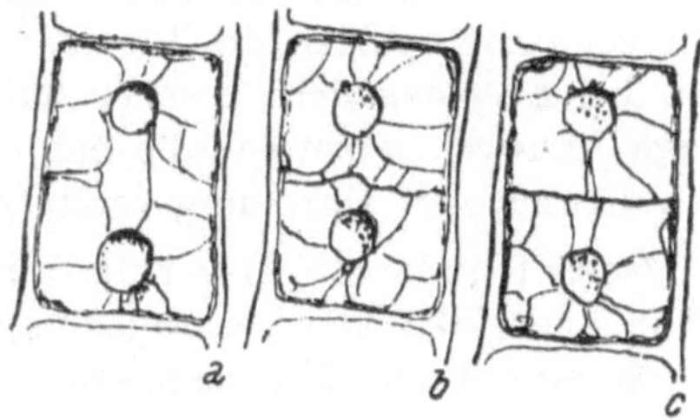

Abb. 50. Drei Stadien der Wandbildung in einem grobschaumigen Netz bei *Sphacelaria fusca.* Die Schaumwände in der Teilungszone stellen ihre Wände in die Richtung der Teilungsebene. (Nach W. Z i m m e r m a n n 1923.)

Während W. T. SWINGLE (1897) dem Teilungskomplex von *Stypocaulon scoparium* Schaumstruktur zubilligt, erteilt ihm STRASBURGER (1880, S. 196 u. 348, Abb. auf Taf. XIII, 43 bis 47) bei *Sphacelaria scoparia* (*syn.* mit *Styp. scop.*) einen körnigen Charakter. Die wohlumgrenzte Körnchenmasse ist ursprünglich von linsenförmiger Gestalt, verschmälert sich bald und wächst seitwärts bis an die alte Zellwand hin. Die Zellplatte ist eine Fusion dieser Körnchen in der Linsenmitte. Sobald sie vollendet ist, nimmt er die schaumige Struktur normalen Cytoplasmas an.

Auch bei der Abgrenzung von Ascosporen nach der Art „freier Zellbildungen" (s. Abschnitt II, D) sollen in einigen Fällen Vakuolenansammlungen tätig sein.

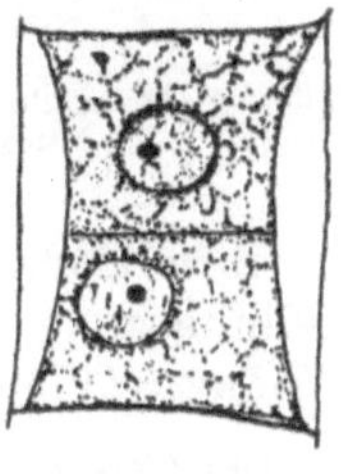

Abb. 51. Teilung einer Zelle von *Chorda filum* mit eben angelegter, noch körniger Platte, bei deren Bildung das angrenzende Plasma in gar keiner Weise in Anspruch genommen wird, was am Fehlen jeglicher besonderer Struktur im angrenzenden Plasma kenntlich ist. (Nach K y l i n 1937.)

2. Der Teilungskörper ist eine Körnchen-(Mikrosomen-)ansammlung.

Teilungskomplexe vom Körnchenbau sind weiter verbreitet als die oben beschriebenen Vakuolensysteme. Das bekannteste Beispiel dafür liefert uns *Tetraspora lubrica* nach der Beschreibung von MAC ALLISTER (1913) und vielleicht auch andere Protococcalen. Bei *Tetraspora* soll die Teilungsplatte als eine "collection of granules" in einer „körnigen Centralspindel" gebildet werden, die sich zentrifugal ausweitet (Abb. 52). Diese Platte spaltet sich ferner von der M i t t e aus auf. Im Wesen nicht anders lauten die Schilderungen von MAINX (1926) und REICHARDT (1927) über die Alge *Eremosphaera*, wenn auch der Plasmaansammlung in der Teilungszone der körnige Charakter fehlt. MAINX warnt vor der irrigen Auffassung CHODATS (1895) und G. TH. MOORES (1901), daß der Vorgang eine Durchschnürung wäre. Die

Täuschung ist nur dem Umstande zuzuschreiben, daß die Tochterzellen sich sehr frühzeitig abrunden und trennen. Der oben erwähnte zentrale „Spalt" in der jungen Wand erweist sich nach den Bildern von G. M. SMITH (1913—1918) über *Scenedesmus, Characium, Pediastrum* und *Tetraedron* sowie denen von GEITLER (1924) über *Sorastrum* als charakteristisch für die Protococcalen. Doch vermißt man bei allen letztgenannten Algen die Plasmaverdichtung in seiner Umgebung, die wir bei *Eremosphaera* gesehen haben. SMITH nennt den „Spalt" "cleavage furrow", worunter die englischen Autoren nicht gerade Durchschnürung oder Furchung verstehen, sondern einfach jede „Spaltung".

Nach HOMÈS (1929) verfügt auch die Braunalge *Halopteris filicina* über einen körnigen Teilungskomplex, der in unverkennbarem Zusammenhang mit dem Mitoseapparat des Kernes steht. Er breitet sich seitlich bis an die Mutterzellhaut aus, bringt somit die junge Zellwand bis

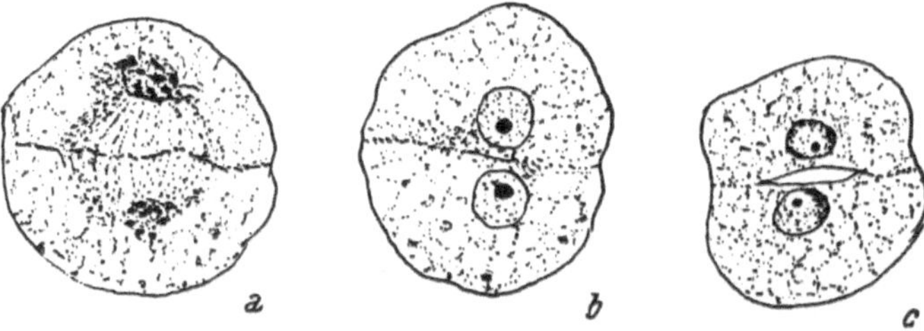

Abb. 52. Wandbildung in einem körnigen Teilungskörper und im Zusammenhange mit der Mitose bei *Tetraspora lubrica*. (Nach Mac-Allister 1913.)

an ihre Endpunkte. Vielleicht ist die Körnchenansammlung in der Teilungszone von *Hesperophycus Harveyanus* nach den Bildern von WALKER (1940) als schmaler Teilungskomplex zu deuten.

Bei *Oedogonium* beschreibt und zeichnet STRASBURGER (1880, S. 191 bis 192 u. Taf. XII, Abb. 55 bis 63) eine feinkörnige Kernspindel, die der Wandbildung fernbleibt, weil sich die Teilungsplatte „simultan im ganzen Querschnitt der Zelle" in einer Plasmabrücke ausbildet, den sie überspannt. OHASHI HIRO (1930) zeichnet in der Nähe der jungen Querwand viele Körnchen. KRETSCHMER (1930) sieht die Teilungsplatte nach dem Muster von BELAR (1929), in einem „Riß" des Stemmkörpers, „wie bei höheren Pflanzen" entstehen, der als ein Rest der achromatischen Figur aus der Kernteilung bezeichnet wird. Sowohl STRASBURGER als auch KRETSCHMER vergleichen die Wandbildung von *Oedogonium* mit derjenigen der höheren Pflanzen.

Bei den Lebermoosen (*Marchantiales*) endlich findet K. J. MEYER (1929, 1931) in Tetradenteilungen der Sporenmutterzellen die Wandbildungen von körnigen Komplexen begleitet, in denen die Wand als „Spalt" zentral ihren Anfang nimmt.

3. Die zentrifugale Teilungsplatte entsteht ohne Mitwirkung eines Teilungskörpers (einer aktivierten Teilungszone).

Nur in ganz vereinzelten Fällen bildet sich die zentrifugale Teilungsplatte ohne Aktivierung der benachbarten Plasmazonen aus. Sie ist in diesen Fällen ein primitives plasmatisches Septum (s. Abschn. II, B, 6), dessen Entmischung sich nur in der engbegrenzten Zone ihrer Dicke vollzieht. In fixierten Präparaten wird sich dies durch eine Beschränkung der Körnchenschichte auf die Fläche der Plattenbildung äußern. Es gibt da keinen Maßstab zur Festsetzung der minimalen Dicke der Körnchenschichte, weshalb man vor vielen Beispielen ratlos dasteht. Hier wären etwa die Bilder über Algenteilungen von CHOLNOKY (1924, 1932 a, 1932 c) zu nennen, die sich auf *Zygnema*, *Mougeotia* und *Microspora* (Abb. 53) beziehen, bei denen nicht zu entscheiden ist, ob die Körnchenlamelle nur zur Zellplatte gehört oder darüber hinausragt. Wir haben diese Fälle zur zentripetalen Wandbildung gezählt, weil die Wand außerhalb des Spindelapparates ihren Anfang nimmt, statt wie bei der zentrifugalen, innerhalb desselben.

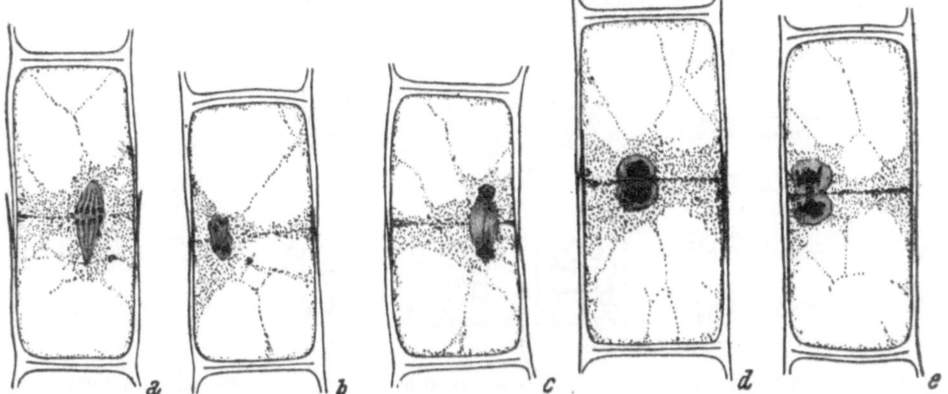

Abb. 53. Teilung und Wandbildung in den Zellen von *Microspora stagnorum*. *a* Ein Stadium der frühen Anaphase mit der Kernmitose in einer plasmatischen Brücke, welche die Zentralvakuole überspannt, und darin im Umkreise der Kernspindel der Beginn einer Teilungsplatte in Form einer Körnchenansammlung. *b*—*e* Fortgeschrittene Stadien. (Nach Cholnoky 1932.)

Bei den vegetativen Zellen des Lebermooses *Sphaerocarpus Donneli* soll die Wandbildung nach Berichten von LORBEER (1934) ohne Beteiligung eines Phragmoplasten zustande kommen. Die sich darauf beziehende Abbildung ist nur sehr schematisch und der Teilungsraum einfach mit Punkten umrissen. Hiezu ist zu bemerken, daß bei Lebermoosen überhaupt kein Phragmoplast zu erwarten ist, sondern nach Befunden von K. J. MEYER (1929, 1931) eher ein körniger Komplex, den ja auch LORBEER (1927) bei der simultanen Teilung der Sporenmutterzelle von *Sphaerocarpus* im heterotypischen Teilungsschritt in einer Abbildung schwach andeutet.

Für die Teilung der Bakterien gilt im allgemeinen die Durchschnürung als typisch, wobei es dahingestellt sein mag, ob nicht der Einschnürungsfurche ein Wandkonkrement vorangeht (s. Abschn. II, B, 1, a). *Bacillus Bütschlii* fällt aber aus dieser Regel vollkommen heraus, weil die Teilung von zentralen Körnchen ausgeht und sich zentrifugal ausbreitet. Die freien Spaltflächen sind nach vollendeter Abrundung noch längere Zeit stärker färbbar. Ein ähnlicher Teilungsvorgang dürfte vielleicht auch den *Bacillus radicosus* auszeichnen (s. Abschn. II, B, 1, a) (Abb. 54).

4. Die Teilung der Knorpelzelle.

Die Knorpelzelle ist die einzige Zellenart im Tierreiche, bei der sich Teilungsvorgänge abspielen, die denen im Pflanzenreiche annähernd

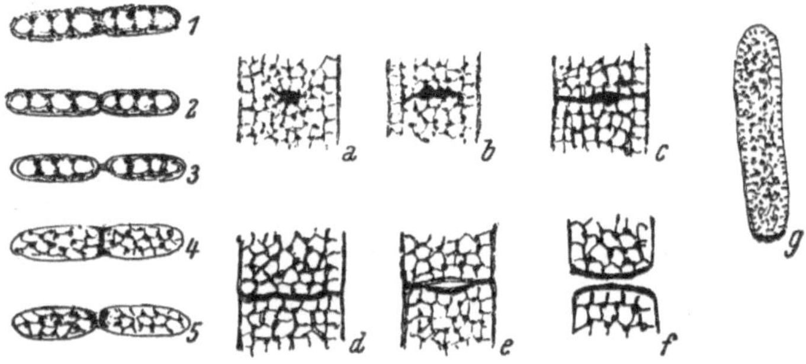

Abb. 54. *1—5* Teilung des *Bacillus sporonema*, die nicht, wie es oft für die Bakterien heißt, mittels Durchschnürung erfolgt, sondern wie es z. B. in den zwei vorletzten Stäbchen unserer Reihe deutlich sichtbar ist, dadurch Aufspaltung eines plasmatischen Konkrementes, *a—g* eine Reihe von Teilungsstadien von *Bacillus Bütschli* Schaud., bei dem die Teilung mittels Aufspaltung einer zentrifugalen plasmatischen Platte vor sich geht. *g* junge frei gewordene Zelle, deren Ende an der Abtrennungsstelle noch verdickt ist. (Nach Schaudinn 1902.)

gleichkommen, aber dem Tierreiche sonst fremd sind. Ebenso ist ihre Außenwandung deutlicher als bei anderen Tierzellen ausgeprägt, so daß sie SCHWANN (1839) dazu dienen konnten, um die Uniformität der Zellen in beiden Lebensreichen zu beweisen und damit die Zellenlehre zu einer Grundlehre der Biologie zu erheben. SCHWANN war aber die Teilung der Knorpelzelle noch nicht genau bekannt, sie wurde erst von REMAK (1852), SCHLEICHER (1879) und insbesondere von NOVIKOFF (1908) auf den heutigen Stand gebracht.

In frühen Bildungsstadien besitzen die Knorpelzellen eine dünne Wand und können dann kaum noch mit Pflanzenzellen verglichen werden. Erst wenn sie Grundsubstanz auszuscheiden beginnen, sind die an das Knorpelplasma anschließenden Schichten durch besonderen Feinbau unterschieden, so daß sie das Aussehen einer richtigen Membran besitzen (Knorpelkapsel), zumal da sie vom Plasma, wie bei der Pflanzenzelle, ausgesondert werden.

Novikoff kennt zwei Teilungstypen der Knorpelzelle, und zwar mit zentrifugalem und zentripetalem Bildungsverlauf der Scheidewand. Den ersten Typus beschreibt er bei *Bombinator pachypus*, wobei er seine Beobachtungen mit ähnlichen von Hoffmann (1898) an Zellen verschiedenster Herkunft vergleicht. Novikoff sieht beim *Bombinator*-Knorpel die erste Teilungsplatte als Verdickung an Verbindungsfasern erscheinen (Abb. 55), was der „Spindelplatte" Hoffmanns gleichkommt; sie verläßt aber die Spindel und geht als „Cytoplasmaplatte" weiter bis

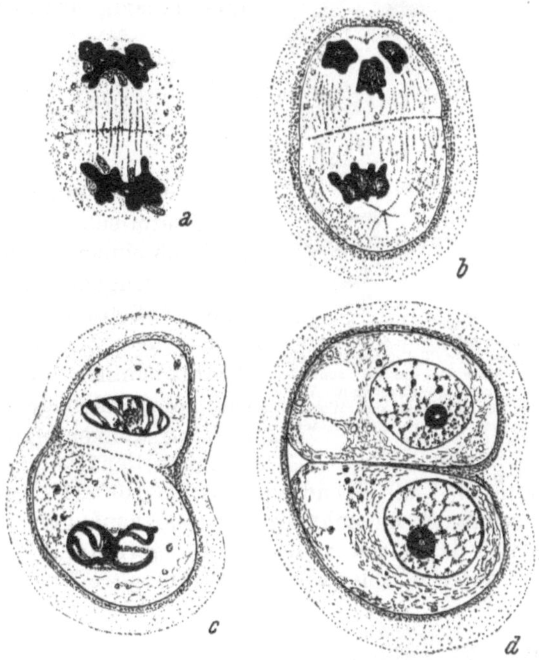

Abb. 55. Teilungsverlauf und Wandbildung der Knorpelzelle vom Embryo des *Bombinator pachypus*. *a* Telophasenspindel mit zentralem Beginn einer Teilungsplatte, *b* die Platte erreicht die Mutterzellhaut und die Tochterzellen beginnen sich abzurunden, *c* und *d* weitere Fortschritte der Abrundung bis zur Trennung der jungen Zellen. (Nach Novikoff 1908.)

zur Mutterzellhaut. Nachdem sich so die Tochterzellen abgegrenzt haben, runden sie sich nun von der Peripherie her ab und scheiden, nach Spaltung der ersten Platte, Grundsubstanz zwischen sich aus, die sie auseinander treibt. Wesentlich anders verläuft die Teilung des zweiten Tys, den uns Novikoff beim Knorpel von *Lacerta muralis* vorführt (Abb. 56). Hier breiten sich die Spindelfasern, nach Abwanderung der Chromosomen an die Pole, seitlich bis zur Längswand der Zelle aus. Sie konzentrieren sich nur an der Peripherie des Spindelplasmas, denn sein Inneres ist von einer homogenen Vakuole eingenommen. Die neue Zellwand beginnt nun im Zelläquator und zwar im Plasma zwischen der Längswand und der Spindel, als ringförmige Zellplatte, die in dem Maße zentral vordringt, als sich die Spindelsubstanz zusammenzieht. Wenn die Wandbildung genügend weit zur Zellmitte vorgedrungen ist, werden die letzten Spindelfasern als „Flemmingscher Zwischenkörper" zusammengerafft und durchgeschnitten.

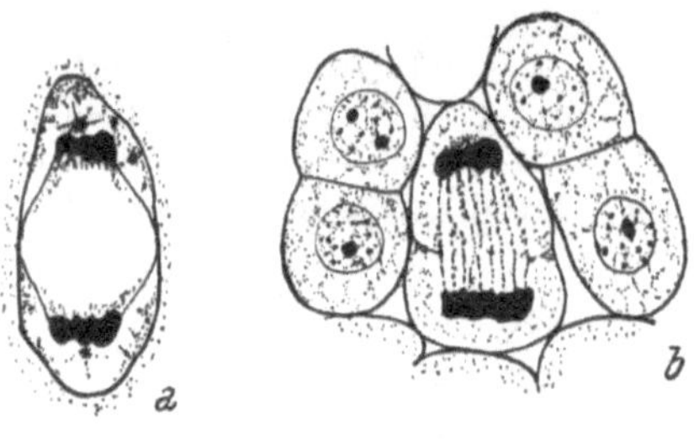

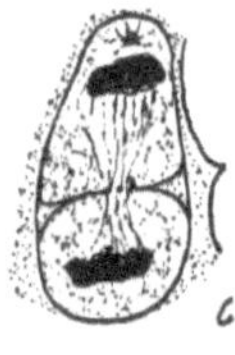

Abb. 56. Teilung und Wandbildung bei der Knorpelzelle vom Embryo von *Lacerta muralis*. In *a* Ausbreitung der Telophasespindel bis an die Mutterhülle, *b* Beginn der zentripetalen Wandanlage unter gleichzeitiger Abrundung der Zellen. *c* Endphase der Wandentmischung, *d* fertige Querwand. (Nach Novikoff 1908.)

5. Die Teilung der Zelle mittels eines faserigen Phragmoplasten.

a) Erklärung der Bezeichnungen „Spindel", „achromatische Teilungsfigur", „Stemmkörper", „Phragmoplast".

Das Innere einer Zelle wird bei einer mitotischen Teilung in der Regel von einem Gebilde besonderer Struktur eingenommen, das sich in seiner vollständigen Gestalt aus zwei, von Zentren ausgehende „Strahlensonnen" und einem mittleren spindelförmigen Verbindungsstück zusammensetzt. Nur fixierte Teilungszellen besitzen diesen Strahlenapparat (Fol 1873), die lebenden aber klare Höfe (Hofmeister 1848). Das ganze Fasernwerk entsteht nur im Zusammenhang mit der Zellteilung und erhielt daher den Namen „Teilungsfigur", die „Sonnen" mit ihren Zentren „Asteren" oder „Sphären" und ihre Verbindungsbrücke

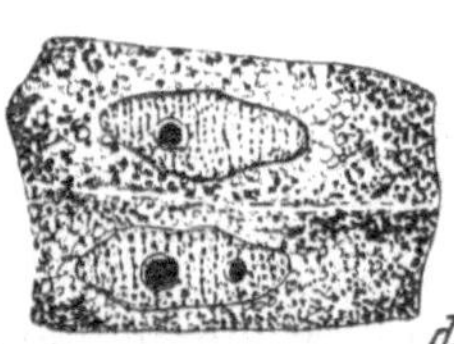

Abb. 57. Die vier letzten Stadien der Zellteilung aus einer Bildreihe über *Allium Cepa*. *a* Anaphase mit diagonalgestellter Spindel, die sich in den folgenden Stadien senkrecht zur Teilungsrichtung stellt (vergl. Abschn. II, C, 6), *b* und *c* Übergang zur Telophase mit beginnender und fortgeschrittener Zellplatte inmitten des Phragmoplasten, *d* fertige Zellplatte mit beginnender Zellabrundung. Man beachte, daß die Platte sich in diesem Zustand nicht färbt. (Nach Belar aus Tischler 1942.)

„Spindel". Inwieweit die Teilungsfigur mit der Kernteilung zusammenhängt, haben wir hier nicht zu untersuchen. Da sie aber nach Konzentrierung der Chromosomen an den Polen, noch ganz im Bereiche des Cytoplasmas zurückbleibt, muß uns ihr weiteres Schicksal interessieren, zumal eine besondere Art davon, der „Phragmoplast" eine Rolle bei der Anlage der Zwischenwand in den Zellen höherer Pflanzen spielt (Abb. 57).

Nach der Abwanderung der Chromosomen degeneriert bei den Tierzellen die Spindel, während bei den Pflanzenzellen an ihre Stelle ein noch kräftigeres Fasergebilde tritt, das sich tonnenförmig nach den Seiten hin ausbaucht und in der Teilungsebene die neue Scheidewand entstehen läßt. ZACHARIAS (1888) nannte es „Mutterkernrest", es wird auch „Kerntonne" genannt, aber der gebräuchlichste Name ist „Phragmoplast", d. i. Wandbildner, nach ERRERA (1888). Die zeitliche Aufeinanderfolge von Spindel und Phragmoplast im selben Raum, hat auch zur Annahme ihrer gegenseitigen Abstammung und daher Gleichstellung geführt. Man muß aber hiezu bemerken, daß die Verschiedenheit ihrer Aufgabe die besondere Bezeichnung vollauf rechtfertigt. Denn die Spindel hat die Chromosomen an die Pole zu leiten, wobei sie sich als „Zug"- oder „Stemmkörper" betätigen kann. Sobald ihre Aufgabe erfüllt ist, degeneriert sie zum „Zwischenkörper" (FLEMMING 1882). Wenn sich aber an ihrer Stelle ein ähnlich aussehendes Organ mit der Aufgabe der Wandbildung einfindet, so ist es ein „Phragmoplast". Es mag dann nebenher auch die Chromosomengruppen oder die jungen Kerne von einer Annäherung an die neuen Zellplatten abhalten, sie wegstemmen, trotzdem ist er kein „Stemmkörper" im Sinne der Definition dieses Begriffes von BELAR, wie aus einer Bemerkung von TISCHLER (1934, S. 632) zu schließen wäre, da seine Stemmwirkung sicher nur passiv ist.

b) Allgemeine Charakterisierung des achromatischen Apparates.

Wir wollen nun die wichtigsten morphologischen Eigenschaften des achromatischen Teilungsapparates in seinen drei Abarten als Spindel, Zwischenkörper und Phragmoplast einer flüchtigen Betrachtung unterziehen, die sich, wenn nicht anders angegeben, auf alle drei bezieht, da im Schrifttum oft kein Unterschied zwischen Spindel und Phragmoplast gemacht wird.

Die Realität des Teilungsapparates ist durch direkte Beobachtungen außer allen Zweifel gestellt. Seine individuelle Geschlossenheit ist optisch durch besondere Lichtbrechung, sodann durch gewisse Färbbarkeit und die faserige Struktur gekennzeichnet. Mikrosomen geraten nur zufällig in ihn hinein, sonst bleiben sie ihm fern (BELAR 1929). Rhaphidennadeln werden in Zellen von *Alstroemia* nach N. H. JOHNSON (1935) in der Zeit seines seitlichen Wachsens nicht aufgenommen, sondern fortgeschoben. Diese Selbständigkeit hat auch dem Plasma des achromatischen Raumes den Namen „Spindel-" oder Atraktoplasma" (FUJII) eingebracht. Es läßt sich geschlossen in der Zelle verschieben und aus ihr herausquetschen (LAVDOVSKY 1894), mittels der Mikronadel verlagern (CHAMBERS u. SANDS 1923) und vital anfärben (BECKER

1934, 1935, 1936, 1938). WADA (1935) bringt ihn durch Anstechen der Zelle von *Tradescantia* mit Strängen anderen Plasmas zum Ausfließen.

Die flüssige Konsistenz der „Spindel“ in WADAS obigem Versuch steht mit der allgemeinen übereinstimmenden Auffassung, daß sie geligen Charakter hat, im Widerspruch. Doch meint BECKER (1938), daß der Stichreiz ihre Verflüssigung verursacht haben konnte. Die hohe Viskosität ist durch Zentrifugenversuche mehrmals bewiesen worden (vergl. CHAMBERS 1924, WASSERMANN 1929, S. 336, SCHRADER 1934). In den Zentrifugenversuchen von NEMEC (1915, 1918) zieht die Spindel teilweise auch die Kerne mit. Die gleiche Konsistenz beweisen auch MOTTIER (1899) und ANDREWS (1915) bei der pflanzlichen und CONKLIN u. andere Forscher bei der tierischen Spindel. In Versuchen von SCHAEDE (1930) erwiesen sich Spindel und Phragmoplast als plastische Körper, die Krümmungen zulassen.

ERRERA (1888) und CHODAT (1920, 1924) und letzthin auch PIECH (1928) sehen im Phragmoplasten eine Vakuole. Zu diesem Schlusse gelangt auch CHAMBERS (1924) bei *Tradescantia* und den Spermatocyten der Insekten, weil hier die Mikronadel ohne Widerstand und ohne die Chromosomen in Bewegung zu bringen, eindringt. BELAR (1929 c) meint aber, daß in solchen Versuchen die Nadel an den dünnen Fasern vorbeigleiten kann. Doch auch YAMAHA (1926 a) findet den Gedanken, daß der Spindelraum eine Vakuloe ist, sehr verlockend und führt das Zeugnis einer größeren Anzahl von Autoren an.

Die ersten Äußerungen über die substantielle Herkunft der Spindel betrachten ihren plasmogenen Ursprung (STRASBURGER, HERMANN u. a.). Doch wird auch eine Vermischung von Cytoplasma und Kernsubstanz für möglich gehalten (WENT 1887, v. BENEDEN, z. T. auch BOVERI unter den älteren und BERGHS 1905, unter den neueren Autoren), die nach Auflösung der Kernmembran vonstatten geht. Doch auch Fälle sicherer nukleärer Abstammung werden bekannt (z. B. CARNOY 1885, RABL 1885, YAMAHA 1926, YASUI 1939). Die Auffassung vom „Misch-(„Mixo“-)plasma vertreten neuerdings auch WASSERMANN (1929) und POLITZER (1934), letzterer nur für die kegelförmigen Aufsätze der Spindel an den Polen. Streng genommen kann nur beim Zentralspindeltyp Cytoplasma in den Kernraum gelangen, beim anastralen Typus eher zur Bildung der „Polkappen“ heraustreten. Doch ist der Ursprung für die Tätigkeit der Spindel belanglos. Am leichtesten ist die nukläere Herkunft der Spindel bei den Ascomyceten, Phaeophyten, Rhodophyten und Protozoen zu erkennen. Die Grundlage der Spindel muß aber immer die Lininsubstanz des Kernes sein.

Fixierungen enthüllen in dem sonst vital klaren Polplasma als Mittelpunkte der Strahlung kleine Körperchen, die „Zentrosomen“ (FLEMMING 1875, v. BENEDEN) in deren nur wenigstrahligem Plasma („Archiplasma“ nach BOVERI) sich je ein „Centriol“ (v. BENEDEN-NEYT 1888) „herausdifferenzieren“ läßt. Es ist autonom und seine Teilung gibt den Auftakt zur Bildung der Astrophären und weiterhin zur Kern- und Plasmateilung. Daher wurde ihm, als Auslöser und Lenker der Zellteilung, einmal große Bedeutung beigemessen, was sich auch in der Klassifizierung der Spindeltypen nach ihm äußert. Im Pflanzenreiche sind Zentrosomen nur bei manchen Algen (Braun- und Rotalgen) oder Pilzen (Ascomyceten) bekannt. Daher dürfte die neuere Angabe von STOLLEY (1930) über Vorkommen von strahlenlosen Zentrosomen bei *Spirogyra nitida* noch zu überprüfen sein, da ihre Kennzeichen, nämlich Teilungsfähigkeit und morphogenetische Beziehungen zur Spindel, die von BELAR (1926) aufgestellt wurden, von ihm nicht als maßgebend betrachtet werden.

Die strenge genetische Permanenz der Zentralkörper ist selbst bei Tieren nicht über alle Zweifel erhaben sichergestellt. Für die Teilung können sie entbehrlich sein (Pflanzenzellen) und auch zur Erregung der Sphären sind sie nicht unbedingt nötig (künstliche Cytasteren). KOWALSKI (1913) erklärt sie zu einer spezifischen Substanz, die im Schnittpunkte der Diffusionswege zwischen Kern-Cytoplasma steht und während der Mitose verbraucht wird. Da entscheidet nur die Menge dieses Stoffes, ob ein „Zentrosom“ „permanent“ ist oder völlig aufgebraucht wird.

Die vitale Realität der Zentrosomen und die Art des inneren Feinbaues der Sphären, ist eine noch offene Frage. Mikrodissektionsversuche enthüllten CHAMBERS (1924) den Charakter der Strahlenradien als Flüssigkeit, welche sich in sehr feinen Röhren der gallertartigen Asterensubstanz bewegt. FRY (1928, 1929 u. a.) versucht aber in einer Reihe von Arbeiten teils selbst und teils mit Mitarbeitern nachzuweisen, daß die Zentralkörper nicht real, sondern Schnittpunkte von flüssigen Strahlen sind, die sich in einem Focus treffen und dabei zu einer kleinen „Lache“ zusammenfließen, wie es etwa mit einer Flüssigkeit getränkte Fäden auf einer Glasplatte tun. Er nennt sie daher „Fokalkörper“ und ihr Zustandekommen in der Zelle "focalization fenomenon". Der genaue Schnittpunkt in der Mitte ist das Zentriol.

Ebenso wie der strahlige Bau der Sphären, ist auch die Fibrillennatur der Spindel nur an fixiertem Plasma einwandfrei wahrzunehmen. Den Angaben von SCHAEDE (1924, 1925 a u. b), daß bei *Allium Cepa* in späten Telophasen (also im Phragmoplasten) die Verbindungsfäden im Leben, natürlich, nur äußerst schwach, zu sehen wären, stehen negative Befunde mehrerer späterer Autoren entgegen. In Schnitten, die SCHAEDE zu dieser Feststellung führten, muß man mit Überreizungen und prämortalen Erscheinungen rechnen, die äußerlich nicht so leicht erkennbar sind. Daß Mitosen beim Absterben der Zelle deutlicher werden, beschreibt schon STRASBURGER (1900, S. 299) bei *Monotropa*. SCHAEDE zählt ja auch die Schwierigkeiten beim Auffinden gestreifter lebender Phragmoplasten auf, wozu geradezu Glück gehöre. Nichtsdestoweniger möchte er diese Befunde auch auf die Spindel ausdehnen (SCHAEDE 1925 a, S. 242). Ähnliche Angaben auch anderer

Autoren z. B. TREUB (1878), WILDEMANN (1891) und neuerdings BELAR (1929 beim Stemmkörper) sowie CZURDA (1930) müssen wir aber angesichts der angewandten Methoden, als prämortale Artefakte betrachten.

Wenn auch im Leben eine Faserung der Spindel noch nicht einwandfrei bewiesen ist, so ist sie nichtsdestoweniger irgendwie darin präformiert, weil sie bei der Koagulation des Plasmas immer eine konstante Gestalt annimmt (TISCHLER 1942). SCHRADER (1934) meint, daß die Fibrillen entweder Kraftlinien darstellen und daher morphologisch überhaupt nicht zu erfassen sind, oder daß die Homogenität des Spindelplasmas nur scheinbar, die Faserung also real, aber zu fein ist, um direkt gesehen zu werden und erst eine Vergröberung durch Fixationsmittel notwendig ist. BELAR (1929) zeigt, daß bei langsamem Eindringen von Fixationsmitteln in Spermatocyten von *Stenobothrus*, gefaserte, neben homogenen Stellen stehen. Die Wirklichkeit der Faserung kann aus den folgenden Tatsachen erschlossen werden: 1. Auftreten von längsgerichteten Rinnen in der Oberfläche des Stemmkörpers, die sich auch in sein Inneres fortsetzen (BELAR 1929), 2. lebhaftere Bewegung von Körnchen darin in der Längs- als Querrichtung (BELAR 1929), 3. Längsspaltung der Spindel von *Stenobothrus*-Spermatocyten. BLEIER (1931) meint aber dazu, daß jeder längsgestreckte Körper durch Einwirkung seitlicher Kräfte nur in der Richtung der Streckung, auch ohne präformierte Längsstruktur, Spalten zeigen muß. 4. Gleichgerichtete Deformation von Fasern in durch Zentrifugenbehandlung gestauchten und verbogenen lebenden Spindeln (SCHAEDE 1930). Gleiche oder ähnliche Ergebnisse melden F. M. ANDREWS (1915), SPOONER (1911), SCHRADER (1934) u. a.

Völlige Homogenität der Spindel, sowohl im Leben als auch bei sachgemäßer Fixation in gefärbten Präparaten, behaupten DEVISÉ (1922), ROBYNS (1924, 1926, 1929), YAMAHA (1926 a), MARTENS (1927, 1929), ELLENHORN (1933) und besonders BECKER (1932, 1934). YAMAHA (1926 a, S. 189) vermißt in normal verlaufenden Zellteilungen jede achromatische Faserung. Ihr Erscheinen ist ihm ein Zeichen von Krankheit oder ein Artefakt, und kann bei nicht zu langer Dauer, im Leben rückgängig gemacht werden. Da muß man aber fragen, warum denn die Koagulation unbedingt faserig ausfällt, wenn sie nicht auf einer realen Struktur beruht.

Eine andere als faserige Fällungsstruktur des Spindelplasma sucht SCHAEDE (1925) zu begründen, nämlich aus langgestreckten Vakuolen, die wabenartig zusammengefügt sind. ROBYNS (1926, 1929) und ROSEN (1925) folgen ihm. Doch hat sich diese Auffassung ebensowenig durchsetzen können, wie die etwas weniger bekannte von LUTMAN (1925), daß die Spindel aus hohlen Röhren (langen Vakuolen) gebildet ist, in denen flüssige Substanz zwischen Äquator und den Polen hin und herströmt und die Chromosomen sich darin amöboid bewegen. Auch

Schrader (1934) hält die zwischen den Chromosomengruppen ausgespannten „Zwischenfasern" für hohl.

Hinsichtlich der Längenausdehnung der achromatischen Fibrillen neigt man heute zur Ansicht, daß es neben solchen, welche von Pol zu Pol (Zentralfasern), auch noch andere gibt, die nur zwischen den Polen und dem Äquator ausgespannt sind (Mantelfasern). Diese Einteilung von Berthold (1886) und Hermann (1891) hat sich gegen eine andere durchgesetzt, wonach es nur kontinuierliche Fasern geben soll (Flemming 1882, Strasburger 1888 und neuerdings Schaede 1925 für *Allium Cepa*).

Mit der seitlichen Verbreiterung des Phragmoplasten wächst auch die Zahl der Fasern. Ihre Vermehrung wurde der Längsteilung bestehender Fasern oder einer Neubildung zugeschrieben. Man ging so weit ihnen permanente Individualität zuzuschreiben, nach dem Satze von Kostanecki-Sedliecki (1896): „Omnis radius e radio". Doch der wahrscheinlichere Gedanke einer Neubildung hat sich allgemein durchgesetzt (Strasburger 1898, Grégoire und Berghs 1904, Yamaha 1920 u. v. a.). Die Zahl ändert sich mit dem angewandten Fixationsmittel. Das einzig Wesentliche dürfte angesichts der Kolloidstruktur der achromatischen Figur der Umstand sein, daß die langen Eiweißmoleküle zur Längsachse der Spindel ausgerichtet sind (J. Schmidt 1937) und in dieser Richtung dann auch ihre Koagulation, je nach Wahl der Fixativs, in engeren oder lockeren Reihen erfolgt.

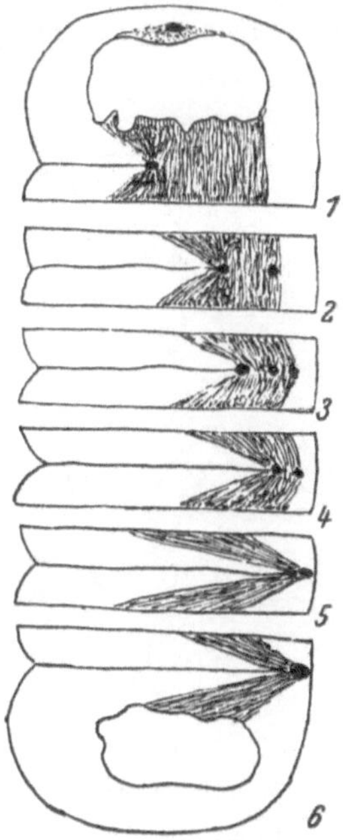

Abb. 58. Der Zwischenkörper in der Auffassung von Fry (1937) als „Fokalkörper", d. h. der durch Zusammenfließen der Strahlen entsteht, in fortlaufender Rückbildung bei einer Hirnzelle von *Squallus*. (Nach Fry 1937.)

Wie die Attraktionszentren, so erklärt Fry (1937) auch die knötchenartigen Verdickungen im Zwischenkörper, die zur Wandbildung führen, als „Fokalkörper" (s. o.), die durch lokales Zusammenfließen benachbarter Spindelfasern entstehen. Bei *Arbacia*-Eiern (doch nicht auch bei denen von *Echinarachnius*) erscheinen sie nur bei Temperaturen von 10 bis 25° C, weil bei noch höheren die Durchschnürung ohne Bildung eines Zwischenkörpers abläuft (Abb. 58).

c) Die Frage der Identität von Kernspindel und Phragmoplast.

Der Phragmoplast wird von vielen Autoren auch als Telophasespindel bei der pflanzlichen Mitose angesehen, die als membranbildendes Organ nicht gerade nur auf die Tierzelle beschränkt sein soll, wie uns

HOFFMANN (1898) in typischester Weise bei *Limax* und NIVIKOFF (1907) bei der Knorpelzelle zeigen.

Die Frage, ob der Phragmoplast nur eine modifizierte Spindel oder ein neues Zellorganell ist, ist bis heute noch nicht zufriedenstellend beantwortet. Die meisten Cytologen versuchen den ersten als einen ihnen selbstverständlichen Standpunkt darzulegen, z. B. STRASBURGER (1880 u. früher), ZACHARIAS (1888), TIMBERLAKE (1900), POSTMA (1909), LUNDEGARDH (1912), DEVISÉ (1922), ROBYNS (1924, 1926, 1929), YAMAHA (1920, 1926), SHARP-JARETZKY (1931), WADA (1936, 1939, 1940), YASUI (1939) u. a. Doch fehlte es schon von Anfang an nicht an gegenteiligen Stimmen (v. HANSTEIN 1879, BERTHOLD 1886, BEHRENS 1890), welche den rein cytoplasmatischen Ursprung des Phragmoplasten, also seine völlige Neubildung lehrten. Auch die folgenden neueren Autoren neigen zu dieser Ansicht: MARTENS (1929), BLEIER (1931), ELLENHORN (1933), BECKER (1934, 1935) und insbesondere SCHNEIDER (1938, 1939). BECKER (1932, 1933) lehnt LUNDEGARDHS (1912) Ansicht, daß der Phragmoplast ein Entmischungsprodukt bloß des Cytoplasmas ist, ab und stellt sich auf den Kompromißstandpunkt WASSERMANNS (1929), nämlich, daß er ein Mischplasma repräsentiert. Doch keine der obigen Ansichten hat ausreichende stichhaltige Gründe für sich (vergl. TISCHLER 1942) zu buchen.

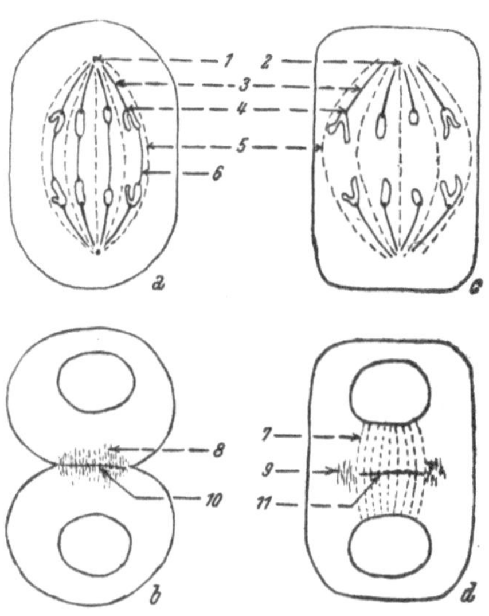

Abb. 59. Schematische Skizze über den Unterschied der Zellteilung und Wandbildung in unmittelbarem Anschluß an die Karyokinese, zwischen einer Tier- (*a*, *b*) und Pflanzenzelle (*c*, *d*). *1* Zentriol, *2* Polarkappe (Polarzentrum), *3* Halbspindelfasern, *4* Anheftungsstellen der Zugfasern an die Chromosomen (Kinetochore), *5* durchgehende Spindelfaser, *6* Verbindungs-(Zwischen-)fasern, *7* „Zytokinesespindel", *8* Spindelrest, *9* Phragmoplast, *10* Zwischenkörper, *11* Zellplatte. (Nach B e a m s und K i n g 1938.)

Die Verfechter der g e n e t i s c h e n G l e i c h h e i t von Spindel und Phragmoplast messen ihren morphologischen Unterschieden wenig Bedeutung bei. ZACHARIAS (1888) weist mikrochemisch ihre stoffliche Gleichartigkeit nach. Für WADA ist der Phragmoplast nur eine stärker gequollene Spindel, die sich verflüssigt und ellipsenförmig abgerundet hat. Da Cytoplasma und Spindelsubstanz nach WADA (1939) in Ammoniak-Chlorophormgemischen verschiedenartig quellen, so meint er, daß auch ihre Substanzverschiedenheit und damit die Abstammung der Spindel bzw. des Phragmoplasten aus dem Kern genügend klar nachgewiesen ist. In angestochenen Zellen sieht WADA die direkte Umwandlung von Spindel- in Phragmoplastplasma. Zu gleichen Ergebnissen gelangt auch YASUI (1939) an Hand von Lebendbeobachtungen. BECKERS (1938) positive Vitalfärbungen des Phragmoplasten mittels reiner Plasmafarbstoffe deutet WADA so aus, daß der Phragmoplast sich schon frühzeitig in reines Cytoplasma umwandelt und dann auf dessen spezifische Farbstoffe positiv anspricht.

Die Verteidiger der genetischen Verschiedenheit von Spindel und Phragmoplast wissen hingegen die folgenden Beobachtungen für sich zu buchen: Längsspaltbarkeit der Spindel und Querspaltbarkeit des Phragmoplasten in der Äquatorebene (BELAR 1929), lockerer Zusammenhang zwischen Kern und Phragmoplasten und fester zwischen Spindel und Kern (NEMEC 1910, SAKUMURA 1920), was schon im Leben zu beobachten ist (SCHNEIDER 1938), aber sich auch in Zentrifugenversuchen durch Losreißen bekundet (NEMEC 1927, SCHAEDE 1930). Der Verschiedenheit des Plasmas mißt YASUI (1939) keine Bedeutung bei, da sie sich durch „protoplasmic intrusion“ ergeben kann. ROBYNS' (1924 bis 1929) „fuseau de cytocinèse“ (= Phragmoplast) und „fuseau de caryocinèse“ (= Kernspindel) sind homologe Gebilde, da ROBYNS die „substance fusoriale“ sich nur durch Funktionswechsel in den Phragmoplasten umwandeln läßt.

Einen ganz neuartigen Beweis der genetischen Verschiedenheit von Spindel und Phragmoplast bringt SCHNEIDER (1938, 1939) mit Hilfe der Mikrokinematographie mit 80-maliger Zeitraffung. Damit gelingt es ihm in den Staubfadenhaaren von *Tradescantia* ein Abströmen des Spindelplasmas aus der Äquatorzone an die Pole und seine Ersetzung durch seitlich eingeströmtes Cytoplasma zu zeigen. Das hat aber mit einer „Fontänenströmung“ (SPEK 1918) insoferne nichts zu tun, als es nur eine einmalige und kurzzeitige Plasmaverschiebung bedeutet. SCHNEIDERS Film wurde auch auf dem Cytologenkongreß im Jahre 1939 vorgeführt. TISCHLER (1943, S. 633) erwähnt aber einen neueren Film, der von der Firma Zeiss mit dem „Phasenkontrastverfahren“ hergestellt wurde und in dem von Plasmaverschiebungen in den Kernraum nichts zu sehen ist; dieser wird nach der Chromosomenverschiebung nur von außen her ein- und mitten durchgeschnitten.

Aus dem in den Spindelraum eingebrochenen Plasma geht nach SCHNEIDER erst der Phragmoplast hervor. Der Plasmaaustausch ist aber nur von so kurzer Dauer, daß er bis jetzt der Beobachtung entgehen konnte. Er fällt genau in die späte Anaphase hinein. Man muß sich also vorstellen, daß das Plasma im Äquator, infolge eines Verdichtungsprozesses nach den Polen hin, sich gewissermaßen unter Saugspannung befindet, die es in einem gewissen Augenblick zerdehnt, so daß das Seitenplasma, wie durch einen Sog in den leeren Raum einströmt. Der Vorgang dauert also nur einen Moment und kommt einer Art „Kerndurchschnürung“ gleich. SCHNEIDER findet ihn dann auch in gefärbten Präparaten bei Wurzelzellen von *Allium*, doch müsse „die Untersuchung fixierter Präparate sich nur auf „wirkliche Anaphasenstadien“ beschränken. Da wäre aber einzuwerfen, daß es immerhin erstaunlich bleibt, wie in so vielen Tausenden von Schnittpräparaten, die von zahllosen Cytologen vor SCHNEIDER untersucht worden waren, „wirkliche Anaphasestadien" nicht erkannt wurden, obwohl sie durch eine so umwälzende Strömung, wenn auch nur kurzzeitig, gekennzeichnet sind. Ebenso muß man sich vor Augen halten, daß der volle Umbildungsprozeß des eingeströmten Cytoplasmas in das des Phragmoplasten nicht augenblicklich fertig ist und daher schon früher hätte auffallen müssen. Wir werden daher WASSERMANN (1929) Recht geben, der eine genaue Untersuchung der Endphasen bei der Teilung der Pflanzenzelle verlangt. Auch die obigen Ergebnisse SCHNEIDERS würden dann soweit geklärt werden können, um zu wissen, ob ihnen Allgemeinwert zukommt oder nicht.

d) Die Tätigkeit des Phragmoplasten bei der Anlage der Wand.

Nach STRASBURGER (1888, 1898) ist die Wandbildung im „Verbindungsfadenkomplex" (Phragmoplasten) dadurch bewiesen, daß die „tingierbaren Bestandteile des Kernsaftes" (1888, S. 161) zu seinem Äquator geleitet werden und dort punktförmige Verdickungen der Fäden verursachen. Diese kleinsten Bauelemente (Dermatosomen) der Zellplatten sollen von der Mitte der Zelle aus mit einander fusionieren und eine Erstmembran liefern. Der Wandbildungsprozeß hält sich aber nur an den fädigen Teil des Phragmoplasten, der, gleich nach dem Festwerden der Zellplatte, das körnige oder netzige Aussehen gewöhnlichen Cytoplasmas annimmt. Der gerade tätige Teil des Phragmoplasten („Zellplattenring" WENTS 1887) breitet sich kreisförmig aus. Er führt den Namen „P h r a g m o s p h ä r e". In weitlumigen und großvakuoligen Zellen sammelt sich erst Plasma in der Ebene der späteren Wandbildung an („Phragmosome" nach SINNOT-BLOCH 1941). Die Wachstumsrichtung der Phragmosphäre ist für die Gestalt der künftigen Wand bestimmend: eben, uhrglasförmig, S-förmig, ja selbst kugelschalenförmig bei der „freien Zellbildung".

Der Phragmoplast ist aber nicht unbedingte Voraussetzung für jede Wandbildung. Wie unsere Abschn. II, C, 1 bis 4 zeigen, kann er durch Teilungskörper anderer Form (schaumige oder körnige) ersetzt sein und bei der Symplastenteilung tritt an seine Stelle die „offene (diffuse) Phragmosphäre", d. i. ein in sich nicht abgeschlossener (individualisierter) Fadenkomplex (bei der Teilung der Endospermbelege). Ja, die Wandbildung kann auch ohne jede besondere Plasmastrukturen in der Teilungszone derart erfolgen, daß sich nur eine Plasmaschichte von der Dicke der Zellplatte durch bloße Anreicherung der homogenen Phase des Cytoplasmas entmischt und durch Metaplasie verfestigt (s. Abschn. II, B, 6). Plasmaansammlungen sind aber in Zellen höherer Pflanzen nach WADA (1932/33) eine wichtige Voraussetzung für die Wandbildung, da er mittels einer Mikronadel die normale äquatoriale Anhäufung (Phragmosphäre) nach einer anderen Stelle der Zelle verlagert und dort eine Wandanlage hervorbringt, die zur Äquatorebene geneigt ist. Diese Plasmaverdichtungen stellen offenbar Konzentrationen nach dem Orte stärkerer Tätigkeit dar und liefern entsprechend ihrem submikroskopischen kolloiden Bau, bei Fixationen entweder Mikrosomengürtel oder Faserzüge, die in der Richtung der hauptsächlichsten Kraft- oder Substanzströme gehen.

Kernlose Zellen vermögen normalerweise keine Zellwände hervorzubringen, dementsprechend auch keine Phragmoplasten. Die Bedeutung der Kerne bei der Wandbildung äußert sich in eindeutiger Weise in der Zugrichtung der Phragmoplastfäden. Sie sind nämlich konzentrisch auf die Kerne ausgerichtet, und zwar die äußersten am stärksten ausgebogen und der innerste Strahl steht in der kürzesten Verbindungslinie der Kerne. Diese Anordnung der Verbindungsfäden ist das augenfälligste Zeugnis für die Annahme, daß an ihnen Stoffe von den Kernen zur neuen Wand fließen (STRASBURGER 1888, S. 173). Diese sollen die Fasern durchtränken (WENT 1887, STRASBURGER 1888, YAMAHA 1920, PIECH 1928) oder an ihnen äußerlich als stark färbbare Gelmassen zum Äquator herabfließen (DEMBOWSKI-ZIEGENSPECK 1929, DEMBOWSKI 1929, DANNEHL-ZIEGENSPECK 1929), der Kern soll dabei sogar „Pseudopodien" zur Spindel hin ausbilden. Nur noch ELLENHORN (1933) hat die Entstehung der wandbildenden Körnchen im Kerne so deutlich gesehen, BECKER (1935) stellt den Prozeß ganz in Abrede, obwohl die Ansicht, daß die Fasern Diffusionswege seien, sehr verlockend ist. BELAR (1929) und BARBER (1940) haben aber an lebenden Objekten vergeblich nach Mikrosomenbewegungen in der Faserrichtung gesucht. Ebensowenig wie für die Ansicht der Phragmoplastfäden als Diffusionsbahnen, sind schlüssige Beweise auch für PIECHs (1928) Annahme zu erbringen, daß sie „ein Stützgerüst für die Anlage des Membranmaterials" seien, die er von seiner Theorie aus macht, daß der Phragmoplast eine Vakuole und dieses Gerüst daher zum Abfangen heranfließenden Materials notwendig sei.

Die relative Entfernung der neuen Wand von den Tochterkernen ist durch deren „physiologische Stärke" bedingt, die sich beim Abstecken ihrer Wirkungsbereiche bekundet. Jeder von ihnen schließt sich einer gewissen Plasmamenge an, deren Umfang von seiner Leistungsfähigkeit abhängen muß. Worin dieser Prozeß besteht, ist nicht zu sagen. DÖRING (1933) zeigt uns aber die „Reichweite des Kernes als membranbestimmenden Faktors" an unvollständigen Durchteilungen extrem dimensionierter Spaltöffnungszellen der Zwiebel (vergl. auch PEKAREK 1938). Diese Reichweite dürfte von den Kernen durch hinausdiffundierte hormonale Substanzen festgelegt werden. Doch darf man sich die Fixierung der Grenzen hierbei nicht nach dem Muster der Niederschlagsmembranen zweier aufeinanderwirkender Stoffe vorstellen, wie dies uns der Modellversuch von TRAUBE (1919) mit zwei Gipsblöcken vor Augen führen soll, von denen der eine an einer Eisenchlorid- und der andere an einer Blutlaugenlösung saugt, bis sich die durchdiffundierenden Stoffe an der Begegnungsstelle zu einer Membran niederschlagen. Als Präzipitation bezeichnet auch GRIGGS (1909) die Anlage der Wand bei der Aufteilung syncyialer Sporangien von *Synchytrium decipiens* im Gegensatz zu HARPER (1899, 1900), der hier nur "cleavage furrows" sieht. LUTMAN (1925) hingegen meint: "The cell plate . . . is essentially the result of a drying-out process."

Wir erwähnten oben, daß STRASBURGER die „Zellplatte" (STRASBURGER 1875) durch Verschmelzung knötchenartiger Verdickungen der Fasern im Äquator entstehen läßt (Abb. 60). Diese Ansicht ist die verbreitetste und fast alle älteren Autoren huldigen ihr, z. B. MOTTIER (1897), TIMBERLAKE (1900), ALLEN (1901), NEMEC (1910) u. a. Doch schon STRASBURGER äußerte die Möglichkeit, daß die Knötchen auch bloß

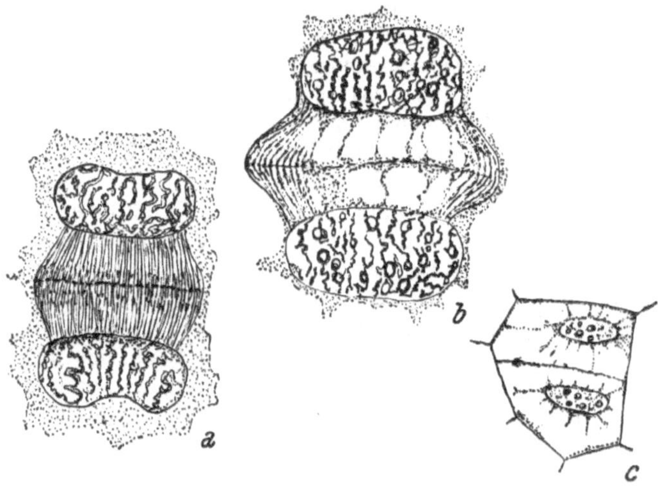

Abb. 60. Beginnende Wandbildung (*a*) und ihr Endzustand (*c*) im Phragmoplasten einer Endospermzelle von *Fritillaria imperialis*, die sich nach der Aufteilung des Wandbelegs noch einmal teilt. Das Bild zeigt die Wesensart des Phragmoplasten als Wandbildner, nämlich seine allseitige Abgeschlossenheit, tonnenförmige Gestalt und Ausbreitung, sowie Tätigkeit an den Seiten, wo die neue Wand als körnige Platte erscheint. (Nach Strasburger 1888.)

Stoffanlagerungen an den Fasern seien oder zwischen ihnen lägen (1880, S. 343). Dazu bekennen sich: GOLDSTEIN (1925), YAMAHA (1926 a), PIECH (1928), REEVES (1928). DEVISÉ (1922) hingegen beschreibt statt Körnchen kleine Scheibchen, die durch seitliche Ausbreitung die Fäden durchschneiden.

Diese Unstimmigkeiten forderten eine Klarstellung am lebenden Objekt. Doch das Ergebnis daraufhin ausgeführter Untersuchungen war, daß man die Knötchen überhaupt ablehnte und sie auch bei richtiger Fixation als Artefakte erkannte. Die Teilungsplatte sollte da nicht nach der bisherigen Annahme allmählich, sondern plötzlich und in ihrer ganzen Ausdehnung auf einmal (simultan) als „une lamelle continue ondulante, occupant toute la profondeur du fuseau de cytocinèse" (ROBYNS 1924/26, 1929) erscheinen. Das Gleiche betonen auch MARTENS (1927), YAMAHA (1926), JUNGERS (1931) u. a. Da aber ausgedehnte Lebendbeobachtungen in der Teilungsebene doch immer zuerst Körnchen oder Saftbläschen, bzw. Tröpfchen und darauf erst eine einheitliche Schichte enthüllen, so muß die „lamelle continue" von ROBYNS ein etwas fortgeschrittenes Stadium sein, wie auch der „depôt continu" anderer Autoren (YAMAHA 1926 a, MARTENS 1927, 1929). YAMAHA sieht die Körnchen überhaupt außerhalb der Wandanlage und diese selber als kontinuierliche Linie.

Körnchen und Tröpfchen in der Teilungszone waren im Leben schon SCHMITZ (1879), TREUB (1878), HANSTEIN (1879), STRASBURGER (1880), ZACHARIAS (1888) u. a. bekannt. SCHAEDE (1924) beschreibt sie genauer als äußerst feine Gebilde, viel feiner als die Knötchen STRASBURGERS, so daß er sie gar nicht im Bilde festzuhalten wagte, um nicht Täuschungen mit Mikrosomen oder Leukoplasten hervorzurufen. Auch YASUI (1939) sah sie. Doch am eingehendsten beschäftigt sich mit ihnen BECKER (1932, 1934, 1935, 1938), der sie als das Ergebnis einer Entmischung der Phragmoplastsubstanz erkennt, bei der sich in einem gegebenen Augenblicke tropfenförmige Gebilde im Äquator aussondern (vergl. auch BELAR 1929 a). Ihr Erscheinen ist plötzlicher Natur (so auch ROBYNS 1926), doch keinesfalls im Nachbarplasma vorbereitet, von wo sie dann auf das Gebiet des Phragmoplasten übertreten würden, wie dies TREUB (1878), SCHMITZ (1879) und LUNDEGARDH (1912) meinten: denn eine Strömung in diesem Sinne sei nicht zu verzeichnen. Sie nehmen Vakuolenfarbstoffe auf, gewöhnliche cytoplasmatische Mikrosomen färben sich aber wie das Chondriom. Sie haben die Eigenschaften von Koazervattröpfchen im Sinne BUNGEBERG DE JONGS (1932). Sie sind also wenigstens anfangs keine Dermatosomen. Durch Fusion ergeben sie die "ligne continue" ROBYNS', d. i. die erste Zellplatte. Der Entmischungsprozeß ist nur auf den Phragmoplasten beschränkt (BECKER 1932).

Die feineren Vorgänge beim Entmischungsprozeß schildert BECKER (1934) an Hand seiner Untersuchungen mit Vitalfarben und im polarisierten Lichte, doch YASUI (1939) konnte sie bei den Pollenmutterzellen von *Allium odorum* auch im gewöhnlichen Licht verfolgen. Nach BECKERS Mitteilung leuchten die ersten Tröpfchen im polarisiertem Lichte nicht auf. Nach etwa 50 Min. nähern sie sich, und erst die Linie, die sie bilden, leuchtet auf. Schon nach wenigen Minuten ist dieses Phänomen so deutlich wie bei einer reifen Wand, und zwar beginnt es dann, wenn die junge Zellplatte die Mutterzellhülle erreicht hat. Wenn dies aber aus irgendeinem Grunde verhindert wird, so bleibt das Leuchten aus und damit auch die Fertigstellung der Membran. Dies ist ein Beweis dafür, daß auch die peripheren Teile der Zelle für die Ausbildung der Membran von wesentlicher Bedeutung sind. Der körnige Zustand dauert nach BECKER nur 30 bis 50 Min., CZURDA (1930) schätzt ihn bei den Protonemazellen von *Leptobryum* auf „wenige Minuten", BARBER (1939, s. TISCHLER 1942, S. 212) bei *Tradescantia* auf zehn, YASUI (1939) beim gleichen Objekt und den Pollenmutterzellen von *Allium odorum* auf fünf bis zwölf, CONARD (1939) auf 14, und ELLENHORN (1933) gar nur auf eine Minute. Auch mit Phenosafranin vital gefärbte Präparate von *Tradescantia* lassen nach BECKER (1933) das langsame Auftauchen selbst einzelner Körnchen an der Peripherie der Phragmosphären erkennen, was schrittweise und in einer zentrifugalen Reihenfolge geschieht. Man sieht förmlich die Wand wachsen. Sie ist anfangs flüssig, weil sie bei einer Plasmolyse gespalten wird. Etwa 20 Min. nur nach ihrem ersten Erscheinen, setzen die Prozesse ihrer definitiven Ausgestaltung ein, nämlich die Spaltung in die Hautschichten für die jungen Zellen und die Verfestigung einer, zwischen ihnen, neu ausgeschiedenen Erstwand. Diese Prozesse dauern weitere 30 Min. Die Erstwand hat Plasmacharakter, nimmt also kein Rutheniumrot auf, dieses wird erst nach ihrer Umwandlung in Pektin gespeichert.

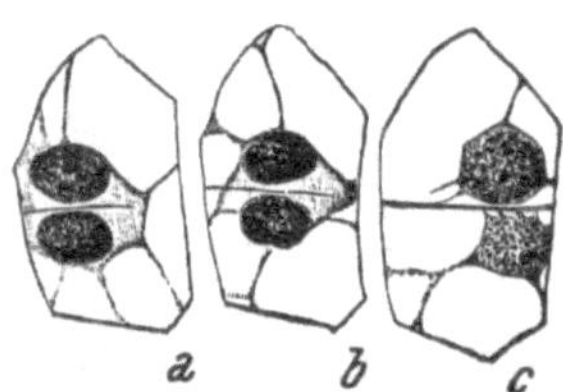

Abb. 61. Zellplattenbildung in einer Spitzenzelle von *Epipactis palustris* aus peripherer Lage des Kernes und mit langsamer Durchschreitung des Zellraumes, am lebenden Objekt beobachtet. (Nach TREUB 1878.)

Die oben dargestellten Umwandlungsprozesse der Erstwand spiegeln sich übrigens auch in ihrem färberischen Verhältnis zum Hämatoxylin an Mikrotomschnitten wieder, wie sie gewöhnlich bei cytologischen Untersuchungen in Anwendung kommen. Die Körnchen färben sich nämlich stark, worauf eine Periode folgt, wo an Stelle der Erstwand eine völlig klare Linie tritt und diese wird endlich von einer stark färbbaren abgelöst. Die erste Periode der starken Färbbarkeit bezieht sich auf die noch plasmatischen Körnchen; doch verlieren sie diese Eigenschaft nach ihrer Verschmelzung und gewinnen sie wieder, wenn sie genügend Zellulose gespeichert haben. TIMBERLAKE (1900) macht darauf aufmerksam, daß die zweite Periode sich mit der Zeit ihres negativen Verhaltens zum Rutheniumrot deckt.

Über die S c h n e l l i g k e i t der seitlichen Ausbreitung der Phragmosphären finden sich nur ungleichartige Angaben. Das erste Erscheinen wird als plötzlich geschildert und das darauffolgende Wachstum kann die Zellen einerseits in der kürzesten Zeit (simultan) oder langsam (succedan) durchteilen. Letzteres ist besonders bei seitlicher Lage des Kernes der Fall, wie es z. B. in dem klassischen Bilde der *Epipactis*zelle von TREUB (1878) dargestellt ist (Abb. 61). Wenn der Teilungsraum zu dicht mit ergastischem Material erfüllt ist, so wird es daraus entfernt, wie z. B. der ziegelrote Farbstoff Hämatochrom bei der Alge *Trentepophlia* nach GEITLER (1923).

Der Phragmoplast behält nur in normal dimensionierten Zellen die oben geschilderte einheitliche Gestalt während des ganzen Teilungsganges bei. In den ungewöhnlich, bis zu 10.000 μ langen Zellen im Kambium der Gymnospermen nach BAILEY (1919, 1920) aber, formen sich seine zentralen Teile bald in körniges Plasma um und nur die peripher gelegenen Phragmosphären wandern in der Richtung der Scheidewand durch das Plasma, bis sie auf die Mutterwand treffen. Das ist in den kernnahen Stellen der Längsseiten bald vollendet, doch bis an die Zellenden hin dauert das Wachstum noch lange Zeit (Abb. 62).

In weiträumigen Zellen können daher die Phragmosphären, vor ihrem Anschluß an die Mutterwand, von der Polansicht her, das Aus-

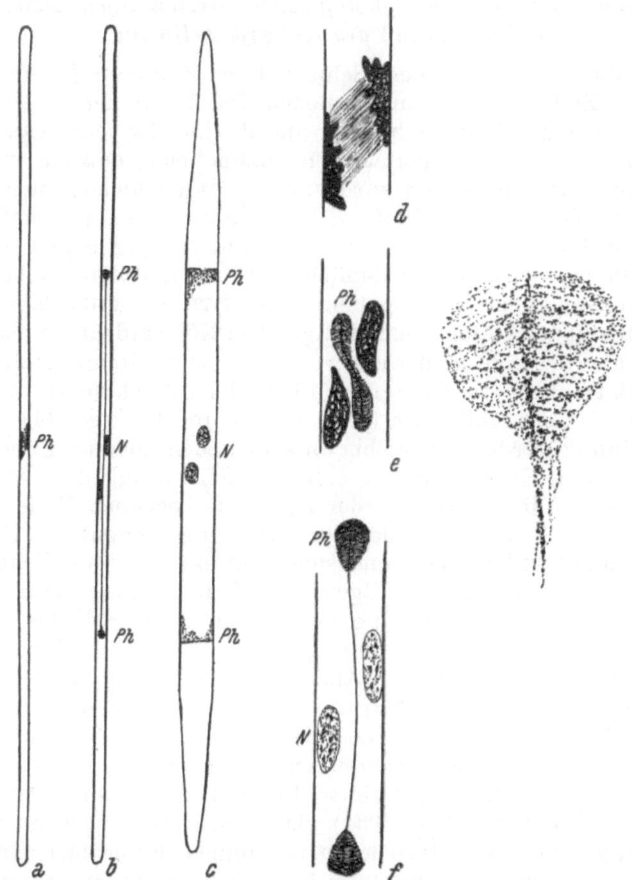

Abb. 62. Teilung und Wandbildung in den langen Kambiumzellen von *Pinus Strobus*. *a*, *b*, *c* Übersichtsbilder in seitlicher (*a*, *b*) und Flächenansicht (*c*). *Ph* darin der Phragmoplast. *d*, *e*, *f* sind vergrößerte Teilfiguren aus der vorhergehenden Abbildung. Der schräge Phragmoplast in *d* verbiegt sich, da er in der Teilungsrichtung der Zelle keinen Platz hat, zwischen den noch zu großen Kernen (*N*), S-förmig. In *f* sind nur noch die Phragmosphären vom Ende der jungen Querwand vorhanden, nachdem sich der mittlere Teil des Phragmoplasten rückgebildet hat. (Nach B a i l e y 1919.)
Rechts eine Phragmosphäre, stark vergrößert, darin Wandbildung. (Nach B a i l e y 1920.)

sehen eines Strahlenringes annehmen („äquatorialer Ring“ von WENT 1887), so daß man den Eindruck gewinnt, als ob eine kleinere kugelige Zelle aus einer größeren mittels einer kugelschalenförmigen Phragmosphäre herausgeschnitten würde und das Ganze das Aussehen einer „freien Zellbildung“ hat. So wird die Sache auch von ARBER (1920), BEER und ARBER (1915, 1919, 1920) und PRANKERD (1915) in mehreren Fällen aufgefaßt. GOLDSTEIN (1925) aber zeigte die Täuschung dabei auf.

e) Die genetischen und morphologischen Beziehungen zwischen der Zellplatte und der fertigen Zellwand.

Wir wollen nun das fernere Schicksal der Zellplatte bis zur Fertigstellung der Zellwand näher untersuchen. Da sich in der Grenzzone der Tochterzellen 1. zwei Hautschichten und 2. eine Zwischenwand zu bilden haben, so war es am einfachsten anzunehmen, daß die erste Zellplatte unmittelbar zur Wand wird und die Hautschichten sich von ihr im Stadium einer gewissen Reife, z. B. wenn die Zellen plasmolysierbar werden, abheben. Doch kann auch eine andere Möglichkeit nicht von vorneherein negiert werden, nämlich, daß die Zellplatte selber in die beiden Hautschichten aufgespalten wird. STRASBURGER hielt in der ersten Zeit seiner cytologischen Tätigkeit (1875, 1876) die Spaltung als das Näherliegende, änderte aber später seine Meinung und lehrte die direkte Umwandlung (1880) der Zellplatte in die Wandanlage, kehrte aber schließlich (1897, S. 358, und 1898, S. 514) zu seiner ersten Meinung zurück, der er bis an sein Lebensende treu blieb. Diese Unschlüssigkeit STRASBURGERS soll die Schwierigkeiten beleuchten, welchen man in diesem Kapitel der Zytologie begegnet. Es ist aber bis heute in dieser Frage keine definitive Klärung eingetreten. Die Autorität STRABURGERS brachte die meisten Botaniker an seine Seite, so daß seine letzte Auffassung zur allgemeinen Lehrmeinung wurde. Einige seiner führenden Anhänger, die auf Grund eigener Untersuchungen seine Meinung teilen, seien hier genannt: TREUB (1879), MOTTIER (1897), TIMBERLAKE (1900), ALLEN (1901), HABERLANDT (1924), YAMAHA (1926 a), BELAR (1929) u. v. a. Doch fehlte es nie an Stimmen, die einen direkten Übergang der Zellplatte in die definitive Wand behaupteten; davon seien genannt: SCHMITZ (1880), CARNOY (1885), ROBYNS (1924/26, 1929), MARTENS (1929), DEMBOWSKI (1929), YASUI (1939) u. a. BECKER (1932, 1934) glaubt den 50jährigen Streit durch Vereinigung beider Ansichten legen zu können. Er erklärt nämlich die Zellplatte „nur“ als einen „Spalt im Phragmoplasten“, in den die Wandsubstanz eingefüllt wird. Die Oberflächen dieses „Spaltes“ sollen aber die Hautschichten sein. Darauf wäre zu antworten, daß es leere Spalten in einem embryonalen Gewebe nicht gibt und wenn wir ihn uns in der Zelle ausgefüllt denken, so gelangen wir zur STRASBURGERschen letzten Ansicht. Doch auch BELAR (1929) spricht von einem „Spalt“ an Stelle seiner soliden Zellplatte.

Wenn wir uns nun die Vorgänge in der Teilungszone genau überlegen und sie vom Standpunkte der Zellplattenbildung beurteilen, so gelangen wir zum folgenden Schema: 1. Ursprünglich bringt die erste

Grenzschichtziehung eine einheitliche undifferenzierte Entmischungsplatte hervor, die ein Bestandteil des Plasmas ist, so daß an ihr weder die Hautschichten noch sonst etwas hervortritt und eine Plasmolyse an dieser Stelle unmöglich ist. 2. Bei der nun eintretenden Differenzierung ist wohl die Hauptsache, daß die Hautschichten selbständig werden; nur dann sind die jungen Zellen individualisiert und nur dadurch kann eine Plasmolyse positiv ausfallen. Und nun entsteht die Frage: Ist im Augenblicke der ersten Plasmolysierbarkeit schon eine Erstwand (Mittellamelle) vorhanden oder entsteht sie erst nachträglich? Im ersten Fall ist die Mittellamelle identisch mit der Zellplatte, im zweiten aber wird sie erst nachträglich vom Plasma zwischen die individualisierten Hautschichten abgesondert. Doch muß auf echte Plasmolyse, d. i. glatte Abhebung des Plasmas geachtet werden.

Die Ablösung frisch entstandener Zellen voneinander gelingt schon zu einer Zeit, da die Zellplatte noch in Tröpfchenstruktur vorliegt (BELAR 1929, BECKER 1934) (Abb. 63). Doch ist dies keine echte Plasmolyse, da die Oberflächen der Hautschichten Spuren von Zerreißungen aufweisen; sie gelingt aber nur, weil die Zellplatte eben noch flüssig ist. Bei einer richtigen Plasmolyse ist aber immer ein Mittelblatt, an dem sie erfolgt, vorhanden, und dieses kann nur die nunmehr fester gewordene Zellplatte sein. Auch BECKER hat im Falle einer glatten Plasmolyse im „Spalt“ „eine dünne zarte Membran“ gesehen, „die auf diesem frühen Stadium sich durch eine deutliche körnige Struktur auszeichnet“. JUNGERS (1931) zeichnet sie auch in seiner Abb. 53. Wir kommen also zum Schluß, daß der mittlere Teil der Zellplatte, der nach Ablösung der Hautschichten zurückbleibt, zur bleibenden Mittellamelle der kommenden Membran wird. Eine richtige Plasmolyse der Hautschichten an einer noch unsoliden Teilungsplatte gelingt nicht.

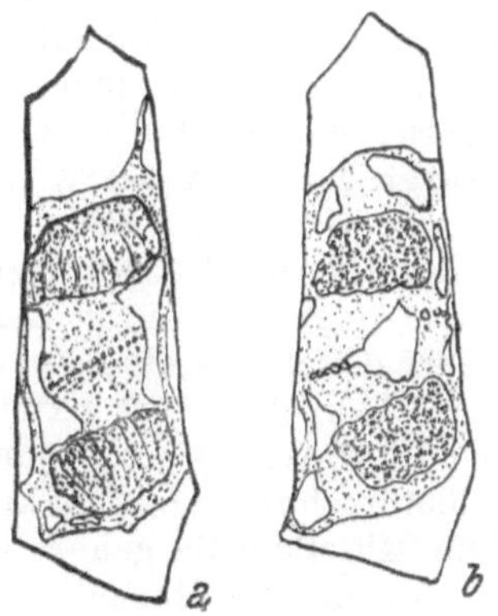

Abb. 63. Die Struktur des Phragmoplasten mittels Plasmolyse dargestellt: *a* mit entstehender Zellplatte zeigt er Längs- und *b* bei einer gewissen Reife derselben Querstruktur (Querspaltung!) (Nach Belar aus Tischler 1942, S. 218.)

Um den Augenblick des Überganges der körnigflüssigen in die feste Zellplatte näher zu studieren, färbte BECKER (1933) Teilungszellen vital mit einem Farbgemisch Kresylblau-Phenosafranin. Die erste Farbe soll die Zellplatte, solange sie plasmatisch, also körnig ist, violett, später aber das Phenosafranin die neuentstandene junge Wand rot färben; BECKER weist nun ein Stadium nach, wann die Zellplatte sich violett färbt, dem aber nach kurzer Zeit in derselben Zelle, ein anderes folgt, wo im ursprünglichen violetten Streifen eine rote Linie erscheint. Aus der Auseinanderfolge der Bilder schließt er auch auf Abstammung voneinander, daß nämlich die rote Wandschichte von den violetten Hautschichten abgeschieden würde. Wir aber möchten dieser Erscheinung die sinngemäßere Deutung geben, daß die violette Färbung die ganze Zellplatte solange auszeichnet, als sie noch lebend und undifferenziert ist und daß die rote Schichte darin, die Mittellamelle, sich aus ihr herausdifferenziert und nicht ausgeschieden wird. Erst wenn diese Ausgestaltung der ersten Zellplatte vollendet ist, sind die Hautschichten richtig ablösbar.

Unsere obigen genetischen Überlegungen erlauben uns keine absolut sicheren Schlüsse über die ersten Beziehungen von Zellplatte und definitiver Wand zu ziehen. Wir wollen nun aber die Frage auch vom Standpunkt der Membranmorphologie ausgewachsener Zellen näher kennen lernen. Wir hoffen von hier aus eine bessere Aufklärung zu erhalten.

Bekanntlich lassen sich dickere Membranen durch Quellungsmittel in eine oft große Anzahl Lamellen zerlegen. Ein mit Jod-Schwefelsäure sachgemäß behandelter Querschnitt durch eine Membran des Endosperms von der Dattel z. B., läßt den folgenden Schichtenbau erkennen (vergl. FREY-WYSSLING 1935, 1936, 1940, und MÜHLDORF 1937, S. 206): Die Grenze zwischen den Membranen zweier Zellen nimmt ein oft beidseitig klar umrissenes unpaariges Blatt, die bekannte Mittellamelle, ein. Nicht immer ist sie in der gleichen Schärfe wie beim Dattelkern ausgeprägt, sehr oft (z. B. in den meisten Geweben des vegetativen Körpers der Pflanze) ist ihre Existenz nur an einer eigenartigen Beschaffenheit der Berührungszone benachbarter Zellmembranen auszumachen, wie Lichtbrechung, Quellbarkeit oder Löslichkeit (KERR und BAILEY 1934). Die Mittellamelle gehört beiden Zellen an.

An die Mittellamelle schließen sich beidseitig die „primären Schichten oder Membranen" an. Wie schon der Name sagen will, sind es die ersten Schichten, welche der Protoplast nach seiner Verselbständigung ausbildet. Sie sind weder zur Mittellamelle noch zu den folgenden, „sekundären Schichten" hin, klar abgegrenzt. Nur die sekundären Schichten geben eine klare Zellulosereaktion, die primären nur teilweise und die Mittellamelle überhaupt keine. Zelleinwärts folgen dann noch gegebenenfalls auch „tertiäre Schichten" und jedenfalls auch eine „Innenlamelle", die uns hier nichts angehen.

Wir wollen nun die Mittellamelle einer näheren Untersuchung unterziehen. Sie muß unser Interesse deshalb besonders in Anspruch nehmen, weil sie durch direkte Umwandlung aus der Zellplatte entstanden sein kann. FREY-WYSSLING (1940) stellte ihre vollkommene Isotropie fest. Wo sie weder mikrochemisch noch färberisch gut ausgeprägt ist, wird sie mit den primären Schichten zu einer Einheit verschmolzen oder ganz übersehen. Beide sind dehnbar und gestatten der Zelle eine Strekkung vom embryonalen zum Normalmaß.

Die junge, d. i. in Entwicklung begriffene primäre Zellwand samt der Mittellamelle unterscheidet sich physiologisch und histochemisch grundlegend von der Membran ausgewachsener Gewebe. Da sie dehnbar ist, wächst sie durch Intussusception in die Fläche, wobei die ursprüngliche Mittellamelle zerdehnt werden kann und dann mehr oder weniger verschwindet. Solange noch keine sekundären Schichten durch Apposition anwachsen, kann der Stoff- und Reizaustausch noch die ganze Oberfläche passieren. Nach dem Zeugnis mancher Forscher (z. B. BONNER 1935) ist die primäre Zellwand lebend und daher reizleitend. Sie ist sehr dünn und enthält geringe Zellulosemengen nur erst gegen Ende ihres Flächenwachstums (GUNDERMANN-WERGIN-HESS 1937). Aber mit fortschreitender Zelluloseeinlagerung und dem Anbau sekundärer Lamellen, verliert sich die Reizbarkeit der Wand und nur gewisse Stränge (Zellbrücken) werden darin im reizleitenden Zustand belassen, besonders in den Tüpfeln, die erst jetzt für den ungehinderten Stofftransport notwendig werden.

Da die Mittellamelle im Verlaufe des Zellenwachstums erhebliche gestaltliche und chemische Veränderungen erleidet, ja durch Zerdehnung sogar verschwinden kann, so ist ihre begriffliche Verschmelzung mit der Primärwand verständlich. GREGER (1928) hat versucht, auf Grund vergleichender Studien ihrer verschiedenen Definitionen in Lehr- und Handbüchern, eine den natürlichen Verhältnissen am nächsten stehende Begriffsbestimmung zu gewinnen. Er gelangt zum Schlusse, daß die Mittellamelle der ursprünglichen Zellplatte gleichzusetzen sei, daß diese sich aber in zwei Hälften spaltet und jede von ihnen sich der Primärwand der aneinanderschließenden Zellen einverleibt. Im Gewebeverbande wären daher die Zellen nicht durch eine Mittellamelle, sondern eine Kittsubstanz zusammengehalten (so auch KERR-BAILEY 1934). Bei Mazerationsprozessen (Flachsröste z. B.) lösen sich diese Kittsubstanzen. Die Interzellularräume beruhen aber nach JUNGERS (1937) und MARTENS (1939) nicht auf solchen streckenweisen Auflösungen der Mittellamellen, sondern auf Zerreißungen älterer Membranschichten.

Von der wesentlichsten Bedeutung für die Beurteilung nicht nur der physiologischen Rolle, sondern auch der Herkunft der Mittellamellen müssen wir die Tatsache werten, daß an ihrem Aufbau neben Pektinen, auch Proteine weitgehenden Anteil nehmen, was mikrochemisch nachgewiesen ist. In dem Handbuch der Mikrochemie von TUNMANN-ROSENTHALER (1931) findet sich auf S. 891 eine Tabelle aus der Arbeit von TUPPER-CAREY und PRIESTLEY (1925), aus der klar zu ersehen ist, daß die meristematischen Wände aller Gewebe in ihren Mittellamellen hauptsächlichst Eiweiß-Pektinkomplexe führen, während bei ausgewachsenen Parenchymen darin nur Pektine, Pektate, Fettsäuren oder Kalziumseifen vorkommen. DAUPHINÉ (1934) erzielte in den Mittellamellen des Albumens von *Aucuba* ebenfalls positive Eiweißreaktionen, die von hier aus auch auf die angrenzenden primären Schichten diffus übergreifen (vergl. auch DAUPHINÉ 1932, 1939). Der Proteingehalt gestattet einen Rückschluß auf aktive Lebenstätigkeit, die überdies durch positiven Ausfall von Oxydasereaktionen (MÜHLDORF 1937, dort auch weitere

Literaturnachweise darüber) bei keimenden Endospermen von Sabal- und Dattelpalmen außer allem Zweifel gestellt ist. Überhaupt eignen sich die Endospermzellen ausgezeichnet für Untersuchungen über die Mittellamelle, weil sie hier präzis ausgebildet, in den vegetativen Geweben aber durch Dehnung meist verschwunden ist.

Die positiven Eiweißproben und die aktive Lebenstätigkeit bei der Mittellamelle lassen, nach unserer Ansicht, den Schluß einer direkten Abstammung aus der plasmatischen Zellplatte zu. Morphologisch ist sie unbedingt als einfach, ihre Doppelnatur daher als ein Beobachtungsfehler an ungeeignetem Material, zu betrachten. F. J. Lewis (1938) zeigt auch, daß die Oberflächen der Interzellularen pflanzlicher Gewebe mit einem submikroskopischen Proteinfilm überzogen sind. Frey-Wyssling und Häusermann (1941) finden mit indirekten Methoden aber, daß sie mit einer polar gebauten Substanz überzogen sein müßten. Diese Autoren schließen aus vorhandenen Anzeichen, daß dies nur Kutine sein können. Dieses Resultat schließt aber, unseres Erachtens nach, nicht auch die Möglichkeit aus, daß das Kutin zeitlich auf das Protein folgt.

Nach den obigen Ausführungen können wir uns den Hergang der ersten Membranentwicklung folgendermaßen reproduzieren. Die erste Andeutung einer Scheidewand ist das Auftreten von Koazervattröpfchen in der Äquatorebene des Phragmoplasten. Diese Tröpfchen fließen zusammen und ergeben eine zuerst flüssige, dann halbflüssige plasmatische Zwischenplatte, deren Entstehungsweise also als ein Entmischungsprozeß zu bezeichnen ist. Sie gehört noch beiden Zellen an und ist beidseitig mit den anliegenden Protoplasten verwachsen, deren gemeinsamer unmittelbarer Bestandteil sie also noch ist. Wenn sie sich genügend gefestigt hat, lösen sich an ihr die Plasmahautschichten der beiden jungen Zellen ab und es verbleibt zwischen ihnen noch eine Zwischenenlamelle plasmatischer Herkunft, die nach entsprechender stofflicher Umänderung (Metaplasie) die Mittellamelle und damit den Grundstock der zukünftigen Zellwand abgibt. Schon während des Streckenwachstums der jungen Zellen kann sich die Mittellamelle bis zur Unkenntlichkeit dehnen und verschwinden.

Als weiterer Beweis für eine direkte Abstammung der Mittellamelle aus der Zellplatte, können zu den obigen Ausführungen noch die folgenden Beobachtungen hinzutreten. Die Mittellamelle ist (z. B. in Endospermen) stofflich durchwegs homogen gebaut, was unmöglich wäre, wenn sie von zwei getrennten Plasmen abgeschieden worden wäre. Bei der Tetradenteilung der Polenmutterzellen gewisser Phanerogamen (*Lilium*, *Althaea*, s. Abschn. II, C, 8, a) deutet die körnige Beschaffenheit und die starke Lichtbrechung der Mittellamelle unmittelbar auf ihren plasmatischen Ursprung hin, der dann auch aus direkten Beobachtungen folgt (Mühldorf 1939, 1941). Eine weitere Erscheinung aus dem gleichen Gebiete, die im gleichen Sinne wie die obige zu verstehen ist, beschreibt Mühldorf (1941) bei gewissen Dikotylen. Da kann ein bestimmtes Stadium bei der Vierteilung unterschieden werden, bei dem zwar schon sämtliche Teilungswände vorhanden, aber noch mit den vier jungen Mikrosporen verwachsen sind, so daß sie bei einem Plasmolyseversuch nicht voneinander zu trennen sind, ein Zeichen also, daß die Zwischenwände noch untrennbarer Bestandteil des Plasmas sind. Wenn aber die plasmolytische Ablösung gelingt, dann sind sie auch schon sichtbar (vergl. Abb. 70 a).

Wir erwähnten oben, daß die Mittellamelle sehr oft, ja man kann dies fast als Regel ansehen, beim Wachstum der Zelle zerdehnt wird und dann verschwindet. In solchen Fällen wird sie aber meistenteils in gewissen Geweben oder Entwicklungszuständen nachweisbar sein. Es gibt aber Membranen, bei niederen Pflanzen, wo Mittellamellen nicht vorhanden sind. Es handelt sich da um vergängliche Membranen, z. B. in Geweben, die einer baldigen Auflösung anheimfallen, wie der Inhalt von Sporangien bei Algen und Pilzen. Für diese Fälle müssen wir dann annehmen, daß die erste Teilungsplatte sich zwischen den beiden Hautschichten der Nachbarzellen auflöst und keine Lamelle plasmatischer Herkunft zwischen ihnen zurückläßt. Wir gelangen dann zu dem Teilungsschema STRASBURGERS, das die Aufspaltung bezw. völlige Einverleibung der Erstplatte in die Plasmahäute lehrt. Merkwürdigerweise hat STRASBURGER dieses Schema zuerst bei der Zellteilung von Fucus (1897, S. 359) aufgestellt und es dann verallgemeinert (bei *Lilium Martagon* 1898, S. 514). In den stark quellbaren Membranen der *Fucaceen* lassen sich die Bauverhältnisse, besonders in der Bildungszeit, nicht leicht überblicken, so daß sich dieses Objekt für Feststellungen obiger Art nicht eignet.

6. Die leitenden Kräfte bei der Ausrichtung der Teilungsebene bzw. der Teilungswand.

Die regelmäßige Wiederkehr bestimmter Anschlußwinkel der Zellwände in pflanzlichen Geweben, hat zur Aufstellung gewisser Grundregeln über die Teilungsrichtung geführt, die sich in erster Linie auf direkte Beobachtungen stützen, aber darüber hinaus auch nach Erklärungen auf dem Boden physikalischer Gesetze suchen.

Doch bevor wir ihre Besprechung in Angriff nehmen, müssen wir uns noch daran erinnern, daß sich der Protoplast in seiner Hülle völlig frei benimmt, er also in keinem starren Verhältnis zu ihr lebt. Dies gilt in ganz besonderem Maße für die Zeit seiner Teilung und bevor die neue Wand den Anschluß an die alte gefunden hat. Er kann also mit der in seinem Inneren befindlichen Membran noch gewisse Drehungen ausführen, wodurch diese an eine Stelle der Mutterzellhaut anlangt, die von der früheren Wachstumsrichtung abweicht. Das zeigen uns z. B. BRAND-STOCKMAYER (1925) bei der sog. „wandfreien Teilung“ der runden Protococcalen, wo die neuen Wände anfangs nicht festgemacht werden, um nachträglich ihre Lage ändern zu können. Bekannt ist ferner auch die verschiebbare Querwandanlage bei Zellen von *Oedogo-*

nium (WISSELINGH 1908), die erst nach Entfaltung des Membranwulstes und einer dementsprechenden Streckung des Zelleibes an die definitive Stelle gebracht und dort fixiert wird. Schließlich sei auch noch der „transitorischen Platten" bei der heterotypischen Teilung der Sporenmutterzellen vieler dicotyler Pflanzen gedacht, die zur seitlichen Fixation gar nicht kommen, weil die rasch folgende homëotypische Teilung neue Kern-Plasmarelationen schafft, nach denen nun die Teilung vorgenommen werden muß (s. Abschn. II, C, 8, a).

Beim Studium der Teilungsregeln wollen wir zuerst von einer isolierten Zelle ausgehen, einem Tierei, einer Pflanzenspore etwa, weil sich hier einfachere Verhältnisse vorfinden. Bei ihrer Teilung können wir nun die grundlegendste Beobachtung über die Teilungsrichtung, sowohl der Durchschnürung wie der Wandbildung machen, nämlich daß sie, pathologische Fälle ausgenommen, immer senkrecht zur Spindel, bzw. dem Phragmoplasten, und zwar an der Stelle der früheren Äquatorialplatte, stehen. Dies ist die erste Regel für die Festlegung, bzw. Bestimmung der Teilungsrichtung. Nur gröbste Eingriffe können Änderungen hervorbringen, wie z. B. Einstiche in den Phragmoplasten, wodurch WADA (1939, Abb. 11, 12, 26, 27) schiefe Wände erzielte. Aus dieser grundlegenden Beobachtung werden wir also den Schluß ziehen, daß es die Stellung der Spindelachse ist, welche die Teilungsrichtung bestimmt.

Wir müssen also nach den Kräften fragen, welche die Achsenrichtung der Spindel festlegen, weil diese auch die Richtung der Wand bestimmen. Wir können gleich konstatieren, daß die alte Wand hierbei keine direkte Rolle spielt, sondern nur der Zellinhalt. Davon überzeugen uns in der eindeutigsten Weise die vielen diagonalen Spindeln in den pflanzlichen Meristemen (Abb. 57, 62), welche ihre definitive Stellung erst knapp vor der Wandbildung einnehmen, da für sie im engen Zellraum kein Platz in der Richtung, in die sie hingehören, vorhanden war. Es ist offenbar, daß sie in die definitive Richtung nur vom Plasma hineingesteuert werden, nicht aber von den jungen Kernen, die sich gerade im Zustande der Wiederherstellung befinden (vergl. auch CONKLIN 1902, BLEIER 1930). Daraus folgt also, daß das Plasma eine innere Einstellung besitzt, welche die Spindelachse aus der Diagonale in die definitive Stellung hineinpreßt. Solche Fälle von Zwangslenkung sind uns deutlicher Beweis dafür, daß die Festlegung der Spindelachse nur vom Cytoplasma aus erfolgt, welches seine innere Einstellung hierzu einesteils aus seiner Vorgeschichte und anderenteils durch Einwirkung äußerer Faktoren empfängt. Ist in der Zelle genügend Raum vorhanden, so stellt sich die Spindelachse von vorneherein in die richtige Lage ein. bei Raummangel aber nimmt sie zuerst eine Zwischenlage ein und wird im entscheidenden Momente in die Teilungsrichtung hineingepfercht, in der sich die Zelle gemäß ihrer historischen und physiologischen Veranlagung und späteren Bestimmung teilen muß. Diagonalstellungen sind aber nichtsdestoweniger bei der Spermienteilung von *Marchantia* nach IKENO (1903) charakteristisch.

Diese Einstellung der Organisation in einer bestimmten Richtung nennt man Polarität. Die obigen Hinweise zeigen uns also, daß das Plasma bzw. die Zelle im Augenblicke der Teilung polar gebaut ist, so daß damit nur eine einzige Lage der Spindelachse möglich ist. Die Polarität der Zelle spricht sich auch in ihrem Bau verschiedentlich aus, so vor allem in der Eigenform (Gestalt) und der hauptsächlichsten Wachstumsrichtung. Diese beiden Eigenschaften werden von der Mutterzelle ererbt und sind phylogenetisch festgelegt, aber auch während des Eigenlebens beeinflußbar. GIESENHAGEN (1905) hat die früheren Zellgenerationen für die Ausrichtung der Teilungsfigur weitgehend in Rechnung gezogen. Nach seiner Ansicht soll aber der Kern die Polarität von der Mutterzelle ererben. Das könnte nur so stimmen, daß der Kern als Bestandteil des Plasmas dessen allgemeine Teilungspolarität mitbesitzt. Wir zeigten früher, daß die Spindelachse am Ende vom Cytoplasma gesteuert wird.

Die Gestalt als bestimmender Faktor bei der Teilungsrichtung hat in der ersten Teilungsregel von O. HERTWIG (1893) volle Würdigung erfahren. Diese besagt, „daß die beiden Pole der Teilungsfigur in die Richtung der größten Protoplasmamasse zu liegen kommen". In kugeligen Zellen also müßte die Teilungsrichtung beliebig sein, in ovalen nur in der Richtung des längsten Durchmessers. In tierischen Zylinderepithelzellen wird also die Teilungswand parallel zur Längsachse stehen, mag auch die Spindel in den Vorphasen eine andere erzwungene Stellung besitzen, im entscheidenden Augenblicke der Wandbildung aber preßt sie sich stets senkrecht zum Längsdurchmesser der Zelle ein. Diese Aufstellung ist umso merkwürdiger, als der Zelleib für die Teilung, wie bei zylindrischen Epithelzellen, Kugelgestalt annehmen kann, so daß die Wandrichtung nur von der früheren bzw. künftigen Gestalt bestimmt ist. Schon BOVERI hat solche Zwangsdrehungen bei der Furchungsteilung des *Ascaris*eies beschrieben. POLITZER (1934) zeigt sie für die flachen Zellen in der Unterschicht des Epithels der Hornhaut von Urodelenlarven und CAFFIER (1930) in Zellen von Deckglaskulturen, die stark abgeflacht sind und die Spindel sich erst in der Meta- oder zu Beginn der Anaphase aus der Horizontale senkrecht zur flachen Achse erhebt. Im Pflanzenreich zeigt z. B. BAILEY (1919 bis 1920) Zwangsdrehungen des Phragmoplasten nach der Kernteilung bei den Kambiumzellen von *Pinus Strobus* (Abb. 62).

O. HERTWIGS (1893, S. 177) zweite Teilungsregel, wonach die der ersten Teilung folgenden Teilungen „in den drei Richtungen des Raumes alternierend erfolgen und dabei mehr oder weniger genau senkrecht aufeinander stehen" ist nur bei isolierten Zellen möglich, da die somatischen infolge der verschiedenen Beziehungen im Gewebe, weitgehenden Abweichungen unterworfen sind. Sie sagt aber auch eigentlich nichts mehr als die erste Regel, weil durch die Halbierung der Zelle die frühere Querachse zur Längsachse wird.

Der polare Bau der Zelle muß sich durch die Richtung des stärksten Wachstums bekunden, und die Teilung immer senkrecht dazu liegen. Dies drückt die HOFMEISTERsche (1867) Teilungsregel aus, wonach die Wandbildung immer zur ausdrücklichsten Streckung senkrecht stehen soll. SACHS (1878/1879) fügt ihr noch die folgende Ergänzung hinzu: „Die neue Teilungswand setzt sich in der Regel senkrecht an die Mutterzellenwand an“, als die bekannte Regel der „senkrechten Schneidung.“

Alle obigen Regeln sind großen Einschränkungen unterworfen. Die Knospungen aber unterstehen, wie z. B. die Ausstoßung des Richtungskörperchens, kaum irgendwelchen Teilungsregeln. In anderen Fällen können phylogenetische Momente bei der Teilungsrichtung fast allein maßgebend sein, wie z. B. bei den Algen nach PASCHER (1924), bei denen die Teilungsebene in der Längsrichtung des Körpers geht, zum Unterschiede von den Protozoen, bei denen sie in der Regel quer dazu steht.

Inwieweit die Zentrosomen die Teilungsfigur ausrichten können, ist insoferne eine offene Frage, als sie ja selber von den Kernen an ihre Tätigkeitsorte hingeleitet werden und diese ihre polare Eigenschaften von dem Mutterkerne erhalten können. Ebensowenig ist eine Ausrichtung der Phragmoplastachse durch die Mizellarstruktur der Mutterzellwand denkbar, wie dies ZIEGENSPECK (1942) darstellt. Das mizellare Gefüge der Zellwände spiegelt nur die Spannungen im Zelleib wider und die neue Wand ist ihnen erst nach ihrem Anschluß an die Mutterhülle unterworfen, so daß sich ihre Mizelle erst von diesem Augenblicke an den Spannungsverhältnissen gemäß ausrichten werden. Eine Übernahme der Mizellierung von der Mutterwand könnte also nur bei zentripetalen Wänden (*Spirogyra, Cladophora*) möglich sein. Wenn aber die Teilungsachse, statt senkrecht, parallel der früheren Streckungsrichtung geht, so hat dies kaum etwas mit dem „Gegenmicelldehnungssatz“ ZIEGENSPECKS (1942, S. 526) zu tun, sondern eher mit den schon in den Regeln von O. HERTWIG und HOFMEISTER (s. o.) ausgedrückten Beziehungen zwischen Teilungsrichtung und Längenausdehnung (Gestalt) der Zelle. Die Mizellausrichtung kann daher nicht die Ursache sondern nur die Folge der Zellstreckung, also auch der Orientierung der Spindel- (Phragmoplast-)achse und damit der Polarität im Augenblicke der Teilung sein.

Selbstverständlich ist die ererbte Polarität der Teilungszelle weitgehend äußeren Einflüssen, selbst bis zu ihrer völligen Unterdrückung, unterworfen. Dies ist am eingehendsten bei der Keimung von *Equisetum*sporen oder Fucaceenzygoten untersucht. Natürlich sind diese nicht a priori apolar, die Polaritätsachse erleidet nur eine Verschiebung durch die Außenfaktoren. Beim Lichte kann sowohl die Richtung, als auch Intensität und Wellenlänge polarisierend wirken. Da die Kernteilung bei der *Equisetum*spore erst 24 bis 36 Stunden nach der Bestrahlung (Polarisierung) eintritt, konnte

NIENBURG (1924) nicht entscheiden, ob das ganze Cytoplasma oder nur Teile davon, z. B. die Chromatophoren (Abb. 64), die sich zur Lichtwirkung hin ansammeln, den Lichtreiz empfangen. Außer Licht können aber auch chemische Stoffe, selbst in der Nähe liegende Eier, oder die Eintrittsstelle des Spermiums, elektrischer Strom oder mechanischer Druck polarisierend wirken, während osmotische Flüssigkeiten, bei der keimenden *Equisetum*spore, mit steigender Konzentration, eine Abflachung der ersten Teilungswand verursachen, die normal uhrglasförmig gekrümmt ist.

Den Mechanismus der Polarisierung durch Licht beschreibt uns MOSEBACH (1943) genauer. Er sagt: „Das Licht polarisiert die *Equisetum*spore bereits und nur zu einer Zeit, in der von einer Kernteilung noch nicht das Geringste zu sehen ist", also noch die Ruhezelle. Der Sitz der Polarisation hat nur das Cytoplasma zu gelten, das zuerst polarisiert wird und darauf die Verlagerung des Kernes vornimmt, der selber für den direkten Einfluß des Lichtes unempfindlich ist. Da periphere Reizung des Cytoplasmas genügt, wird als reizempfangendes Organ, im Sinne einer Hypothese von NOLL, die Hautschichte angenommen. Diese dürfte also sowohl bei *Equisetum*sporen als auch den Fucaceenzygoten den Reiz zuerst empfangen, worauf die Umstellungen im Plasma für die erste Teilung vor sich gehen.

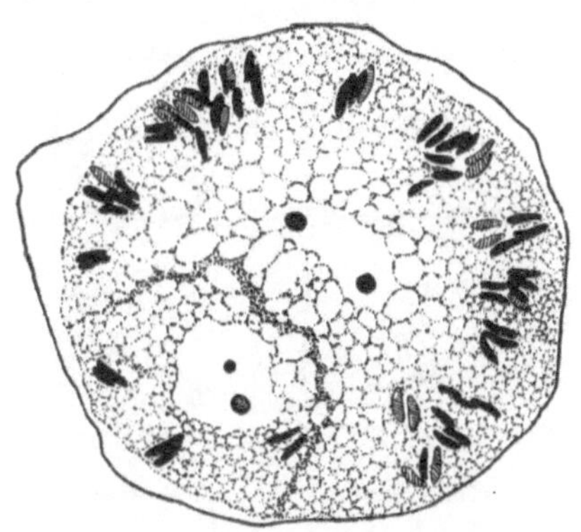

Abb. 64. Schnitt durch eine keimende Spore von *Equisetum* mit der ersten uhrglasförmig gebogenen Scheidewand bzw. Teilungsplatte die durch Verfestigung entmischten Plasmas in der Teilungsebene, entsteht. (Nach Nienburg 1924.)

Nährlösungen steigender Konzentration vermögen nach RACIBORSKI (1896) bei *Basidiobolus* die Richtung der Querwand bis zu einer der Normalrichtung senkrechten Lage zu verschieben. Doch auch Änderungen der Viskosität bewirken Wandverschiebungen, wie bei den Rhizoidenzellen von *Funaria* nach GOEBEL (1915/18, 2. Bd., S. 773); da können Zuckerlösungen eine normale Schräg- in eine Querlage verwandeln.

Bei der Orientierung der Teilungswände in somatischen Zellen kommen außer den bisher aufgezählten Bedingungen auch noch solche hinzu, die sich aus dem engen Zusammenleben im Gewebe und der künftigen (prospektiven) Bestimmung der Zellen ergeben. Bekanntlich erwerben die Zellen in Geweben, weil sie systembedingt sind, Eigenschaften, die Einzelzellen nicht besitzen. Die Teilungspolarität der Gewebezelle ist daher die Resultierende aus den Bestimmungsfaktoren der Vergangenheit (der Vorgeschichte), der Gegenwart (der momentan wirkenden Faktoren) und der Zukunft (den Aufgaben, welche bevorstehen). Im Inneren eines Gewebes werden sich vor allem Wachstums- und Raumverhältnisse geltend machen, die durch gegenseitigen Druck der Zellen, die Orientierung der Kernfigur bewirken. Wie Druck und Zug in einem geschlossenen Gewebe bei der Wandausrichtung zur Geltung kommen, das hat uns Kny (1896, 1901)

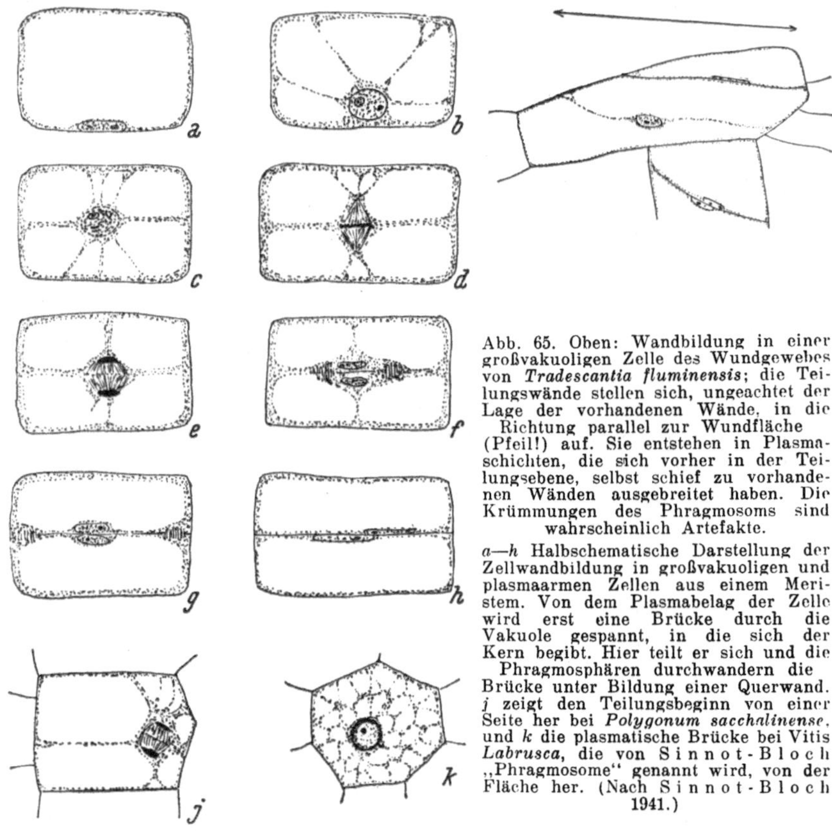

Abb. 65. Oben: Wandbildung in einer großvakuoligen Zelle des Wundgewebes von *Tradescantia fluminensis*; die Teilungswände stellen sich, ungeachtet der Lage der vorhandenen Wände, in die Richtung parallel zur Wundfläche (Pfeil!) auf. Sie entstehen in Plasmaschichten, die sich vorher in der Teilungsebene, selbst schief zu vorhandenen Wänden ausgebreitet haben. Die Krümmungen des Phragmosoms sind wahrscheinlich Artefakte.

a—h Halbschematische Darstellung der Zellwandbildung in großvakuoligen und plasmaarmen Zellen aus einem Meristem. Von dem Plasmabelag der Zelle wird erst eine Brücke durch die Vakuole gespannt, in die sich der Kern begibt. Hier teilt er sich und die Phragmosphären durchwandern die Brücke unter Bildung einer Querwand. *j* zeigt den Teilungsbeginn von einer Seite her bei *Polygonum sacchalinense*, und *k* die plasmatische Brücke bei Vitis *Labrusca*, die von Sinnot-Bloch „Phragmosome" genannt wird, von der Fläche her. (Nach Sinnot-Bloch 1941.)

in seinen Versuchen gezeigt. Das Wachstum wird nämlich, wenn sonst keine anderen Kräfte entgegenwirken, im Sinne des Zuges und senkrecht zur Richtung des Druckes gefördert, d. h. die Teilungsachse stellt sich in der Zug- und senkrecht zur Druckrichtung auf. Druck als Faktor bei der Ausrichtung der Teilungswände kommt z. B. in den Antheren bei der Tetradenteilung der Mikrosporenmutterzellen zur Geltung, wo die normale tetraedrische Stellung in eine rhombische, flache oder reihenweise abgeändert wird. Sax und Husted (1936) zeigen, daß die Achse der homöotypischen Spindel bei *Periploca* und *Asclepias* sich weitgehend den Raumverhältnissen anpaßt (vergl. auch

MÜHLDORF 1941). Doch auch Temperaturschwankungen (SAX 1937) und überhaupt viele andere Bedingungen spielen bei der Polarisation der Sporenmutterzellen mit.

Allgemeine Baupläne, die sich bei der Eifurchung in Umlagerungen der Blastomeren kundgeben, kommen bei der Festlegung der Polarität dadurch zur Geltung, daß die Polarisierung erst nach vollzogenen Lagewechsel erfolgt (ZUR STRASSEN 1901: *Ascarias*). Auch in Gewebezellen treten allgemeine Baupläne des Organismus oft weit vorausschauend in den Vordergrund, wodurch Zellen und Zellgruppen auf die Stellen ihrer Tätigkeit geleitet und dadurch die Organe geformt werden.

Bei den Pflanzen komplizieren sich die Probleme der Zellwandausrichtung durch den Besitz starrer Hüllen, welche im Gegensatz zu den dünnen metaplasmatischen Tierzellhäuten keine oder nur schwer nachträgliche Verschiebungen zulassen. Außerdem begegnen wir bei ihnen die folgenden Anomalien, welche die obigen Teilungsregeln auf den Kopf stellen: 1. uhrglasförmig gebogene Scheidewände bei der Teilung im Pollenkorn, zwischen der vegetativen und generativen Zelle, sowie in den kugeligen Blattknotenzellen von *Chara* (DEBSKI 1897); 2. kugelschalenförmige Grenzwände bei der sog. „freien Zellbildung“; 3. schräge Querwände in den Laubmoosrhizoiden und bei *Chara* und 4. lange Zellen, die sich statt nach der Regel quer, der Länge nach teilen (Kambiumzellen gewisser Gymnospermen und die Mikrosporenmutterzellen von *Zostera*). Für das erste Beispiel hat man die Erklärung, daß die Grenzschicht der linsenförmigen generativen Zellen im Sinne eines rechtwinkeligen Anschlusses zur Mutterzellwand hinstrebt. Bei der „freien Zellbildung“ handelt es sich um ein Herausschneiden kleinerer Zellen aus größeren Plasmamassen, wobei die herumgeführten Grenzschichten nirgends auf die Mutterhülle stoßen können. Die schiefen Querwände bringt GIESENHAGEN (1905) mit der Viskosität des Plasmas in Zusammenhang, welche die ursprünglich schief angelegten Wände daran hindert, in die rechtwinkelige Stellung überzugehen. Bemerkenswert ist hier eine Fußnote BRAND-STOCKMAYERS (1925, S. 309 bis 310), in der es heißt, daß die jüngsten Abschnitte des Moosrhizoiden regelmäßig rechtwinkelig septiert sind (vergl. auch OBERHEIDT 1931), die Schräglage aber erst in den älteren Teilen erscheint. Es wurde schon oben erwähnt, daß GOEBEL bei *Funaria*zellen in Zuckerlösungen rechtwinkelige Teilung meldet. Die Längsteilung der um mehrere hundertmal längeren als breiten Zellen des Kambiums von *Pinus Strobus* (BAILEY 1919, 1920) und den Mikrosporenmutterzellen von *Zostera* (ROSENBERG 1901) soll dem Prinzipe der Erhaltung der Eigenform zuzuschreiben sein, das hier ganz in den Vordergrund tritt. Der Phragmoplast liegt bei Pinus in der Mitte der langen Zelle und ist anfangs schräg oder sogar gekrümmt (Abb. 62), um den vergrößerten jungen Tochterkernen in der engen Zelle Platz zu machen. Nach Ausbildung der Teilungswand zwischen den Tochterkernen, erlöschen die zentralen Strahlen im Phragmoplasten und bleiben nur an seinem Umfange erhalten. Beim weiteren Wachsen der nunmehr peripheren Phragmosphären und der Anlage der jungen Wand, findet ein richtiges Ausbalancieren im Zellraume statt, so daß der Anschlußwinkel der Wand nicht immer ein rechter ist. Ein solches Ausbalancieren beschreibt auch GOLDSTEIN (1925) und besonders genau SINNOT-BLOCH (1941) für plasmaarme und großvakuolige Pflanzenzellen (Abb. 63). Wenn sich solche Zellen teilen sollen, so verschiebt sich erst ein Teil ihres wandständigen Plasmas in die Teilungsebene, die demnach schon weit vor der Kernprophase durch äußere oder innere Faktoren feststeht. Dahin begibt sich auch der Kern und teilt sich darin. Die neue Scheidewand zieht sich inmitten durch diese zentrale Plasmaschichte, welche ihre Richtung den Umständen und Bedürfnissen gemäß anpaßt und sich hiebei nicht immer um die Teilungsregeln kümmert.

Bis jetzt haben wir das Problem der Wandorientierung als eine Erscheinung kennen gelernt, die von der physiologischen Struktur des Plasmas (seiner Polarität) gesteuert wird. Dieser physiologischen Komponente der Erscheinung steht auch eine physikalische als Erklärungsversuch zur Seite, wonach die Wandrichtung als eine Folge allgemeiner physikalischer (hydrostatischer) Gesetzmäßigkeiten zu deuten ist. BERTHOLD (1886) und ERRERA (1886) haben nämlich an vielen Beispielen zu zeigen verstanden, daß das Gefüge eines pflanzlichen Gewebes dem einer Schaumblasenansammlung gleicht, in dem die Blasen sich dem Gesetze der minimae areae von PLATEAU gemäß anordnen, so daß sie in einem gegebenen Raume die kleinsten Flächen einzunehmen bestrebt sind. Als gewichtslose Lamellen gehorchen sie nur den Gesetzen der Oberflächenspannung, ihre Grundform ist daher die Kugel, da diese die kleinste Oberfläche besitzt.

DE WILDEMANN (1893), GIESENHAGEN (1905, 1909) und sein Schüler HABERMEHL (1909) haben dieses Gesetz in weitgehendem Maße bei der Zellteilung geprüft und es mit vielen Beispielen belegt. Nach WILDEMANN soll die Lage der Wand als Resultierende aus den einwirkenden hydrostatischen Kräften gegeben sein. Dasselbe sagt auch GIESENHAGEN, wenn er von dem Bestreben der Tochterzellen, in der Mutterzellhülle die kleinste Gestalt einzunehmen, spricht. Diese müsse aber schon vorher innerlich festliegen, bevor die Teilungswand zur Ausbildung gelangt, denn die Zelleiber der Tochterzellen sind „zwei sich innig berührende, den Hohlraum gänzlich erfüllende Flüssigkeitsmengen von gleicher Dichtigkeit, in sich kohärent, aber untereinander nicht zusammenhängend". GIESENHAGENS (1909) Modellversuche zur Erläuterung dieser Gesetzmäßigkeiten bergen die Fehler in sich, welche solchen Versuchen eigen sind; sie enthalten nämlich die Resultate als Prämissen in sich, indem Zellformen gewählt werden, die das gewünschte Resultat geben müssen. GIESENHAGEN schloß nämlich Gummiballons in zylindrische oder kugelige Rezipienten ein und pumpte sie leer. Dabei nahmen die eingeschlossenen Ballons Formen mit den gegenseitigen Anschlußwinkeln an, die im Pflanzengewebe vorkommen.

Schon von ZIMMERMANN (1893) wurde die allgemeine Geltung des Prinzipes der kleinsten Flächen bei der Orientierung der Teilungswand kritisiert und bezweifelt. Dies geschah hauptsächlich unter Hinweis auf die succedane zentripetale Wandleiste bei *Spirogyra*, deren Anschlußstelle noch weit vor der Zeit, da hydrostatische Kräfte in der Zelle wirken, festgelegt wird und weiters auf die Schräglage der Querwände in Laubmoosrhizoiden. Das erste Beispiel findet seine Parallele in dem oben beschriebenen von SINNOT-BLOCH und das zweite nach GIESENHAGEN eine Erklärung in der hohen Viskosität des Plasmas.

Wenn wir nun zum Schluß diejenigen Momente zusammenfassen wollen, deren Zusammenspiel die Wandrichtung bei der Zellteilung bestimmt, so sehen wir viele davon sich zu einer Kette von Ursachen verbinden, von der jedes Glied in gleichem Maße von Bedeutung ist. Die einen stammen aus der Vorgeschichte der Zelle, andere kommen im Augenblicke der Teilung hinzu oder beziehen sich auf ihre künftigen Aufgaben. Sie alle setzen die Teilungspolarität und damit die Achse der Teilungsfigur fest, zu der dann die Wand senkrecht steht. Wenn einzelne Faktoren die gemeinsame Wirkung der ganzen Gruppe überdecken, so ergeben sich unerwartete Erscheinungen, so besonders in Geweben, wo die Zellen Eigenschaften besitzen, die im Einzelleben sinnlos sind. Neben dieser Polarität, die als „physiologische Komponente“ wirkt, macht sich auch eine „physikalische Komponente“ in Form von hydrostatischen Kräften geltend, die im Sinne des PLATEAUschen Gesetzes der kleinsten Flächen tätig ist.

7. Die Einschachtelung der Zellen.

Verfolgt man die Teilung einer Zelle vom Standpunkte der Raumzerlegung, so wird man leicht gewahr, daß die Tochterzellen nicht bloß die Scheidewand zwischen sich, sondern eine neue „Eigenhaut“ nach allen Richtungen hin ausbilden, so daß dadurch zwei völlig selbständige Zellen in der alten Mutterhülle eingeschachtelt sind.

Die Einschachtelung der jungen Zellen im Raum der alten ist eine Beobachtung, die schon einigen älteren Zytologen an Algenzellen aufgefallen ist, so z. B. BRAUN (1851). STRASBURGER (1875, 1876) hingegen weist sie in den beiden ersten Auflagen seines Zellenbuches bei *Spirogyra* und *Ulothrix* entschiedenst ab, weil die Längswände keine „Dickenzunahme, wie sie zu erwarten wäre, wenn sie allseits stets neu belegt würden“ sehen lassen. Auch die alten Querwände müßten nach STRASBURGER mehr als drei Schichten besitzen, was aber nie zutreffe. Außerdem war es ihm nie wie DIPPEL gelungen, die eingeschachtelten Zellen „herauszuziehen“. In der dritten Auflage seines Zellenbuches (1880) läßt er diesen Gegenstand vollends fallen.

Die obigen Bemerkungen STRASBURGERS decken die schwache Seite der Einschachtelungstheorie auf, nämlich den Mangel deutlicher sekundärer Verdickungsschichten an den Längswänden der Zelle. Man darf aber nicht vergessen, daß es gerade diese Wandteile sind, die nach der Teilung eine besonere Dehnung erfahren, wodurch der Unterschied zwischen den alten und neuen Zuwächsen zum Verschwinden kommt. Ungeachtet dessen sind uns viele Beispiele bekannt, die sich im Sinne einer Einschachtelung auswerten lassen. Da wären in erster Linie die koloniebildenden Cyanophyceen und einzelligen Rhodophyceen zu nennen, bei denen die Einschachtelung der Individuen eine unbestrittene Tatsache ist, z. B. bei koloniebildenden *Chroococcus*arten oder unter den Rotalgen bei *Rhodospora sordida* nach GEITLER (1927). Ganz entschieden spricht sich auch PASCHER (1924, S. 153) für die Schachtelung bei den Algen aus. Jede Zweiteilung zieht, nach seiner Auffassung, eine allseitige Umhüllung jeder neuen Zelle nach sich. Die Regelmäßigkeit dieser Erscheinung bei vielen Grünalgen, lasse ihre Übertragung auf die Braun- und Rotalgen zu. Die Anzahl der ineinandergefügten Individuen lasse sich oft geradezu an der Zahl der übereinanderliegenden Membranschichten ablesen, da sie durch optisch unterschiedene Zwischenschichten gesondert sind.

Algenzellwände können aber auch aus sog. H-Stücken zusammengesetzt sein, dann nämlich, wenn beim Zellwachstum nach der Teilung nur die Stellen um die neue Wand herum frisch ausgebildet werden. In solchen Fällen ist die Längswand der Zelle zur Hälfte aus altem und zur anderen Hälfte aus neuem Stoffe gebildet. Beide diese Teile fügen sich wie zwei Becher mit ihren Rändern aneinander und stoßen mit den flachen Böden an die Nachbarzellen. Das ganze System solcher Becher ist mit einer Überhaut zu einem Faden zusammengehalten. So schildert den Fadenaufbau bei *Spirogyra* außer OLTMANNS (1922, 1. Bd.) auch noch STEINECKE (1926), der ihn auch auf andere Zygnemalen ausdehnt. CZURDA (1937) aber meint, daß die Annahme einer allseitigen Umhäutung verständlicher sei, was eine Einschachtelung ergibt. Ähnliche Verhältnisse finden sich auch bei *Zygogonium* und *Tribonema*, sowie bei anderen Heteroconten: der Faden setzt sich aus Kappen zusammen, die mit ihren Bodenteilen verwachsen sind. Ob da nun jede Zelle auch eine Eigenhaut besitzt, ist fraglich. Alte H-Stücke am *Spirogyra*faden können beim raschen Wachstum der Innenhaut abgesprengt werden und zwei Nachbarzellen trennen.

Je verwickelter die Organisation einer Pflanze ist, desto unübersichtlicher wird auch der Schachtelbau ihrer Membranen, so daß er sich schließlich ganz verwischt. Denn es ist selbstverständlich, daß nicht sämtliche Zellen eines großen Individuums gewissermaßen in der Hülle der ersten Mutterzelle stecken können. Die jeweiligen Mutterhüllen verdünnen sich nämlich beim Wachstum, bis zum völligen Schwund. Trotzdem ist in manchen Fällen die morphogenetische Zusammengehörigkeit gewisser Zell g r u p p e n klar zu sehen, als deutliches Zeichen gemeinsamer Abstammung, die bei der Entfaltung gewisser tierischer Organe den Eindruck einer Entschachtelung gewähren kann, wie z. B. bei Drüsen oder Muskeln nach HEIDENHAIN (1907/1911).

In den Geweben höherer Pflanzen ist im Bereiche einzelner Zellen die Zusammengehörigkeit gleichaltriger Elemente in gemeinsamen Hüllen, erst von PRIESTLEY (1929) und PRIESTLEY-SCOTT (1939) gezeigt worden. Danach sollen mazerierte Collenchymzellen, an ihren Enden wenigstens, wo die Dehnung bei der Streckung wegfällt, noch von der alten Mutterwand eingefaßt sein, wo sie ihre Spitzen überragt (PRIESTLEY-SCOTT 1939, S. 537, Abb. 1 und 2). Das Gleiche wurde auch für Parenchymzellen junger Internodien und am mazerierten Sklerenchym festgestellt. Diese Beobachtungen führen zu dem Schluß, daß sich die Tochterzellen auch bei den Phanerogamen nicht bloß mit einer Querwand versehen, sondern sich auch allseitig behäuten. Am deutlichsten springt dies aus einer Reihe von Abbildungen in die Augen, die MARTENS (1938) über die Entstehung von Interzellularen in Geweben der Blütenpflanzen gibt (Abb. 66). Darauf sieht man, daß sich Verdickungsschichten nicht nur an die neue Zellplatte, sondern auch an die übrigen Wandteile ansetzen, daß ferner durch die Spannung der wachsenden Tochterzellen, die Mutterhülle bis zum Zerreißen gedehnt wird. Im weiteren Verlauf des Wachstums wird sie natürlich bis zum völligen Verschwinden zerdehnt.

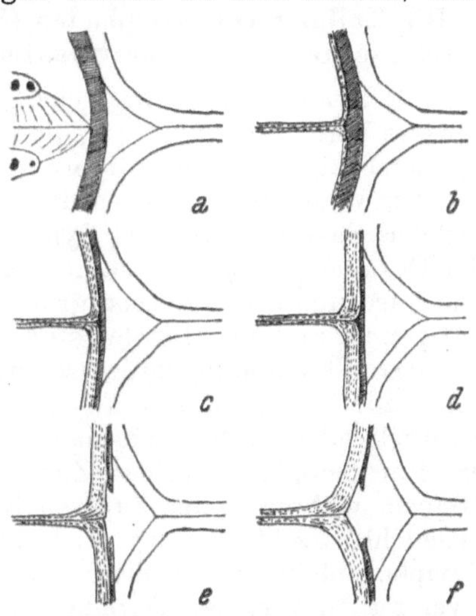

Abb. 66. Schematische Darstellung der Entwicklung von Interzellularen, zeigt auch gleichzeitig in einwandfreier Weise die Einschachtelung der jungen Zellen in der Mutterzellhülle. Durch das Wachstum der jungen Zellen wird die alte Zellhaut so gedehnt (*c*, *d*), daß sie im Interzellularraum (*e*, *f*) zerrissen wird. In *f* ist sie schon ganz dünn geworden. (Nach Martens 1938.)

In den meisten Fällen ist die neue Zellhaut von der alten nicht zu unterscheiden, so daß die Einschachtelung unkenntlich ist. Sie muß aber schon aus der einfachen Überlegung gefolgert werden, daß jede Zellvermehrung auch von einem Wachstum begleitet ist, wobei die Mutterhülle unbedingt auf die doppelte frühere Größe allseits gedehnt wird. Da aber die Dicke der Wand stets die gleiche bleibt, so muß sie durch Apposition gewachsen sein, was nur auf der ganzen Oberfläche vonstatten gehen kann. Es ist daher, nach unserer Meinung, ganz unbegründet, wenn TISCHLER (1942) die Beweise PRIESTLEYS und SCOTTS (1939) für die „umwälzende Behauptung", daß die alte Mutterhaut die jungen Zellen einschließt, für ungenügend hält. Wir halten diese Behauptung für gar nicht so umwälzend, sondern für eine Selbstverständlichkeit, denn die gedehnte Mutterhaut muß bei der Streckung ersetzt werden, was nur durch Auflagerung neuen Stoffes geschehen kann und unbedingt zu einer vollständigen Eigenhaut der jungen Zellen, aber mit der Zeit auch zum Verschwinden der Mutterhülle, führen muß.

Ich möchte zum Schluß noch ein Beispiel offensichtlicher Einschachtelung bringen. Bei der Tetradenteilung der Sporenmutterzellen der Gymno- und Angiospermen sind die vier Sporenzellen in einer bis ins Einzelne gehenden Art, in der alten Mutterhülle eingeschachtelt (Mühldorf 1939, 1941; vergl. auch Abschn. II, C, 8, a und Abb. 69 bis 71).

8. Die Teilung von Symplasten (Syncytien) mittels nicht in sich abgeschlossener (nicht individualisierter, diffuser) Phragmosphären.

Jede Symplastenteilung weist gegenüber der mitotischen Zellteilung gewisse Vereinfachungen auf, die mit der Beschleunigung des Vorganges in vielkernigen Plasmakörpern in Verbindung steht. Bei der zentrifugalen Wandbildung liegen die Vereinfachungen in der Ausbildungsart der Faserung, die bei Symplasten weder die geschlossene Natur der Phragmoplasten besitzt, noch dessen regelmäßigen inneren Aufbau. Die Faserung ergreift meist größere Bezirke, oft die ganze Wandbreite auf einmal und die Fibrillen sind von ungleicher Länge. Die Schnelligkeit des Wandbildungsprozesses und seine häufige Gleichzeitigkeit auf dem ganzen Zellquerschnitt, lassen ihn nicht mit der gleichen Übersichtlichkeit ablaufen, wie nach Mitosen, wo z. B. die mittleren Teile des Phragmoplasten in den Zustand normalen Zytoplasmas übergehen können, während seine äußeren Bezirke noch tätig sind. Es ist daher vielelicht berechtigt, wenn wir den Teilungskörper bei der zentrifugalen Symplastenteilung besonders herausstellen. Er findet sich aber nur in zwei Fällen vor: der Tetradenteilung und dem Zerfall von Syncytien im Bereiche des weiblichen Gametophyten bei Gymno- und Angiospermen.

a) Die Tetradenteilung.

α) **Einleitung.** T e t r a d e n (Vierlingszellen) sind vier in einer typischen Anordnung vereinigte Zellen, die durch zwei rasch aufeinanderfolgende Kern- und entweder gleichzeitige Plasmateilungen, oder auch erst aus einem Vierkernstadium, durch einmalige Plasmateilung, entstehen. Die erste Kernteilung führt die Chromosomenreduktion durch, ist also meiotisch oder heterotypisch, die zweite dient der Vermehrung, ist demnach homöotypisch. Die Tetradenteilung ist an gewisse Organe und Entwicklungsstadien der Pflanzen gebunden.

Am eingehendsten ist sie bei der Mikrosporenbildung der höheren Pflanzen studiert. Die großen Zellen in den Antheren mit den glasklaren Wänden waren schon in der Anfangszeit der Zytologie ein beliebtes Studienobjekt (vergl. Abschn. I, D). Naegeli (1844) überblickte die Sporenbildung schon ganz gut, als er ihre Entstehungsweise mittels zweier „primärer“ und zweier „sekundärer Spezialmutterzellen“, also in zwei Teilungsschritten charakterisierte, oder in einem einzigen, wobei gleichzeitig vier Zellen entstehen. Auch UNGERS (1844) Bilder über *Hemerocallis fulva* (Taf. I, Abb. 1 bis 19) und *Malva silvestris* (Taf. I, Abb. 26 bis 36) verraten schon volles Verständnis der beiden Teilungstypen bei der Pollenbildung. HOFMEISTER (1848 und 1867) verdanken wir eine eingehende Schilderung der Tetradenteilung und die Bezeichungen „succedan“ und „simultan“ für die beiden obigen Typen. Von ihm übernehmen SACHS (1874) und andere Autoren die leitenden Gedanken für die Betrachtung der Teilung von Sporenmutterzellen auch bei Kryptogamen.

Der succedane Typus der Tetradenteilung schloß von vorneherein keine Denkschwierigkeiten in sich ein, weil er sich in das Teilungsschema vegetativer Zellen ganz einfügte. Der simultane verlangte eine besondere Erklärung. STRASBURGER (1875) glaubte ihm in seiner Beschreibung der Pollenteilung von *Tropaeolum majus* Genüge zu tun. Danach sollten die ersten Zellplatten infolge schnellen Eintritts der zweiten Kernteilung in ihrer Entwicklung aufgehalten werden, aber nach deren Abschluß, mit vier weiteren neuen aus dem zweiten Teilungsschritt, wieder weiter wachsen, so daß sich tetraedrische Zellanordnung mit sechs Wänden ergibt. Der Zellinhalt zieht sich dabei zusammen und die Mutterzellen erhalten an den Tetraederflächen leichte Eindellungen, doch dies sei weder als „Einfaltung“ noch als Einschnürung zu deuten; denn die „Cellulose“ werde in Zwischenräumen ausgeschieden, die sich durch Spaltung der Platten ergeben, und nur die Verdickung der Radialwände gehe zentripetal vor sich. In der dritten Auflage seines Zellenbuches (1880) wird die völlige Auflösung der primären und Neubildung von sechs sekundären Zellplatten, wieviel zur tetraedrischen Abgrenzung notwendig sind, gelehrt.

Dieses „*Tropaeolum*-Schema“ von STRASBURGER, das aber im Wesen auf eine Beschreibung von HOFMEISTER zurückgeht, wurde für das weitere Studium der Pollenbildung richtunggebend, so daß nur wenige Autoren Abweichungen davon zu vermerken haben. So meldeten LUBIMENKO-MAIGE (1907) bei *Nymphaea* und *Nuphar* einen Teilungsprozeß von solcher Schnelligkeit, daß seine beiden Phasen verschmolzen. GUIGNARDS (1897) Bericht über *Magnolia* zeigt uns nach der ersten Kernteilung ringartige Wandbildungen nach dem *Cladophora*-typus, die aber in ihrem Wachstum durch die zweite Kernteilung kurzzeitig behindert sind, es später aber in Gesellschaft mit zwei anderen Wänden aus dieser Zeit, jedoch in einem kleinen Zeitabstand voneinander, fortsetzen. GUIGNARD zeichnet keine Zellplatten, wohl aber Zonen stärkerer Färbbarkeit an den Spindelfasern. Bei *Liriodendron* will F. M. ANDREWS (1901) Zellplatten gesehen haben, zeichnet sie aber in seinen Abbildungen nicht ein.

Erst C. H. FARR (1916, 1918, 1922) wollte durch seine Untersuchungen einen Wandel in der Betrachtung der simultanen Tetradenteilung bringen. Aus stark aufgehellten Mikrotomschnitten und ungenügender Lebendbeobachtung schloß er auf eine F u r c h u n g, d. h. Zelldurchschnürung nach dem Typus der homolecithalen Tiereier. Und zwar „furcht“ sich die P l a s m a h a u t, d. h. sie senkt sich durch vermehrtes Wachstum ringförmig in der Teilungsebene ein, wobei die Verbindungsfasern als „Kinoplasma“ in sie eingeschmolzen werden. Die treibenden Kräfte dieser Plasmabewegung werden von FARR nicht berührt. Wir finden also in dieser Anschauung die alte MOHLsche (1845, S. 366 bis 367) Ansicht von der „Einfaltung“ des Primordialschlauches wieder. Die Füllung des Schnürganges mit Membranstoffen läßt FARR durch den Turgordruck des Plasmas erfolgen, der die flüssige Substanz in ihn hineinpressen soll. FARR sammelt endlich sämtliche Hinweise aus der Literatur, die sich als Durchschnürung bei der Simultanteilung deuten lassen und ihre listenmäßige Aufstellung ist für spätere Untersucher dieses Gegenstandes Richtschnur und Grundstock geworden (vergl. Näheres darüber in SCHNARF 1929). YAMAHA (1926) kennzeichnet den Vorgang als „Cytokinese mit Hautschichteinfaltung“ und als „Membranleistentypus“, der „... scheinbar (sic!) durch das zentripetale ring- und leistenförmige Hineinwachsen der Mutterzellwand veranlaßt“ wird.

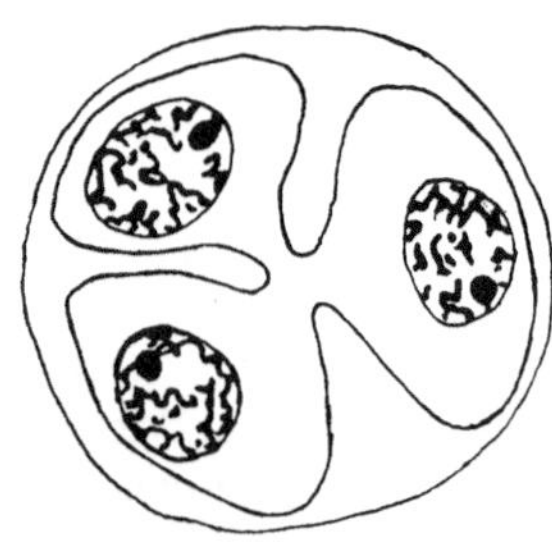

Abb. 67. Drei- (bzw. vier-)lappige Pollenmutterzelle von *Chrysanthemum* nach der Darstellung von T a h a r a als Durchschnürung. (Nach T a h a r a 1915.)

Doch der erste Forscher, welcher von einer „Furchung“ bei der Simultanteilung der Pollenmutterzellen spricht, ist TAHARA (1915, 1921), dessen Abbildung vierlappiger Pollentetraden von *Chrysanthemum* häufig wiedergeben wird (Abb. 67). Sie werden aber als ein Ausnahmefall und nur bei dieser Pflanze beschrieben, denn sonst findet er Zellplatten und nur bei den Rhodophyceen noch als Regel die Vierlappung.

Obgleich die Auffassung FARRS allgemeine Anerkennung fand (s. SCHNARF 1929), werden in Einzelfällen auch Abweichungen davon gemeldet, so z. B. von GATES (1925) bei *Lathraea clandestina* mit deutlichen plasmatischen Teilungsplatten, vor Erscheinen der keilförmigen “tetrahedral thickenings”, woraus auf Fehlen von Einfaltung oder Durchschnürung geschlossen wird, wozu übrigens auch die Plasmaströmungen nicht vorhanden sind. LATTER (1929) entdeckt bei *Lathyrus* “evanescent cell-plates”, die aber richtigen Mittellamellen ähnlich sehen (s. MÜHLDORF, 1941, S. 564 bis 565). Ebensolche Gebilde deutet REEVES (1929) bei *Medicago sativa* als Membranleisten im Sinne YAMAHAS. Eine Vakuolisation der Teilungszone beschreiben CASTETER (1925) bei *Melilotus*, PASTRANA (1931/32) bei *Begonia* und WOYCICKI (1932) bei *Gentiana*, als maßgeblichen Faktor bei der Durchschnürung der Pollenmutterzellen, so daß sogar ein neuer Zellteilungstypus, der „Vakuolentypus" aufgestellt wird. MÜHLDORF (1941) erkennt ihn aber als Fixierungsartefakt.

Ganz eindeutig im Sinne körniger Entmischungsplatten sprechen aber die Bilder von CASTETER (1925) bei der Pollenbildung von *Cucurbita maxima* (Abb. 68). Die Platten sollen sich durch Fusion von Knötchen an den Fasern der Grenzzone bilden. Ebenso läßt sich auch COOPER (1933) bei *Portulaca* vernehmen, der die Platten sich weiterhin spalten sieht, um Raum für die "projections of the mother cell wall" zu geben.

Ganz ablehnend verhält sich aber MÜHLDORF (1939, 1941) gegenüber der Furchungstheorie von FARR. MÜHLDORF konnte nämlich an Hand eines umfangreichen Materials (300 Phanerogamen) nachweisen, daß sich in der überwiegenden Mehrzahl der untersuchten Fälle sowohl Zellplatten als auch späterhin in den Radialwänden der Tetraden Mittellamellen vorfinden. Jede Mikrospore ist in einem gewissen Entwicklungsstadium von einer Eigenhaut (Exine) und außerdem auch einer Hülle aus Kallose umgeben. Alle vier Sporen sind in der alten Mutterhülle in einer bestimmten Anordnung, die sich aus ihrer Bildungsweise ergibt, eingeschachtelt. An besonders günstigen Beispielen ist bei der Bildung der direkte Übergang der Zellplatte in die Mittellamelle nachzuweisen, doch nur an lebendem und mit Neutralrot schwach angefärbtem Material. Gefärbte Mikrotomschnitte nach Paraffineinbettung lassen die geringen optischen Unterschiede zwischen den einzelnen Kalloseschichten verschwinden, so daß sie homogen sind und eine Durchschnürung vorgetäuscht wird. Der Kallosestoff ist nicht flüssig, wie sich dies FARR vorstellt, sondern ein bröckeliges Gel. Mikrotomschnitte sind aber zum Studium der Plattenbildung aus Fasern notwendig. Bei gewissen Fixierungen kann sich das ganze Plasma der einzelnen Mikrosporen in radiäre Strahlen zerlegen (Abb. 69 b).

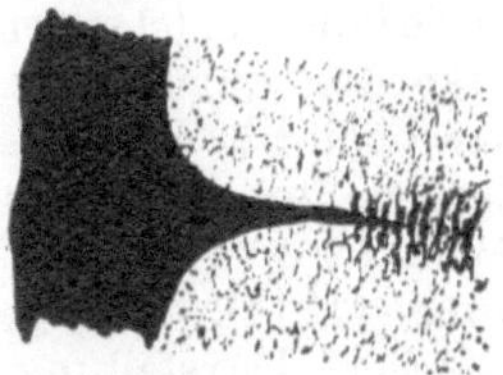

Abb. 68. Teilungsverlauf der Pollenzellen bei *Cucurbita maxima* in einer strahligen Teilungszone. (Nach CASTETER 1926.)

Die oben kurz geschilderten morphologischen Verhältnisse im Wandbau einer Tetrade wollen wir weiter unten durch die Beschreibung zweier leitender Typen, des Liliaceen- für die succedane und des *Althaea*typus für die simultane Teilung, ergänzen.

Das Vorkommen von Mittellamellen und Zellplatten beim Succedan- wie beim Simultantypus der Tetradenteilung, weist auf ihre nahe Verwandtschaft der Bildungsweise hin. Es erscheint daher die Frage berechtigt, welchen Umständen sie ihre Entstehung verdanken. Wir glauben, daß der Simultantyp völlig auf den Succedantyp zurückführbar ist, und nur einem beschleunigten Teilungsablauf zuzuschreiben ist. Schon HOFMEISTER (1867) macht eine solche Bemerkung. Als Beispiel eines ausnehmend schnellen Ablaufes von Simultanteilung führt MÜHLDORF (1941) *Iris* an, bei der in den Antheren Ein- und Viererstadien der Sporenmutterzellen überaus häufig, die Zwischenstadien aber sehr selten sind. Die nahe Verwandtschaft beider Typen spiegelt sich auch in ihrer gegenseitigen Überführbarkeit bei Einwirkung hoher Temperaturen wider. So konnte man durch Temperaturen von 25° C bei *Gagea* den normalen succedanen in einen simultanen Typus verwandeln, was MÜHLDORF (1941), bei *Polygonatum multiflorum* durch Belassen junger Knospen in feuchter Luft gelang. Es wäre also zu erwarten, daß tiefe Temperaturen das Gegenteil hervorbringen könnten. Im Gegensatz dazu aber vermochte MATSUDA (1936) bei *Petunia* durch Behandlung von Knospen mit Temperaturen von 45° C neben normalen simultanen Teilungen, die hier typisch sind, auch pathologische succedane bzw. Dyaden zu erzielen, oder Viererzellen, die sich nicht trennten.

Die Frage, welcher der beiden Typen der ursprünglichere (primäre) und welcher der abgeleitete (sekundäre) ist, läßt sich unserer Meinung nach, vom Standpunkte allgemeiner Regeln über die Zellteilung, nur so beantworten, daß der simultane Typus als Symplastenteilung von dem succedanen entstanden sein muß, weil jeder Symplast auf die Zelle als Ursprung zurückgeht. Die Beschleunigung des Teilungsablaufs haben wir oben als Ursache der Umbildung erkannt. Für die Priorität der Succedanteilung haben sich ausgesprochen: LUBIMENKO-MAIGE (1907), SAMUELSON (1914), ENGLER-GILG (1924), SCHÜRHOFF (1926), MÜHLDORF (1941). Die gegenteilige Auffassung hat ihren Grund in der falschen Darstellung des Simultantypus als Durchschnürung nach FARR (1916), die ja als primitivste Teilungsart gilt (s. SCHNARF 1929). SÜSSENGUTH (1920) begründet die Primitivität des Simultantypus mit seinem Vorkommen bei den *Cycadales*, und TISCHLER (1921/22) auch damit, daß die Teilung hierbei ohne Kernbeteiligung abläuft.

Das gehäufte Vorkommen der succedanen Teilung bei den Monocotylen und der simultanen bei den Dicotylen war schon NAEGELI (1842) und HOFMEISTER (1848, 1867) bekannt, so daß die Frage zu beantworten war, ob diese Tatsache sich nicht auch für die Theorie der gegenseitigen Abstammung dieser beiden Pflanzenklassen verwerten ließe. Ausführliches darüber berichtet SCHNARF (1929). Die negativen Ergebnisse dieser Bemühungen beruhen auf der regellosen Verteilung der beiden Typen auf Familien, Gattungen, ja selbst Arten, und auch darauf, daß der simultane bei Monocotylen und der succedane bei Dicotylen vorkommen kann. PROSINA (1929) beschreibt bei *Eremurus* sogar Übergangstypen, die wir aber eher als durch die Raumenge abgeänderte Simultanfälle halten möchten.

Teratologische Mißbildungen bei Tetraden sind nämlich gar nicht so selten, wobei Mischtypenbildung gerade das Kennzeichnende ist. Solche beschreibt z. B. LEVINE (1916) bei *Drosera rotundifolia*, SCHNARF (1929) aber hält diese Angabe für unsicher. SAXTONS (1929) Befund über das Vorkommen beider Typen bei *Larix* deckt sich mit einem Berichte von TIMBERLAKE (1900), widerspricht aber dem von DEVISÉ (1922), der nur den Simultantyp findet. WOODROOFS (1930) Daten über gemischtes Vorkommen bei *Hicoria* und DIXITS (1931) bei *Capsi-*

cum hält TISCHLER (1934, S. 381) für unwahrscheinlich. Ganz besonders gehäuft sind Unregelmäßigkeiten und Abnormitäten bei Kulturpflanzen und Bastarden, wie z. B. bei *Papaver somniferum X orientale* nach YASUI (1931) und bei *Zea mays* nach LEBEDEFF (1933). MÜHLDORF (1941) führt eine ganze Reihe von Pflanzen mit den verschiedensten Unregelmäßigkeiten an. Eine ganz besondere Abweichung beschreibt MACCLINTOCK (1929) bei einem triploiden Individuum von *Zea mays*. Nach diesem Bericht unterbleibt schon bei der Teilung der Archesporzellen die Wandbildung, so daß sich vorerst ein vielkerniges Syncytium ergibt, in dem die Kerne sogar eine Reifungsteilung durchmachen. Erst nach dieser erscheinen regelrechte Platten zwischen den einzelnen Plasmaportionen, auf welches Signal hin, auch die Tetradenteilung Platz greift und "by well defined cell plates" abgeschlossen wird.

β) **Die Tetradenteilung bei der Makrosporenbildung.** Bis jetzt war nur über die Vierlingsteilung bei den Mikrosporen-(Pollen-) mutterzellen die Rede, doch es findet sich auch bei der Makrosporenbildung in den Embryosackmutterzellen ein Stadium der Chromosomenreduktion vor, bei dem zwei rasch aufeinanderfolgende Zellteilungen eingreifen, von denen die erste eine Meiose und die zweite eine Mitose ist. Diese Zellteilungen haben succedanen, seltener simultanen Charakter. Im letzteren Fall unterbleibt nach der Meiose, aus unbekannten Gründen die Wandbildung. Beispiele für diese Teilungsart gibt uns SCHÜRHOFF (1926, S. 285), darunter auch *Orchis maculata* nach AFZELIUS (1916) an. SCHÜRHOFF zieht aus ihnen den Schluß, „daß der simultane Teilungstyp aus dem succedanen als Progression entstanden sei“, worin wir ihm zustimmen.

γ) **Beispiele für den succedanen Teilungstypus der Tetradenbildung.** Bei der Pollenentstehung geben die Pollenmutterzellen von *Lilium* ein leitendes Beispiel für die succedane Teilung ab. Die Sporenbildung beginnt schon in der Anthere mit der Auflösung des Archesporengewebes, wodurch sich die Mutterzellen isolieren. Ihre Wände verdicken sich durch Innenauflagerung von Kallose, wobei sich der Zellleib zusammenzieht. Diese Verdickungsweise wurde schon von HOFMEISTER (1867), STRASBURGER (1876), BERTHOLD (1886) und zuletzt von MÜHLDORF (1941) verzeichnet und steht im Gegensatz zu FARRS Ansicht, wonach sie nur durch Wasseraufnahme schwillt. Der heterotypischen Kernteilung folgt eine Zellplatte, die sich genau zwischen den Innenlamellen der Mutterzellhülle ausspannt, so daß zwei Zellen resultieren. In diesen teilen sich die Kerne zum zweitenmale und auch hier ist die Folge die Bildung von Zellplatten aus körnigem Material, die ihre Stellung nun zwischen der ersten Platte und den Zellpolen einnehmen, so daß sich vier Zellen in der Anordnung von Kugelquadranten ergeben, welche genau in der alten Hülle eingeschachtelt sind. Sämtliche Wandschichten, mit Ausnahme der Exine werden aufgelöst und geben Nahrungsstoffe für die jungen Sporen, die bis auf ihre vierfache Anfangsgröße heranwachsen (Abb. 69 d).

Einen ganz vereinfachten Typus der Succedanteilung lernen wir bei *Acorus Calamus* kennen (MÜHLDORF 1941), bei dem vom obigen Schachtelsystem nichts mehr zu sehen ist. Die vier Mikrosporen liegen in homogenen Hüllen ohne irgendeine innere Differenzierung.

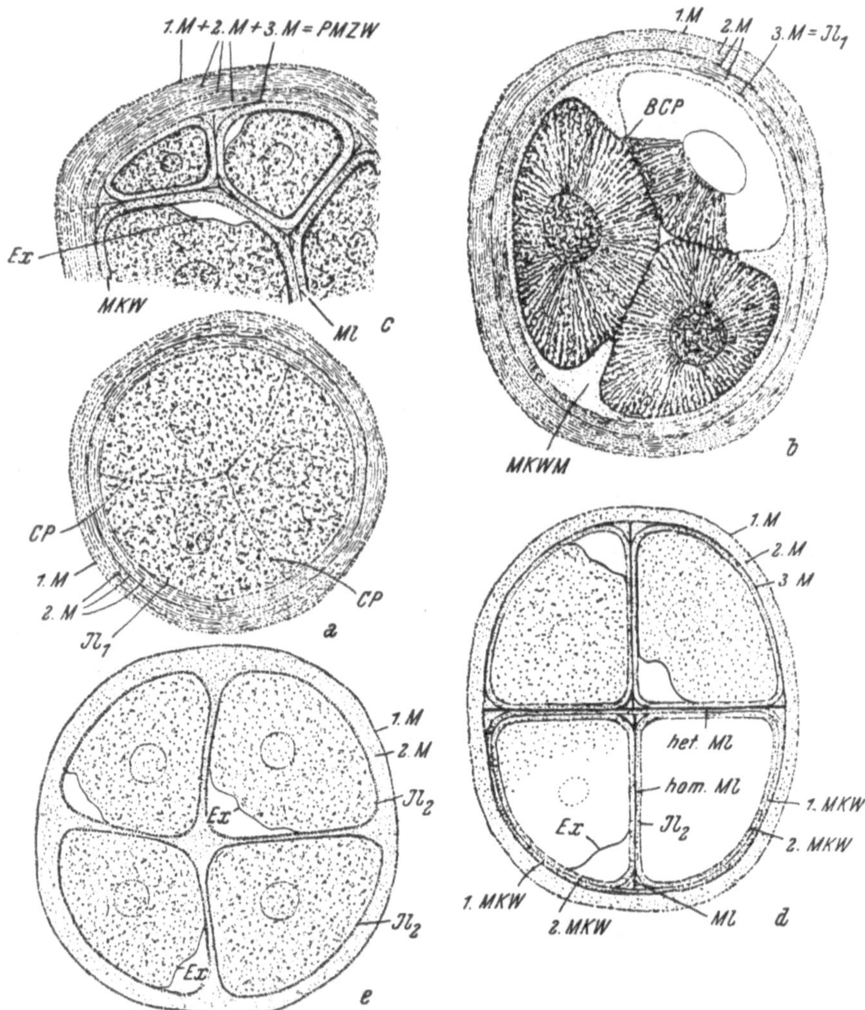

Abb. 69. *a*, *b*, *c* drei aufeinanderfolgende Stadien der Teilung von Sporenmutter-Zellen im simultanen Verlauf von *Cucurbita Pepo:* in *a* die Zellplatte in einer lebenden Tetrade, *b* Ausbildung der radialen Scheidewände mit Zellplatten als plasmatischen Vorläufern, *c* Einschachtelung der Mikrosporen, selbst bei anormaler Anzahl, in der Mutterhülle und mit Mittellamellen in den Teilungswänden. *d* Tetradenteilung der Sporenmutterzellen eines succedanen (Monocotylentypus) von *Lilium*. Man beachte die strenge Einschachtelung der vier jungen Sporen in der alten Mutterzellhaut und die stets vorhandenen Mittellamellen in den Radialwänden, welche aus Zellplatten entstanden sind. *e* Junge Pollentetrade von *Liriodendron tulipifera* ohne Spur von Mittellamellen in den Radialwänden, die auf frühere Zellplatten hindeuten würden. (Nach Mühldorf 1941.) Zeichen s. Abb. 70.

Nach JURANYI (1872) und GUIGNARD (1889) findet sich der Succedantypus bei allen *Cycadales*. DUPLER (1917) weist ihn auch bei *Taxus* unter den Coniferen nach. Über *Larix* vergl. S. 128.

Bei den Gefäßkryptogamen ist er nicht so häufig wie der Simultantypus. Bei *Ophioglossum reticulatum* soll nach BURLINGAME (1907) die Schnelligkeit mit welcher die Kernteilungen aufeinander folgen, den Ausschlag geben, ob ein Succedan- oder Simultantypus entsteht, doch "the majority of the spores are of the tetrahedral type". Für *Nephrodium* führen sowohl YAMANOUCHI (1908) als auch SENJANINOVA (1927) übereinstimmend succedane Teilung an. Bei *Isoëtes* wurde die Teilungsart erst von EKSTRAND (1920) als succedan erkannt, nachdem HOFMEISTER (1867 u. früher), STRASBURGER (1880) und R. W. SMITH (1900) zwar anfängliche Succedan- aber am Ende doch Simultantypus angenommen haben. EKSTRAND findet die Wand nach der ersten Teilung doch genügend stark ausgebildet, um von succedaner Teilung sprechen zu können.

Bei den Moosen ist ein sicherer Succedantypus bei *Catharinea* nach ALLEN (1916) bekannt. Über die *Marchantiales* berichtet K. J. MEYER (1929, 1931), daß nach beiden Kernteilungen im Äquator „Spalte" auftreten, aber es schließlich zu einer tetraedrischen Aufteilung des Inhaltes kommt und die Wände aus den Spalten bei der Membranbildung mitverwendet werden.

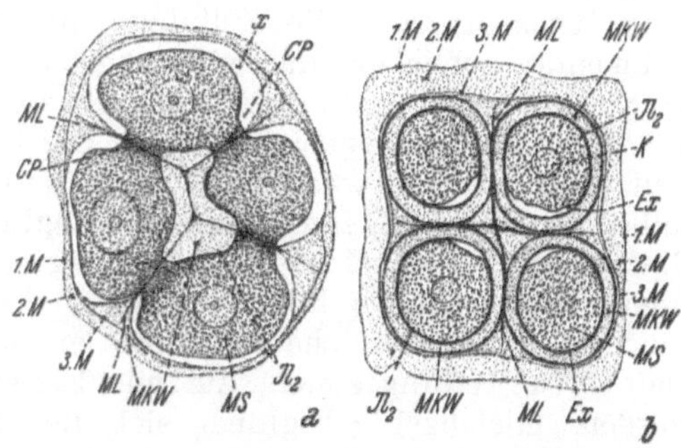

Abb. 70. Die Tetradenteilung der Mikrosporenmutterzelle von *Althaea rosea* nach dem simultanen Typus, *a* Stadium der Zellplattenbildung mit Übergang in die Mittellamelle der Radialwände, *b* vier fertige junge Mikrosporen in ihren Kammerwänden und im Raume der Mutterzelle zusammengeschachtelt. Zeichen für diese und die Abb. 69: *CP* Zellplatte, *Ex* Exine, *Il* Innenlamelle, u. zw. Il_1 die der Mutterzellwand, Il_2 die der Mikrosporenkammerwände, *K* Kern, *1. M* primäre Schichte der Pollenmutterzellwand, *2. M* ihre sekundären Schichten, *3. M* ihre tertiären Schichten (= die frühere Il_1), *ML* Mittellamelle: het. *ML* nach der heterotypen und hom. *ML* nach der homöotypen Zellteilung, *MKW* Mikrosporenkammerwand, *MS* Mikrospore, *PMZW* Pollenmutterzellwand. (Nach Mühldorf 1939.)

Über den Succedantypus bei der Sporenbildung der Algen berichtet TSCHERMAK (1942) und warnt vor der voreiligen Beurteilung des Typus nach der bloßen Stellung der Sporen, da die tetraedrische Position auch aus succedaner Teilung folgen kann. Daß aber selbst bei den sich ausschließlich simultan teilenden Tetrasporen der Rhodophyten gelegentlich ein Succedantyp entstehen kann, zeigt uns DREW (1935) bei *Rhodochorton violaceum* KÜTZ.

δ) Beispiele für den simultanen Teilungtypus der Tetradenbildung. Als Musterbeispiel für die simultane Pollenbildung stellt MÜHLDORF (1941) die Tetradenteilung von *Althaea rosea* auf. Nur bei kugeliger Gestalt der Mutterzellen ergibt sich eine tetraedrische Aufteilung des Plasmaleibes der Mutterzelle, gedrängte Raumverhältnisse in der Anthere können zu Stellungen führen, die dem Succedantypus eigen sind (quadratische, kreuzweise oder rhombische Quartette) und selbst den allgemeinsten Teilungsgesetzen widersprechen (ROSENBERG 1914: *Zostera*). Ausführlicheres darüber findet sich in der Embryologie von SCHNARF (1929); vergl. auch Abschn. II, C, 6.

Auch *Althaea rosea* weist in der Stellung der Mikrosporen mancherlei Abweichungen vom Tetraeder auf: die verbreitetste davon ist die flächige Anordnung, die sich auch in unserer Abbildung findet (Abb. 70), weil bei ihr die Wandbildungsverhältnisse am klarsten zu überblicken sind. Wie bei *Lilium*, so fängt auch bei *Althaea* die Tetradenteilung mit der Trennung der Zellen im Archesporgewebe an. Die heterotypische Kernteilung stellt sich frühzeitig ein doch kann die Plasmateilung nicht geordnet zu Ende gehen, weil die Kerne in eine neue Mitose treten. Die Zellplatte aus der ersten Teilung war nur rudimentär geblieben und wird abgebaut (sie ist „transitorisch"), da nach der zweiten Teilung sich neue Beziehungen zwischen den Kernen und dem Plasma ausgebildet haben. Die Kerne postieren sich möglichst weit von einander, was die Tetraederstellung ergibt, wenn die Mutterzelle eine Kugel ist, sonst aber alle möglichen Kombinationen, mit dem Grundprinzip, daß sich die „physiologische Stärke" jeden Kernes mit einer entsprechenden Portion Plasma absättigt. An den Grenzen der neuen Wirkungsbereiche der Kerne erscheinen nun „sekundäre" Zellplatten in Teilungszonen, die mit Fixierungsmitteln strahlig gefällt werden. Gleichzeitig beginnen sich die jungen Mikrosporen energisch abzurunden, was sich anfangs als Abflachung und selbst leichte Einsenkung des Mutterplasmas an den Tetraederbasen äußert. Hier nämlich schließen die neuen Teilungsplatten an die Innenlamelle der Mutterwand an.

Wenn die Durchteilung des Plasmas der Mutterzelle erfolgt ist, finden sich vier junge Sporen in der alten Hülle e i n g e s c h a c h t e l t vor. Jede besitzt eine Exine und eine besondere Kallosehaut, zwischen denen Mittellamellen ziehen, deren Entstehung aus den „sekundären" Platten sich gerade bei *Althaea* und *Cucurbita* (Abb. 69 a—c) einwandfrei verfolgen läßt. Im Idealfall einer regelmäßigen Tetradenteilung stoßen sie, von den Basen besehen, unter einem Winkel von 120° im Mittelpunkte der Tetrade zusammen. Alle Kallosewandungen lösen sich auf und werden als Nährstoff beim Wachstum der Sporen verbraucht.

Vereinfachungen des obigen *Althaea*-Beispieles sind der *Geranium-*, *Compositen-* und *Liriodendrontypus* (Abb. 69 e), die MÜHLDORF (1941) beschreibt. Von diesen ist der letzte der interessanteste, weil er im Momente der Zellteilung der D u r c h s c h n ü r u n g v ö l l i g ä h n l i c h s i e h t. Man hat dann vierlappige Sporenmutterzellen mit bilateral quadratischer Anordnung der Sporen vor sich, die in h o m o g e n e n Kallosewänden stecken und keine Spur von Schachtelung aufweisen. Da die Radialwände mit abgerundeten Stirnseiten in das Plasma einzudringen scheinen, wird das Bild einer Durchschnürung noch vervollständigt.

Nur richtige Fixierungen lassen in den Teilungszonen die von *Althaea* und anderen Beispielen her bekannten Fällungsstrahlungen erkennen, die für uns ein Zeichen von Wandbildung sind und dafür, daß die Teilungszonen sich hier im Zustande einer Plasmaverdichtung und nicht Verflüssigung befinden, die sonst eine Durchschnürung kennzeichnet (vergl. MÜHLDORF 1941, S. 600 bis 601).

Die simultane Tetradenteilung ist weit verbreiteter als die succedane, sowohl bei den höheren Pflanzen (besonders den Dikotylen) als auch bei den niederen (Farnen, Moosen und Algen). Genaue Listen über die Blütenpflanzen finden sich in SCHNARFs (1929) Embryologie.

Bei den Gefäßkryptogamen dient oft nur das gehäufte Vorkommen des tetraedrischen Sporenverbandes für die Erkennung der Simultanteilung wie z. B. für STEVENS (1905, s. FARR 1916, S. 267) bei *Botrychium Lunaria*; oder für R. W. SMITH (1900) bei *Osmunda regalis*, die außerdem transitorische Zellplatten besitzt. *Psilotum triquetrum* wurde von HOFMEISTER (1867) und darauf von STRASBURGER (1880) untersucht und zeigt tetraedrische oder flächige Aufteilung mit länger dauernden primären Platten, was von YAMAHA (1920) bestätigt wird. Für *Ophioglossum* sagt BURLINGAME (1907): "After the first division a wall may or not form before the next division" und dies soll von der Schnelligkeit abhängen, mit welcher die zweite Teilung der ersten folgt; aus der Häufigkeit der Tetraederstellung wird dann auf Simultanteilung geschlossen. Die Beschreibung der Makro- und Mikrosporenbildung bei *Selaginella* (LYON 1901) stimmt auf simultane Teilung, desgleichen für *Marsilia* nach RUSSOW und STRASBURGER (1880, S. 137, 1907). Von STRASBURGER (1889) stammt dieselbe Angabe auch für die Sporen von *Lycopodium*. Die Sporenbildung von *Equisetum* endlich hat schon öfters das Interesse der Zytologen auf sich gezogen, wie aus STRASBURGERS (1880) historischer Übersicht darüber zu ersehen ist, und ist als ähnlich mit *Psilotum* gefunden worden. LEWITZKY (1925) bestätigt diese Befunde, auch die langlebigen transitorischen Zellplatten, doch die Körnchenansammlung im Äquator erkennt er als Chondriom. LENOIR (1934) aber schildert die Vorgänge so, als ob die Teilung succedan erfolgen würde.

Wenn wir nun einen Blick auf die Sporenbildung bei den Moosen werfen, so fällt uns auf den schönen Bildern über *Sphagnum squarrosum* von MELIN (1915) die simultane Teilung sofort in die Augen. SACHS (1874) bemerkt diesen Typus auch bei *Funaria hygrometrica*, während *F. flavicans* nach BEARDSLEY (1931) sich weder nach der ersten noch nach der zweiten Mitose „furchen" soll. Die Sporenmutterzellen von *Anthoceros* sind seit der Frühzeit der Zytologie ein beliebtes Untersuchungsobjekt. STRASBURGER (1880, S. 158 bis 165) schildert uns seine Geschichte und die Vorgänge bei der Teilung, die dadurch merkwürdig ist, daß sich zuerst der Chromatophor mittels zweier Teilungsschritte in vier Stücke zergliedert. Einzelheiten darüber liefert uns neuerdings LANDER (1935, s. Abschn. I, C). Diese nehmen schon die tetraedrische Stellung ein, bevor die Plasmateilung simultan eintritt (STRASBURGER 1880, DAVIS 1899). Bei *Pellia* konnte sich STRASBURGER (1880) „auf das Bestimmteste" vom Vorhandensein der Zellplatten, die sich von innen her alle gleichzeitig ausbreiten und an die peripheren Vorsprünge ansetzen, ganz wie bei *Tropaeolum*, überzeugen. Die vierlappigen Sporenmutterzellen von *Aneura* deuten nach FARMER (1874) und FARMER-MOORE (1905, s. FARR 1916) auf simultane Teilung hin, ebenso bei *Pallavicinia* nach MOORE (1905) (Abb. 2) und bei *Blasia pusilla* nach LORBEER (1927). LORBEER (1934) gibt uns auch ein schönes Bild der Sporentetraden von *Sphaerocarpus Donelli* im Kernteilungsstadium und im fertigen Zustande.

Bei den Phaeophyceen kann man nach OLTMANNS (1922, S. 218) die Bildung der vier ersten Kerne als Tetradenteilung ansehen, seit YAMANOUCHI Chromosomenreduktion hierbei gefunden hat. Bei *Fucus* entstehen im ganzen acht Kerne, die durch simultanen Teilungsverlauf das Plasma in acht Oosporen zerlegen, doch bei Rückbildungen auch in weniger. Für *Ascophyllum* sieht man in OLTMANNS (1922, 2. Bd. Abb. 218) eine tretraedrische Anordnung der Sporen gezeichnet.

Die Sporenbildung der Rhodophyten ist (Abb. 71), nach allgemeiner Ansicht, das Schulbeispiel einer „Furchung", d. i. Durchschnürung, im Pflanzenreiche, was mit einer Abbildung von einer dreilappigen Sporenmutterzelle von *Delesseria sanguinea* nach SVEDELIUS (1911) belegt wird. Diese Ähnlichkeit ist aber selbst nach SVEDELIUS Worten nur äußerlicher Natur, denn genauer besehen, sollen sie eine „höchst bemerkenswerte" Organisation zeigen, aus der sich auch die Bildungsweise der Tetraden folgern läßt. In den simultan aber langsam entstehenden Radialwänden nämlich erscheinen deutliche Mittellamellen, so daß die Sporen in gleicher Weise wie die Pollenkörner beim *Althaea*-Typus in der Mutterzellwand zusammengeschachtelt sind (Abb. 71 b). Auf dem Bilde gehen die Mittelwände zwar nicht direkt aus dem Plasma heraus, aber dies ist in einem Bilde von YAMANOUCHI (1906, Abb. 165 u. 165 a) über *Polysiphonia violacea* der Fall, worin die homogenen Radialwände ihre Fortsetzung in feinkörnigen Lamellen finden, die offenbar Zell- bzw. plasmatischen Entmischungsplatten homolog sind (Abb. 71 d). Trotz solcher Strukturen spricht YAMANOUCHI traditionell auch hier von "cleavage furrows". Übrigens finden SVEDELIUS' Bilder mit den Mittellamellen in den Radialwänden, eine gute Bestätigung auch in einer Beobachtung von BAUCH (1937, S. 373, 374, Abb. 2 e) bei *Litophyllum incrustans* über „Hautfalten", die von der Mutterwand in die Radialwände eintreten und an „ihrer Spitze eine knopfförmige Verdickung tragen".

Doch in einer anderen Arbeit von SVEDELIUS (1914) findet sich eine wichtige Ergänzung seiner Ansicht über die Entstehungsweise der Radialwände bei Rhodophyten, nämlich in einem Bilde von *Nitophyllum*. Darauf sieht man die jugendlichen Radialwände im Plasma als dünne Lamellen, die von Chromatophoren eingesäumt sind. Die Ähnlichkeit mit analogen Gebilden bei der Tetradenteilung phanerogamer

Pflanzen ist zu auffallend, als daß man nicht auch bei den Rhodophyten plasmatische Entmischungsplatten bei dieser Gelegenheit annehmen sollte (Abb. 71 a).

Ganz eigentümlich klingen die Angaben von P. W. CARTER (1927, S. 154) über die Sporenmutterzellen von *Padina Pavonia*, wonach sich in der Teilungszone eine "zone of clear protoplasma" bildet, worin sich

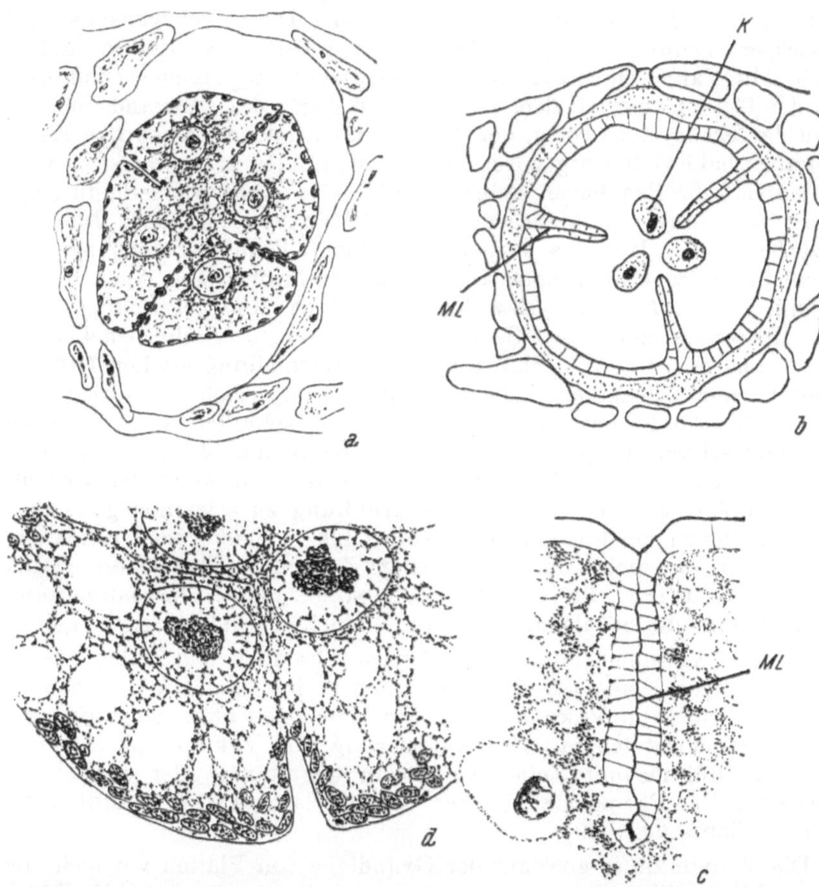

Abb. 71. Die Tetrasporenbildung bei den Rhodophyten. *a Nitophyllum punctatum* im frühen Stadium mit radialen plasmatischen Teilungsplatten, von denen sich die eine links oben eben zu verdicken beginnt. *b*, *c*, von *Dellesseria sanguinea* mit deutlichen Mittellamellen (*ML*) in den Radialwänden, die auf Teilungsplatten zurückgehen könnten (*K* = Kerne), in *c* auch Querporen in den jungen Sporenmembranen, *d* Ausschnitt aus einer Sporenmutterzelle in Teilung von *Polysiphonia violacea* mit einer Radialwand, deren äußerer Teil schon verdickt ist, die aber im Inneren des Plasmas eine deutliche plasmatische Vorstufe aufweist. (*a* nach Svedelius 1914, *b*, *c* nach Svedelius 1911, *d* nach Yamanouchi 1906.)

Vakuolen zu "furrows" vereinigen (die sich darauf beziehende Abb. 3 b sieht so aus, als ob die Sporen in der Trennungszone auseinanderfließen würden). UBISCH (1931) läßt die Tetradenteilung vom Zellzentrum aus beginnen.

b) Die Teilung vielkerniger Symplasten im Bereiche des weiblichen Gametophyten bei den Phanerogamen (Embryosackbelege), den Gymnospermen, bei Selaginella und Isoëtes.

α) **Die Teilung und Wandbildung in nukleären Endospermen.** Von den drei Typen des Endosperms: dem zellulären, nukleären und helobialen, haben nur die zwei letzten syncytiale Entwicklungsstadien und zellige Kammerungen aufzuweisen. Die Embryosäcke mit nukleärer Teilung sind im allgemeinen weiträumig und vakuolenreich. Alle Vakuolen fließen in eine Zentralvakuole zusammen und pressen das Cytoplasma mit dem Zygotenkern gegen die Zellwand. Sie entsteht der Embryosackbeleg, der durch fortschreitende synchrone Kernteilungen bald vielkernig wird. Die Kernteilungen gehen meist so vonstatten, daß die Prophasen embryo- und die Telophasen mit Stadien der Membranbildung, chalazawärts liegen (STRASBURGER 1880, JUNGERS 1931 bei *Iris)*. JUNGERS spricht von einer „Teilungswelle", die von einem Ende des Embryosackes zum anderen läuft. Nach ARZT (1933) beginnt sie bei *Eranthis hiemalis* am Chalaza- und bei *Podophyllum* am Mikropylarende des Sackes. Ausgebreitete Embryosackbelege liefern uns eine Übersichtskarte mit allen Kernteilungsstadien (STRASBURGER) eng beisammen. Die Anzahl, bis zu welcher sie sich vermehren, bis der Embryosack zur Kammerung schreitet, ist verschieden groß und erbbedingt (s. SCHNARF 1929). Die Wandbildung beginnt erst nach Erreichung der vollen Größe des Sackes und wenn der Fruchtknoten äußerlich schon eine leichte Bräunung zu erkennen gibt.

Nicht immer zerfällt der Beleg sofort bis in Einkernzellen, manchmal werden erst mehr- oder zweikernige Zwischenstadien eingeschaltet (STRASBURGER 1880, BERTHOLD 1886, JUNGERS 1931). *Agrimonia* kann nach STRASBURGER als Beispiel für sofortige Einkernigkeit gelten.

Um den Vakuolenraum des Embryosackes auch mit Zellen auszufüllen, dringen Plasma und Wände auch in ihn ein. Die ersten periklinen Wände zum Vakuolenraum hin legen sich ohne Strahlung an, weil Gegenkerne fehlen. Die Kammerung des Vakuolenraumes und seine Ausfüllung mit Zellen erfolgt in simultaner oder succedaner Weise von der Peripherie oder dem Mikropylarende aus (HEGELMAIER 1886, s. SCHNARF 1929).

Die Wandbildung geht auf der Grundlage von Platten vor sich, die in strahligen Teilungszonen (aktivierten Plasmagürteln) als Körnchenplatten zum Vorschein kommen. Die Körnchen und Fasern sind aber nur durch saure Fixationsmittel zu erzielen, nicht aber mit neutralen; sie fehlen auch in lebendem Material. Daher erklärt sie JUNGERS (1931) als Artefakte der Mikrotechnik. Auch STRASBURGER (1880) fand, daß die Fäden einerseits bis dicht an die Kerne reichen, in anderen Fällen aber auch nur auf „kurze zueinander parallele, fast nur die Teilungsebene durchsetzende Striche beschränkt sein können" ... „Manchmal ist von einer Streifung überhaupt nichts zu bemerken, ungeachtet die Scheidewand beginnt ...". Er läßt es dahingestellt sein.

ob eine Strahlung auch einmal fehlen kann. JUNGERS (1931) hält aber die Strahlung für vital vorgebildet und für das Zustandekommen der Platten unerläßlich, als wahrscheinliche Reiz- und Materialwege nach den Kernen hin.

Bei *Iris* sollen nach JUNGERS (1930) (Abb. 72) die Spindeln der letzten Kernteilungen gleich auch für den Kammerungsprozeß mitverwendet werden, während zu den Nachbarkernen hin, mit denen keine genetische Beziehung besteht, sich sekundäre Spindeln einschalten. Das soll in einer bestimmten Ordnung geschehen, so daß sich konstante typische Systeme der Kernzusammenhänge ergeben: Dreiecke, Rauten oder unregelmäßige rechteckige Figuren (figure en triangle, figure en losange, figure en cadrilater). Solche Verbände können aber, da sie flächig sind, nur für einkernschichtige Belege gelten, denn bei räumlicher Anordnung der Kerne müssen Faserbrücken nach allen Richtungen hin ziehen (HEGELMAIER 1880). Dies tritt am besten in einem Mikrolichtbild über die Wandbildung in keimenden Makrosporen (im weiblichen Prothallium) von *Sequoia gigantea* nach BUCHHOLZ (1939) hervor, worauf jeder Kern von einem regelmäßigen Maschennetz aus Strahlen umgeben ist. Alle diese Strahlenbrücken haben völlig gleichartiges Aussehen, so daß es unmöglich ist von primären oder sekundären Spindeln zu sprechen, da ja die Kammerung aus voller Kernruhe beginnt. Eine Ausnahme hievon ist aber z. B. *Caltha palustris* nach STRASBURGER (1880).

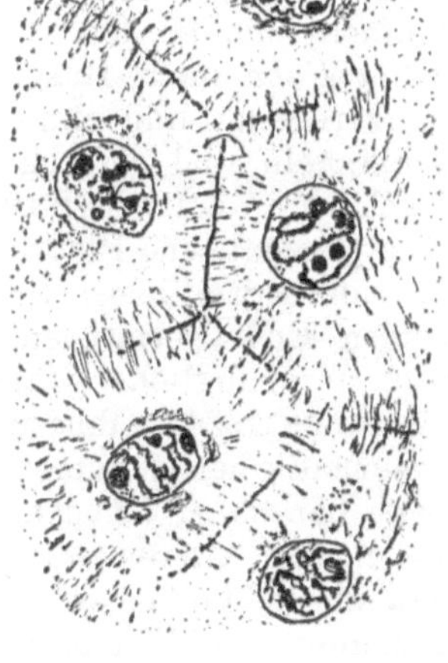

Abb. 72. Ausschnitt aus einem Embryosackbeleg im Zustande der Aufteilung in Zellen bei *Iris pseudacorus*. Der Strahlungskörper zwischen den entstehenden Zellen ist nicht in sich abgegrenzt (individualisiert). (Nach Jungers 1931.)

STRASBURGER gibt an, daß die ersten Strahlen in der kürzesten Verbindung zwischen den Kernen und nur in geringer Zahl gebildet werden, sich aber bald vermehren, weil sie nicht hinreichen würden, um eine Platte zu liefern. Die von der Mitte fernerstehenden richten sich konzentrisch nach den Kernen aus; ebenso läßt sich JUNGERS (1931) vernehmen.

Die körnige Struktur der ersten Wandanlage ist nach JUNGERS (1931) ein Fixationsartefakt, denn bei schonender Behandlung ist sie eine „ligne ondolante très fine et en peu colorée". Sie fängt in der Regel in der Mitte der Teilungsfigur an und schreitet rasch zu den Zellecken hin. Wenn sie dort nicht gleich auf eine Platte aus der Nachbarzelle trifft, so greift sie auf diese über, wächst dann aber zentripetal weiter. Bemerkenswert ist ferner, daß sich nach STRASBURGER (1880) schon zur Zeit der Kernteilungen „transitorische Zellplatten" bilden können, wenn die einzelnen Kerngenerationen nicht rasch genug aufeinanderfolgen, um dies zu unterdrücken.

Doch auch ohne Strahlung können in gewissen Fällen richtige Scheidewände entstehen. In *Podophyllum* führt uns ARZT (1933) einen Fall vor, wo die Wand ohne deutliche Strahlung zustande kommt. Solche Fälle fordern zu Vergleichen der Embryosackzerlegungen mit der Zerklüftung (Abschn. II, A, 8) oder zentripetalen Wanddurchschichtung (Abschn. II, B, 4) von Sporangien bei den Phycomyceten auf, die schon auf STRASBURGER (1880), BÜSGEN (1882), KUSANO (1909), GRIGGS (1909) u. a. zurückgehen. Strahlenlose Wandbildung ist vor allem aus pathologisch veränderten Endospermen bekannt. So erfahren wir von CONDITT (1932), daß in durch Befall von *Blastophaga* parthenogenetisch angeregten Samenanlagen von *Ficus*, die Kammerung des Endosperms ohne Fällungsstrahlung, und zwar durch „Spalten" erfolgt, die sich zentripetal ausbreiten, während in unversehrten Samen die gewöhnlichen Teilungsbilder Regel sind. Ebenso können sich in den rudimentären (vergänglichen) Endospermen bei *Vicia Faba* nach BUSCALIONI (s. TISCHLERs Karyologie) die Wände ganz regellos und ohne jede Beziehung zu den Kernen hin- und herschlängeln und sie sogar kreuzen und verschiedentlich einschnüren. Doch ist in solchen Fällen die Grundlage für die Wand, wie überall, eine plasmatische Platte (vergl. Abschn. II, B, 6).

Ein begreifliches Interesse hat die Frage gefunden, welcher der beiden Endospermtypen, der nukleäre oder zelluläre, der phylogenetisch ursprünglichere (ältere) sei (vergl. SCHÜRHOFF 1926, SCHNARF 1931. TISCHLER 1934). Ohne uns in diese Frage von der Seite der Pflanzensystematik her einzumengen, möchten wir sie nur von der zytologischen Seite her näher beleuchten. Und da werden wir dem zellulären Endosperm den Altersvorrang nicht versagen können, wenn wir bedenken, daß die mitotische Zellteilung im zellulären Endosperm, von allgemeinen Gesichtspunkten aus, der Symplastenteilung des nukleären unbedingt voranzustellen ist (vergl. Abschn. I, A, B). Sagt doch sogar TISCHLER, der die Primitivität des nukleären Typus verteidigt, in seiner Karyologie (1934, S. 392): „Meist werden wir allerdings geneigt sein, die Zellwandlosigkeit als abgeleitet aufzufassen." Dieser allgemeine Grundsatz wird auch auf das Endosperm Geltung haben können. Im Syncytium lebt immer der Hang zur Einkernigkeit, wie dies uns z. B. die „transitorischen Zellplatten", von denen oben die Rede war, beweisen. Inwiefern sich unsere obigen Überlegungen auch zu einer Spekulation über systematische Fragen verwenden lassen, soll an einem Ausspruch von TISCHLER (1929) ermessen werden, der zytologische Ergebnisse nicht so ohne weiters für systematische Urteile anwendbar findet.

β) **Die Teilung und Wandbildung in syncytialen Entwicklungszuständen weiblicher Gametophyten bei Gymnospermen.** Die Teilung des Makrosporenkernes und seiner Folgekerne, aus denen der Gametophyt entsteht, hat in der Anfangszeit der Syncytienbildung synchronen Charakter, der sich infolge der Stoffspeicherung allmählich verliert. Durch Ausbildung einer großen Zentralvakuole wird der mehrkernige

(„nukleäre") Inhalt des Makrospore an die Wand gepreßt und nach Aufstellung der Kerne in regelmäßigen Abständen, in einem bestimmten Augenblick nach der Befruchtung der Eizelle, in mehrkernige Abschnitte gekammert. Wie uns SOKOLOWA (1890) gezeigt hat, treten dabei zuerst antikline Wände auf, die unvollständig begrenzte Blöcke („Alveolen") herausschneiden. Diese verlängern sich nach der Zellmitte hin und zergliedern auch die Zentralvakuole, unter gleichzeitiger oder späterer Herausbildung von Periklinen.

Die Anlage der Antiklinen in dem anfangs einschichtigen Makrosporenbeleg von *Cryptomeria japonica* z. B., lernen wir an den guten Abbildungen von LAWSON (1904, s. SCHNARF 1933, S. 77, Abb. 21) kennen. An den Zellgrenzen der Alveolen finden sich Plasmastrahlungen ein und die Zellplatten dringen langsam in das Innere der Makrospore ein. Doch sind nicht immer Strahlungen die Grundbedingung für die Entstehung von Plasmaplatten, wie sie uns PEARSON (1929) bei den *Gnetales* zeigt. Bei *Welwitschia* soll sich im Prothallium keine Spur von „faserigen Zerklüftungen" vorfinden, wenn es in unregelmäßige ein- bis mehrkernige Blöcke zerschnitten wird. PEARSON spricht von "cleavage", d. i. Zerklüftungen, ohne näher bezeichnen zu können, ob "the formation of the cleavage planes is centripetal or whether they appear simultaneously throughout the sac". Aber an der Oberfläche der Prothallien laufen an den Ansatzstellen der Wände Einsenkungen oder selbst tiefe Furchen hin.

Bei der großen Mehrzahl der Gymnospermen (*Cycadales*, *Ginkgoales*, *Coniferales*, *Ephedra*) ist die Ausbildung der Kammerwände in weiblichen Gametophyten an typische Strahlensysteme geknüpft, die denen im nukleären Endospermen der Blütenpflanzen homolog sind. Der Kammerungsprozeß ergreift den ganzen syncytialen Inhalt der Makrospore, nur bei *Arthrotaxis* bleibt ihr oberer Teil von einer großen Vakuole eingenommen. Die Zahl der Kerne im Augenblicke der Kammerung schwankt selbst bei nahen Arten (s. SCHNARF 1933).

γ) **Die Teilungen und Wandbildungen in syncytialen proembryonalen Stadien bei Gymnospermen.** Die Embryonen der Gymnospermen sind durch syncytiale Vorstadien ausgezeichnet, was als einer der Hauptunterschiede hinsichtlich der embryonalen Entwicklung gegenüber den Angiospermen gilt, bei denen solche Vorstufen nur gelegentlich beobachtet wurden, und zwar von TISCHLER (1912) als Abnormität in einer unbefruchteten Eizelle von *Ficus carica*, von KUSANO (1915) in einem ähnlichen Falle bei *Gastrodia elate* und schließlich von RUTGERS (1923) bei *Moringa oleifera*, wo in der Regel erst nach einem 16-Kern-Stadium eine Kammerung einsetzen soll (vergl. hiezu SCHNARF 1929, S. 393).

Die Wandbildung in den proembryonalen Syncytien der Gymnospermen beginnt, mit wenigen Ausnahmen, im unteren Teile der Eizelle, wohin sich die freien Kerne, von einem bestimmten Entwicklungsstadium ab, zusammenziehen. Das kann dazu führen, daß die obere Hälfte ganz ungeteilt bleibt. Andererseits entstehen die Proembryonen von *Araucaria* im Zentrum der Zelle. Die Proembryonen der Gymnospermen lassen meist schon während des Kammerungsprozesses einen etajenartigen Aufbau erkennen, die zuinnerst gelegenen Kammern sind gegen den Zellraum des Eies hin offen, d. h. wandlos.

Um nun auch einige konkrete Beispiele für Kammerungen in embryonalen Syncytien zu geben, sollen zuerst die Verhältnisse bei *Dioon edule* und *Stangeria paradoxa* nach den Schilderungen CHAMBERLAINS (1910, 1916) mit einigen Worten gestreift werden, weil sie am bekanntesten sind. Bei ihnen, wie auch anderen Cycadeen, lassen sich merkwürdigerweise im Proembryo transitorische Zellbildungen erkennen, die im oberen Teil der Eizelle verschwinden und im mittleren nur einen Hauch eines polygonalen Faserwerkes zurücklassen, wodurch auch hier der Schein einer Kammerung erweckt wird. Im unteren Teile aber verfestigen sich die anfänglichen undeutlichen Platten, die in einem Faserwerk entstehen, zu wirklichen Wänden. Doch kann die Faserung oft nur auf eine geringe Länge und selbst auf die schmale Ebene der Plattenentmischung beschränkt bleiben. Die Platte ist anfangs einfach und soll sich in die Hautschichten aufspalten.

Hinsichtlich der Wandbildung steht, nach den Befunden von HERZFELD (1928), die Kammerung im Proembryo von *Ginkgo biloba* etwas abseits von anderen Gymnospermen (Abb. 73). In Präparaten, die mit dem Flemmingschen Gemisch fixiert und nach dem Dreifarbenverfahren gefärbt sind, nimmt das Cytoplasma körnigen Charakter an, mit kräftig rot gefärbten proteinartigen Einschlüssen. Schon vor der letzten freien Kernteilung, also im Stadium mit 128 Kernen, ordnen sich die vorher verstreut liegenden Körnchen radienartig um die Kerne so an, daß diese wie von Strahlen umgeben erscheinen; doch weichen sie hinsichtlich ihres Aussehens grundlegend von den achromatischen Strahlen eines Phragmoplasten ab. Dementsprechend ist auch die Ausbildung der Entmischungsplatte ganz anderer Natur, als in einem gewöhnlichen Strahlensystem; denn in der Mitte zwischen je zwei benachbarten Zellen „tritt eine Lockerung im Plasma auf, indem dort die Vakuolenbildung einsetzt". Die Zahl der Vakuolen nimmt durch Zerlegung zu, so daß sich das Plasma in kleine dünne Stränge zerfasert (also schaumig wird). Die Längsachsen der Vakuolen sind auf die Kerne hin ausgerichtet. „Man erhält schon auf dieser Entwicklungsstufe eine Vorstellung, welche Teile des Cytoplasmas zu jedem Kern gehören und wo die Wände verlaufen. Diese treten dann rasch und gleichzeitig auf und sind anfangs sehr zart und kaum färbbar. Sie verlaufen zwischen den Tonoplasten benachbarter Vakuolen und sind senkrecht auf jene Plasmazüge orientiert, die radial zum nächsten Kern ziehen." Entsprechend dem Aussehen der Vakuolengrenzen, sind die Primärwände zackig. Späterhin teilen sich die Proembryozellen weiter, nun aber mit Zuhilfenahme von Phragmoplasten.

Die obige Beschreibung zeigt uns zur Genüge, daß die Bildungsart der Wände in den Proembryozellen von *Ginkgo* nichts mit Strahlensystemen zu tun hat. Man muß eher an einen Vakuolentyp mit zentrifugalem Wandbildungsverlauf in Symplasten denken, wie wir ihn von *Stypocaulon* nach der Beschreibung von W. T. SWINGLE (1897) in Zellen kennen (vergl. Abschn. II, C, 1, Abb. 49).

Bei manchen Gymnospermen können die Wandbildungsprozesse im Proembryo bemerkenswerte Eigentümlichkeiten erkennen lassen. So wenden sich z. B. nach KILDAHL (1907) bei den Pinaceen die vier ersten Kerne vom Zentrum der Eizelle zum Grunde hin und ordnen sich dort in einer Ebene an (vergl. auch STRASBURGER 1880). Die Entstehung der ersten Wände dabei war schon Gegenstand mehrerer Untersuchungen (STRASBURGER 1875 und früher, BLACKMAN 1898, CHAMBERLAIN 1899, FERGUSON 1904, KILDAHL 1907). Die ersten Längsdifferenzierungen in der Grenzzone der Zellen, sind nach KILDAHL nur "pseudowalls", also Scheinwände aus faserigem Cytoplasma, das aus der Nähe der Kerne in die Trennungszonen einwandern soll und dort plattenähnliches Aussehen bekommt. Die ersten Wände sind diejenigen, welche nach der synchronen Teilung der ersten Kerne in phragmoplastähnlichen Figuren („spindles") angelegt werden. Darauf treten eben solche Fasersysteme auch in der Querzone auf und in ihrem Äquator entmischen sich die definitiven Längswände an Stelle der früheren Scheinwände.

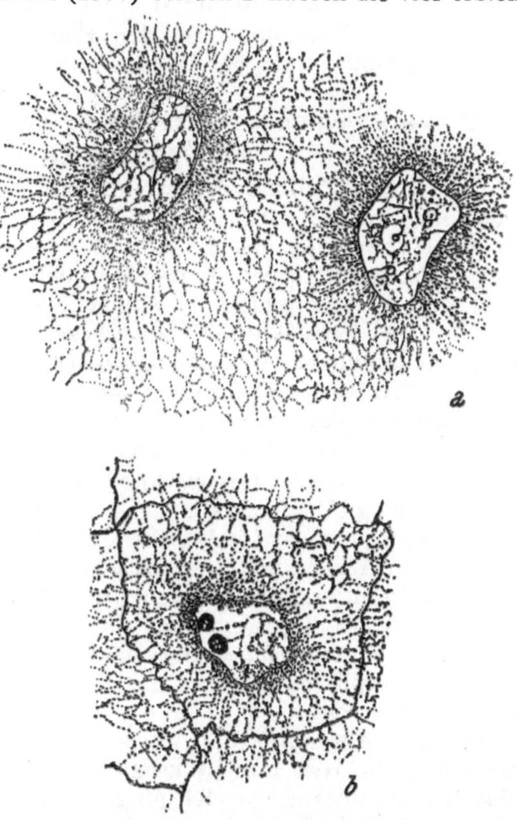

Abb. 73. Ausbildung von Wänden im proembryonalen Syncytium von *Ginkgo biloba*. *a* das Plasmanetz nimmt an der Grenze der Wirkungssphären benachbarter Kerne die für die Wandbildung charakteristische Stellung seiner Maschen an. *b* Im Maschenwerk des Plasmas haben sich die Zellwände durch Verfestigung der körnigen Vakuolengrenzen gebildet, aber die durch den Vakuolenverlauf hervorgerufenen Verbiegungen sind noch nicht geglättet. (Nach Herzfeld 1928.)

δ) **Die Teilung und Wandbildung in proembryonalen Syncytien bei Selaginella und Isoëtes.** Nach Untersuchungen von LYON (1901) gibt es auch bei *Sellaginella apus* und *rupestris* syncytiale Proembryostadien, die sich in einem gegebenen Augenblicke, von der Spitze ab, vorerst in mehrkernige Blöcke und dann bis zur Einkernigkeit, kammern. Da die Zellteilungen rasch darauf weiter gehen, so liegen bald mehrere Generationen von Zellen übereinander. Die Wände bilden sich aus kleinen Körnchen an Fasern, die LYON mit Strömen vergleicht, welche die Körnchen für die Wandbildung heranschaffen.

Syncytiale Vorstadien bei der Embryobildung finden sich nach CAMPBELL (1905) auch bei *Isoëtes*.

D. Vergleichende Betrachtung der „freien Wand- bzw. Zellbildung“.

Zur „freien Zellbildung“ wollen wir die wenigen Fälle von Zellentstehung rechnen, bei denen die Begrenzungshaut (bzw. Grenzschichte) ohne Zusammenhang mit bereits bestehenden Wandungen ausgebildet wird, so daß hierbei lediglich der Einfluß des Kernes und nicht etwa auch derjenige der Hautschicht der Mutterzelle zur Geltung kommt. Es handelt sich bei diesen Fällen hauptsächlich um Symplastenteilungen, weil da mehrkernige Plasmakörper in kleinere, meist einkernige Stücke zerlegt werden, die überdies die Eigentümlichkeit haben, daß sie sich lostrennen. Es handelt sich also um eine richtige „freie Zellbildung“ und nicht nur „Teilung“.

Da wir die Art der Grenzschichtbildung als wichtigstes Moment für das morphologische Verständnis der Zellvermehrung halten, so hätten auch die Beispiele der „freien Zellbildung“ ihre Einreihung in den entsprechenden Abschnitten, je nach dem Mechanismus der Teilung, finden können. Wir haben sie meist auch an den zukommenden Stellen kurz erwähnt. Wir wollen sie nun aber auch alle gemeinsam näher betrachten, um sie im Zusammenhange mit den ganz eigenartigen Vorgängen bei der Ascosporenabgrenzung, die sich sonst nirgends unterbringen lassen, zu verstehen.

Aus dem Abschnitte I, D wissen wir, daß ursprünglich jede Zellentstehung als „frei“ im SCHLEIDENschen Sinne galt, da sie spontan aus einer Muttersubstanz vor sich ging. Als man dann die Zellteilung kennen lernte, blieb dieser Begriff für Fälle vorbehalten, bei denen die Wandbildung nicht so augenscheinlich war wie bei *Cladophora* (NAEGELI 1842). Nach der Entdeckung der „freien Kernteilung“ in Syncytien durch SCHMITZ (1879) äußerte man Bedenken darüber, die Zellbildung z. B. im Embryosack noch als frei zu bezeichnen, weil hier der Wandanschluß allenfalls noch s p ä t e r erfolgt; denn sonst müßte man ja auch j e d e zentrifugale Zellteilung als „frei“ bezeichnen. Völlig frei können nur Zellbildungen sein, bei denen die Wand nirgends und niemals mit der Mutterhülle in Berührung kommt. Natürlich muß man sich hüten, Polansichten von Phragmoplasten in geräumigen Zellen, die gleich einem Strahlenkranze Teile des Plasmainhaltes in sich einschließen (WENT 1887, STRASBURGER 1888), als „freie Zellbildungen“ anzusehen. Solchen Täuschungen sind PRANKERD (1915), BEER-ARBER (1920) und ARBER (1920) zum Opfer gefallen, aber GOLDSTEIN (1925) hat sie aufgeklärt.

TISCHLER (1934) zählt zur „freien Zellteilung" (wir sagten früher, daß „Zellbildung" eher am Platze ist) die folgenden Fälle: Ascosporenbildung, Proembryozellenbildung bei den Gnetalen, Abtrennung der generativen Zelle im Pollenkorn von *Scirpus* nach PIECH (1928), Abgrenzung der Eizelle im Oospor bei den Perenosporaceen, Kammerung des Zellfadens von *Achlya* nach HORN (1904) und schließlich die Ausbildung der Embryozelle bei *Selaginella Galeotti, S. Kraussiana* und *S. Poulteri* aus einem Teil der Eizelle. Neben diesen von TISCHLER behandelten Beispielen möchten wir auf freie Zellbildungen im Tierreich hinweisen, den Fall pathologischer Plasmazerfällung im *Bryopsis*faden nach KÜSTER (1934) hinzufügen und auch noch die Vorgänge bei der Abgrenzung der Capillitiumfasern der Myxomyceten in Erinnerung rufen, als eines Falles, wo selbst nichtzellige Gebilde (Vakuolen), wenn notwendig, mit einer Membran im Plasma umhüllt werden.

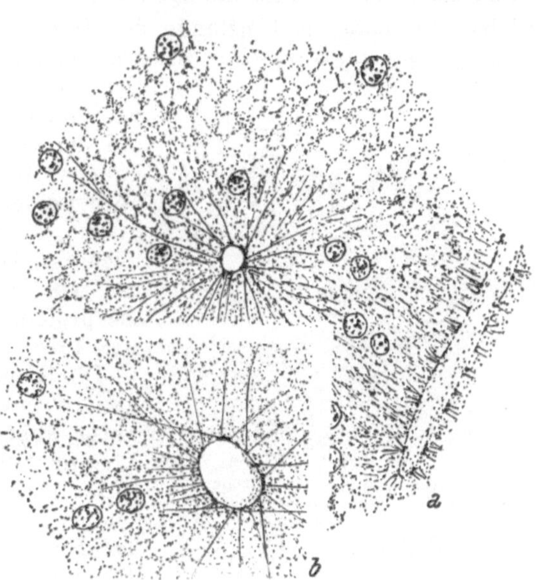

Abb. 74. Abgrenzung von Capillitiumfasern bei *Hemiarcyria* (Myxomycet) durch Verfestigung von Wänden langgestreckter Vakuolen, *a* im Längsschnitt und *b* im Querschnitt, davon das untere Bild stärker vergrößert. (Nach Harper-Dodge 1914.)

Zweifellos kommen freie Zellbildungen in Syncytien im Tierreich häufig vor, werden aber nicht besonders beschrieben, weil sie theoretisch bedeutungslos sind. Sie fallen wegen der Einfachheit der hiebei stattfindenden Zellwandbildung (durch bloße Plasmaentmischungen), nicht ins Auge. Bekanntlich ist dies der gewöhnliche Wandbildungsprozeß bei den Tierzellen. Die Zellwände werden auch infolge der Lichtbrechungsverhältnisse in mikroskopischen Präparaten lebender Gewebe kaum, und in aufgehellten Dauerpräparaten überhaupt nicht gesehen. Als freie Zellbildung in tierischen Geweben möchten wir die Umwandlung der Dotterkörnchen in der Subembryonalhöhle des Huhnembryos nach den Beschreibungen LEPESCHINSKAJAS (1945) betrachten. Die Autorin beschreibt dabei nur die Kern-, bzw. inneren

Vorgänge in der Zelle, weil die Wandbildungsprozesse nicht auffallen. Selbstverständlich muß sich aber um diese Zellen auch eine Wand abscheiden, wodurch der Vorgang eine freie Zellbildung wird, ungeachtet selbst des Umstandes, daß sich in diesen Fällen eigentlich nicht Kerne eine bestimmte Plasmamenge zuordnen und dann als gesonderte Zellen absondern, sondern Zellprimordien (s. S. 22), die auf Kosten des Plasmas der Subembryonalhöhle (die natürlich keine „Höhle“, sondern mit Plasma erfüllt ist) wachsen. Die Vorgänge im Plasma und Kern, mögen sie nach den Angaben unserer Autorin noch so kompliziert und interessant sein, spielen bei der Beurteilung solcher Zellbildungsprozesse keine Rolle; denn nur die Wand grenzt sie von dem umgebenden Plasma ab und macht sie zu selbständigen Individuen (s. S. 6 ff.).

Über die näheren Umstände der Umhäutung der Capillitiumfasern war schon im Abschn. II, A, 8 die Rede. Hinsichtlich des Wandbildungsprozesses wäre noch hinzuzufügen, daß er sich auf der Grundlage einer Vakuolenhaut vollzieht, die anfangs dünn, aber mit der Zeit zur beachtlichen Stärke gelangt und immer plasmatisch ist. Der Inhalt der Vakuolen ist “what we may call cellsap from the protoplasm” (WILSON und CADMAN 1928) (Abb. 74).

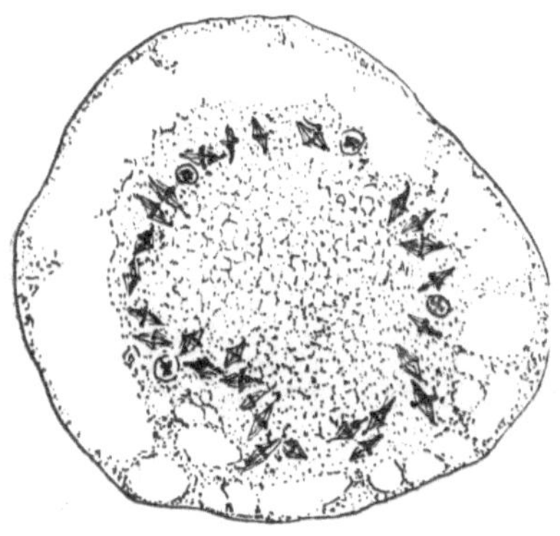

Abb. 75. Abgrenzung der Eizelle im Ooplasma von *Albugo bliti* mittels eines plasmatischen Teilungsgürtels vom Periplasma. (Nach Stevens, aus Tischler 1934, S. 387.)

Die Kammerung des Bryopsisschlauches in reihenweise angeordnete Abschnitte, auf Einwirkung schädlicher Außeneinflüsse, lernen wir von KÜSTER (1934), kennen. Die peripheren Partien des Plasmas werden abgetötet und die inneren dagegen abgekapselt, wobei eine Querzerstückelung, gleichsam als Anpassung an die neuen Dimensionen, vorgenommen wird. Die Plasmastücke sind mehrkernig und von einer Eigenhaut bedeckt, die gleich einer Vernarbungsmembran nur durch Entmischung des Plasmas entstanden sein kann. KÜSTER vergleicht diese Erscheinung mit einer „freien Zellteilung“, die eine Kammerung „vortäuscht“. Wir aber glauben, daß es zweifellos eine Kammerung ist.

Diesen Kammerungen bei *Bryopsis* sind auch jene bei Achlya zur Seite zu stellen, welche HORN (1904) mit oligodynamischen Lösungen einiger Metallsalze erzielte. Auch hier kapselt sich das Plasma nicht nur gegen die äußeren toten Schichten ab, sondern zerlegt sich in verschieden große Stücke, die sich gegeneinander schräg abflachen. Nach HORN sollen die chemischen Eigenschaften der neuen Wände verschieden von denen der alten sein. Obwohl die meisten „Zellen" kernhaltig sind, wachsen sie, laut HORNs Feststellungen, nicht weiter; die ganze Erscheinung ist also pathologisch und keine Sporenbildung. Zweifellos ist die neue Wand als Vernarbungsmembran aufzufassen.

Bei der Embryobildung einiger Selaginellaarten schwillt nach BRUCHMANN (1919) die Bauchzelle im Archegon schlauchartig an und wird zum „Embryoschlauch" (BRUCHMANN). Aus dessen Plasma kapselt sich ein Teil mit dem einzigen Kern, der vorhanden ist, vom Restplasma durch eine Eigenwand ab und wird zu dem „einzelligen, verhältnismäßig kleinen Embryo". Da aber hierbei keine Zellvermehrung stattfindet, so gehört der Fall nur zur sogenannten „Vollzellbildung" STRASBURGERS (1880), eine Erscheinung, bei der der Inhalt einer Zelle sich nur in eine spezialisiertere Zelle umwandelt. Daß hierbei auch ein Restplasma zurückbleibt, davon erwähnt STRASBURGER nichts, ist aber selbst beim typischesten der von ihm genannten Beispiele, nämlich der Spermienbildung der Farne, der Fall (DRACINSCHI 1930). Die „Vollzellbildung" ist keine Zellteilung, da hierbei keine Vermehrung stattfindet, kann aber, wie bei *Selaginella*, eine „freie Zellbildung" sein.

Morphologisch klarer liegen die Verhältnisse bei der Eibildung der Peronosporeen (Abb. 75), bei denen stets nur eine einzige Zelle mitten aus dem vielkernigen Oogon herausgeschnitten wird. Dies ergibt eine unzweifelhafte „freie Zellbildung". Sobald sich das Eiplasma im Zentrum des „Coenocytiums" gesondert hat und die Kerne empfangen hat, differenziert sich eine Grenzmembran an seiner Oberfläche aus, wie uns NISHIMURA (1922, 1926) über *Plasmopara Halstedtii* berichtet. Dieser Autor weist auch darauf hin, daß die Schnelligkeit und Schärfe der Wandausbildung in direkter Beziehung zur Anzahl der Kerne steht, die in die Eizelle eingewandert sind. Die Wand ist ein "faint film" und das Ergebnis der Fusion kleiner Körnchen in der nächsten Nähe des äußeren Kerngürtels, wo sie sich sammeln. Sie sollen von den Kernen und den degenerierten Vakuolen herstammen und zur Bildungsstätte der Membran von den Oberflächenkräften der Phasengrenzen zwischen Ooplasma und Kerngürtel geleitet werden.

Am interessantesten ist die Wandbildung bei der Abgrenzung der Ascosporen bei den Ascomyceten, weil ihr näherer Mechanismus noch verschiedenen Deutungen unterliegt. Die Sporen sind im Verhältnis zur Plasmamenge des Ascus klein und dabei auch immer von unbedeutender Größe, so daß noch ansehnliche Mengen Schlauchplasmas unverbraucht zurückbleiben (Rest- oder Epiplasma) (Abb. 76).

Zuerst hat HARPER (1895, 1897, 1905) die Sporenabgrenzung bei den Schlauchpilzen näher beschrieben und dabei eine so merkwürdige Beteiligung des Kernes an der Wandbildung festgestellt, daß dieser Gegenstand häufige Nachuntersuchungen angeregt hat. HARPER berichtet nämlich, daß die Zentrosomen schnabelförmig aus dem Kerne hervorwachsen und von ihrer Spitze aus schirmförmige Strahlen an die Oberfläche der künftigen Spore entsenden, die durch seitliche Fusion die Membran ergeben. Sie sind natürlich nur bei fixiertem Material vorhanden. Am Gegenpol laufen sie zusammen und schließen die Spore ab. HARPER ist der Meinung, daß das Grenzhäutchen, gemäß der damaligen Auffassung seines Lehrers STRASBURGER, sich direkt in die Sporenmembran umwandelt. Er vergleicht die Strahlenfigur mit einer Glocke. Ihr Erreger sollte der Kern oder die Zentrosomen sein, aus denen membranbildende Stoffe zur Grenzzone geleitet werden und

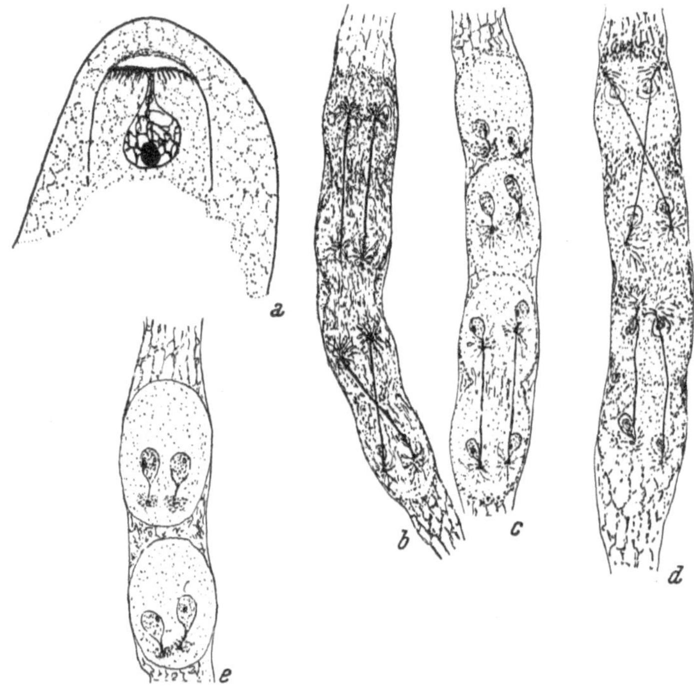

Abb. 76. Sporenbildung bei den Ascomyceten nach Harpers Ansicht und der von Dodge. a Bildung der freien Abgrenzungswand durch Zusammentritt von „Schirmstrahlen“ bei *Erysiphe communis* (Harper 1897), *b—e* Sporenabgrenzung ohne Hinzutreten der Strahlen bei *Gelasinospora tetrasperma*. Hier ist die Abgrenzung schon erfolgt, bevor sich die Strahlen recht ausbilden. (Dodge 1937.)

dabei längs der Strahlen hinfließen. FRASER und WELSFORD (1908, S. 475) sowie FRASER-BROOKS (1909) meinen, daß es eher Fermente sind, die an die Trennungsflächen hingebracht werden und dort erst die Prozesse der Wandbildung hervorrufen.

Da die Sporen der Ascomyceten sehr klein sind, ist auch die Beobachtung ihrer Grenzmembranen mit großen Schwierigkeiten verknüpft. Daher wiederholen alle Autoren, die sich nicht kritisch mit ihrer Entwicklung beschäftigt haben, nur die Angaben von HARPER, so z. B. GUILLERMOND (1903, 1913), MAIRE (1905), OVERTON (1906), FRASER

(1908) allein sowie mit Mitarbeitern, CARRUTHERS (1911), BAGCHEE (1925), GWYNNE-VAUGHAN (1936), ALDINGER (1936); TISCHLER (1934) nennt noch mehr Namen. Kritischer faßt schon SANDS (1907) die Ascosporenbildung vom Standpunkte der HARPERschen Auffassung bei *Microsphaerella alni* an. SANDS verteidigt diese Auffassung gegen Befunde von FAULL (1905, 1912), welcher als Erster nach HARPER den Abgrenzungsprozeß der Ascosporen mit Aufmerksamkeit und Kritik näher verfolgt hatte. Er sagt darüber (1912, S. 341—342): "The spores are delimitied by the differentiation of the limiting layer of hyaline or finely granular layer of protoplasm that begins adjacent to the centrosomes and continues progressively until completed at the opposite pole." Also nichts von den HARPERschen Schirmstrahlen! FRASER-BROOKS (1909), BROWN (1911), DANGEARD (1903 bis 1907) stimmen FAULL zu, daß "there is a cleavage in this layer resulting in the plasma membrane lining the cavity in which the spores lies" (Abb. 77). Natürlich ist hier unter "cleavage" einfach Spaltung zu verstehen. Weiters sagt FAULL (1905): "The astral rays never appear to fuse, as is stated by HARPER to be the case in *Erysiphe* and *Lachnea*", worin ihm FRASER und BROOKS (1909) folgen. FAULL spricht sich entschieden gegen die Membranbildung aus Schirmstrahlen aus, räumt ihnen aber die wahrscheinliche Bedeutung ein, Weg und Richtung eines Substanzstromes zu sein, der von den Zentrosomen ausgeht. Auch DANGEARD (1907, S. 287 bis 288) hebt hervor, daß er Strahlen in seinen Präparaten nicht sehen konnte, wohl aber eine Schichte homogenen Stoffes, der von dem Zentrosom ausgeht und die Sporen abgrenzt, so daß er empfiehlt, die HARPERsche Auffassung zu ändern. Die Zahl der Strahlen hält FAULL für viel zu niedrig, um durch Fusion eine ganze Membran zu ergeben. Ja, bei den *Laboulbeniales* sollten die Strahlen gar nur im Inneren der Spore liegen und eher um den Kernschnabel zusammengeflochten sein, später aber verlieren sie die Verbindung mit ihnen und lagern sich auf der Oberfläche des nun rundlichen Kernes.

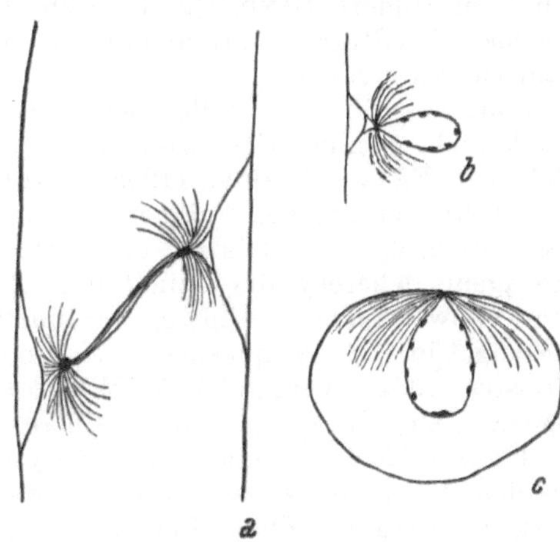

Abb. 77. Freie Sporenabgrenzung beim Ascomyceten *Lachnea scutellata* in den Endphasen. *a* die Strahlenfasern sind an der Plasmahaut des Ascus befestigt und ziehen sie napfförmig ein, *b* Reorganisation des Kernes und Ausbildung des „Schnabels“ mit der Schirmstrahlung, *c* fertige Spore mit beginnender sekundärer Verdickung der Sporenwand, die Strahlen noch im Inneren der Spore. (Nach Brown 1911.)

Gegen diese Befunde von FAULL wendet sich nun SANDS (1907) mit aller Entschiedenheit. SANDS betont, daß die Schirmstrahlen durchaus nicht nur intranukleär liegen, wie dies FAULL behauptet, sondern ganz im Sinne HARPERS in der Grenzzone der Spore, wo sie durch Verschmelzung die erste Membran ergeben. Aber “some of the fibers bend further, pass below this surface, and are finally enclosed in the spore”. Erst nach der Verklebung der Schirmstrahlen lasse sich die Spore plasmolysiern, immer zuerst am zentrosomalen und dann erst am gegenüberliegenden Pol. Der Spalt, der sich bei der Plasmolyse bildet, ist beidseitig glatt begrenzt, und zwar einerseits durch die Außenfläche der Spore und andererseits die Grenzfläche des Epiplasmas, welches infolge der Schrumpfung an der Oberfläche verdickt ist und dadurch eine Membran vortäuscht, die aber fehlt. Nach vollständigem Zusammenwachsen der Strahlen, verschwindet der Schnabel und die Spore ist dann vom Epiplasma vollständig abgetrennt. Doch enthält das Sporenplasma noch Strahlen, die der Membranbildung fern geblieben sind. Aus den Bildern SANDS (z. B. Abb. 13) ist aber dieses Zusammenwachsen der Strahlen durchaus nicht so klar zu erkennen, da ihre Anzahl viel zu klein ist.

Statt der Strahlen sollen nach Beobachtungen mancher Autoren V a k u o l e n in der Grenzzone die Trennung vollbringen, so nach Ansicht von FRASER-BROOKS (1908, S. 540), MARTIN (1924) bei *Taphrina* und JONES (1925) bei *Ophiobolus* und *Rhytisma acerinum*. Letzterer sagt auf S. 65: “. . . it is not at all clear that the astral rays are here the agents whereby the delimitation of the ascopores is initiated, for there now rapidely follows the function of well-defined planes of cleavage in the cytoplasma . . .” Von einer cleavage spricht auch COLSON (1934), während I. M. WILSON (1937) nur die eine Hälfte der Sporen sich von Schirmstrahlen abkapseln sieht.

Unsere Kenntnisse über die Sporenbildung bei den Ascomyceten werden durch die wichtigen Beobachtung von W. H. BROWN (1911) wesentlich ergänzt. Die Spindeln stehen, was auch HARPER beobachtete, senkrecht zur Ascusachse und die Vorkerne (Chromosomengruppen) entsenden schirmförmige Strahlen, die sich an die Plasmahautschicht des Schlauches kleben und sie napfförmig hereinziehen (so auch MAIRE 1905 und E. M. YOUNG 1931 bei *Monascus*). An dieser Stelle des Kernes bildet sich nach der Reorganisation des Kernes der Schnabel aus. Die Zugwirkung der Strahlen beweist ihre feste Beschaffenheit (Abb. 77).

Die Sporenabgrenzung wird bei *Lachnea* nach BROWN an dem Erscheinen einer zarten Membran “at the outer lines of the recurved astral rays” kenntlich. Sie ist offensichtlich kein Verschmelzungsprodukt der Astralfasern, da sie außerhalb von ihnen steht und an Zahl nicht abnehmen, wenn sie fertig ist. Sie befinden sich i n der Spore, wenn sie plasmolysiert wird. Ihre Zahl würde für eine Membran gar nicht reichen und wenn dies, wie bei *Phyllactinia* nach HARPER (1905), tatsächlich der Fall wäre, so kann die Fusion nicht bewiesen werden. Die Membranbildung geht s e h r r a s c h vor sich, was aus der Seltenheit von Zwischenstadien zu schließen ist. Nach BROWNS Ansicht müsse aber die Wand eine einfache Differenzierung des Plasmas sein, doch sei es schwer zu bestimmen, wann sie sich festigt. Wenn sich die Spore plasmolysieren läßt, sind Plamahautschichten zu beiden Seiten der erstgebildeten Wandanlage vorhanden und die Astralstrahlen noch nicht verschwunden.

Auch nach DODGE (1937) soll der Abgrenzungsprozeß der Sporen von *Gelasinospora tetrasperma* rapid ablaufen (Abb. 76, b—e). Die parallel oder kreuzweise gestellten Spindeln aus der letzten Kernteilung verschwinden, wenn die Sporen gut abgegrenzt werden und die Kerne geschnäbelt sind. Wenn man also nicht gesehen hat, sagt DODGE, daß die Sporen schon so frühzeitig fertig vorliegen, so möchte man das Strahlenbild als den Anfang einer Sporenabgrenzung halten.

Aus den Beobachtungen von BROWN (1911) und DODGE (1937) muß man schließen, daß die Sporenabgrenzung ein von den Zentrosomenstrahlen völlig unabhängiger Prozeß ist. Dann kann die Teilungsplatte nur noch als plasmatischer Entmischungsfilm gedacht werden. Auch VARITSCHAK (1931) betont bei *Ascoidea*, die Unabhängigkeit der Wandbildung von dem Kerne. Andere Autoren hinwieder halten die Sporenbildung für einen Verdichtungs- oder Ballungsprozeß, z. B. SCHUSSNIG (1921) bei *Tuber*, wohl auch SCHAECHTELIN und WERNER (1930) bei *Homostegia* und insbesondere LOHWAG (1926), der in jeder Zellteilung, auch bei der Eifurchung, hauptsächlichst eine Plasmaballung sieht. Dieser Gedanke ist schon von den Vorgängern der heutigen Zytologie oft geäußert worden, gibt uns aber keinerlei Anhaltspunkte über die Membranbildung, nach der allein der Teilungsprozeß zu charakterisieren ist.

Abschließend lassen sich die Gedanken über die Sporenabgrenzung bei den Ascomyceten folgendermaßen zusammenfassen: 1. Die zentrosomalen Schirmstrahlen sind eine membranbildende Substanz und ergeben durch Fusion die Wandanlage. Da diese einfache Deutung HARPERS nicht befriedigen konnte, so ergänzte man sie durch die folgenden Hilfshypothesen: a) Die Strahlen sind die Wege für Enzyme, b) sie sind die Wege für die membranbildenden Substanzen, c) allenfalls sind sie aber Diffusionswege für gewisse Kernstoffe, welche zur Wandbildung wichtig sind (TISCHLER 1934, S. 386). 2. Die Strahlen sind für die Wandbildung belanglos, diese erfolgt vielmehr a) in einer vakuolisierten Grenzschicht aus Vakuolenhäuten, b) die Strahlen liegen innerhalb der Sporenhaut, fallen also gar nicht in die Grenzschichte hinein, c) die Sporen entstehen durch Ballung, d) die Sporen sind schon abgegrenzt, bevor die Strahlung recht ausgebildet ist.

Allen Theorien über die Sporenabgrenzung ist die Annahme gemeinsam, daß am Schlusse eine cytoplasmatische Grenzschicht vorhanden ist. Mögen da nun Strahlen bei ihrer Anlage mitwirken oder nicht, ihre Entstehung ist an eine Zone besonderer Aktivität gebunden, was sich auch in einer stärkeren Färbbarkeit derselben ausprägt. Darin wird wohl die erste Trennungsplatte als ein Produkt einer Entmischung zu denken sein. Wenn dabei irgendwelche Kernstoffe verwendet werden, so muß man sich ihre Verteilung nicht erst auf dem langen Wege durch den Schnabel, sondern d i r e k t durch das Sporenplasma nach allen Richtungen hin, denken.

Als die zwei letzten Beispiele von „freier Zellbildung“ haben wir noch die A b g r e n z u n g d e r P r o e m b r y o z e l l e n b e i E p h e d r a und die Bildung der generativen Zelle im Pollenkorn von *Scirpus* zu behandeln. Beide sind hinsichtlich der dabei zur Auswirkung kommenden Teilungsart als zentrifugale Prozesse mit Wandanlage anzusprechen, weil der Ausgangspunkt der Teilungsplatte in das Innere des Plasmas (des Phragmoplasten) fällt. Wenn die Platte bei ihrem Wachstum auf keine Zellwand trifft, so nur deshalb, weil

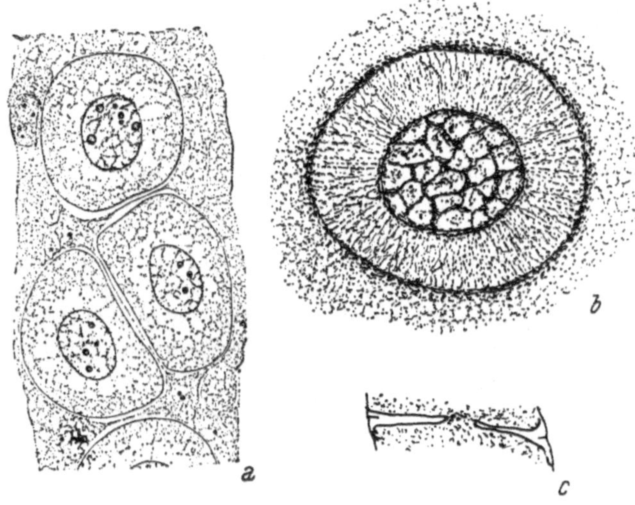

Abb. 78. *a* Ausschnitt aus dem Archegonium von *Ephedra trifurca* mit 3 von den meist 8 „frei“ gebildeten Proembryozellen; oben links ein Deckenzellenkern. (Nach L a n d 1907.) *b* eine Eizelle von *Ephedra trifurca*, die sich gerade mittels „freier Abgrenzung“ bildet; dabei entsteht in einer gewissen Entfernung vom Kern eine von diesem ausgehende Strahlung, die eine kugelschalige Hautschicht ergibt und die an die "first appearance of the membrane around the egg and synergids of angiosperms" (s. Abschn. II, B, 6) erinnert. (L a n d 1904.) *c* Bildung einer Zellwand zwischen Suspensor und Embryoinitiale beim Auswachsen der Proembryozelle (L a n d 1907), S. 76.

die herausgeschnittene Zelle im Vergleiche zur ganzen Plasmamenge sehr klein ist (Abb. 78).

Wie schon Strasburger bekannt gibt, läßt der erste Eikern bei *Ephedra* durch drei freie Teilungen acht Folgekerne entstehen, von denen zwei bis fünf sich eine gewisse Plasmaportion anschließen und zu Proembryozellen werden. Bei der Abgrenzung dieser Proembryozellen aus dem gemeinsamen Plasma, entsteht rund um sie eine konzentrische Plasmastrahlung (Abb. 78 b), die in einer gewissen Entfernung vom Kern von einer plattenartigen Verdichtung durchschnitten wird. So entsteht nach Land (1907) die erste Teilungsschichte. Anfangs ist sie kaum wahrnehmbar, aber bald erlangt sie das Aussehen einer richtigen Membran. Die Fällungsstrahlung erscheint auf der ganzen Fläche des kugelschaligen Wandprimordiums gleichartig, hat also nicht das Aussehen eines Phragmoplasten, mit älteren funktionslosen und jüngeren faserigen Teilen. Die Trennung der abgekapselten Zelle von dem Restplasma beschreibt LAND folgendermaßen: “Cleavage cracks appear, starting presumably at the equatorial region of the last spindle, although all trace of a spindle has disappeared before cleavage . . .” . . . “The cleavage cracks, following the feeble defined wall or cytoplasmic thickening, continue until they meet around the nucleus, curving out a more or less irregular mass of cytoplasm for each nucleus.” Auch die noch unbefruchtete Eizelle grenzt sich durch eine Hautschicht vom Eiplasma ab (LAND 1904, Abb. 78 b).

Zum allgemeinen Verständnis der A b g r e n z u n g d e r g e n e r a t i v e n Z e l l e im P o l l e n k o r n v o n S c i r p u s u n i g l u m i s (hier ist es eigentlich eine vierkernige Sporenmutterzelle, mit einem normalen und drei zurückgedrängten Kernen) nach PIECH (1928), wäre zu erwähnen, daß der generative Kern bei *Scirpus* nicht, wie es bei Phanerogamen Regel ist, außerhalb, sondern i n n e r h a l b des vegetativen steht (Abb. 79). Ferner sei daran erinnert, daß die Scheidewand zwischen beiden in der Regel (selbst in den langen Pollenzellen von *Zostera*) uhrglasförmig gebogen ist. Wenn sich demnach die generative Zelle bei *Scirpus* abtrennen soll, so wird sich die Scheidewand nicht zur Muttermembran, wie es bei Blütenpflanzen sonst die Regel ist, krümmen können, weil dann nicht sie, sondern die vegetative Zelle abgeteilt wäre, sondern in der umgekehrten Richtung. Sie dringt demgemäß in die große Masse der Mutterzelle ein und, weil sie nur einen kleinen Teil davon abzukreisen hat, so bewegt sie sich, entsprechend der Wirkungssphäre des Kernes in einer angemessenen Entfernung um ihn herum, bis eine mehr weniger runde Zelle herausgeschnitten ist. Trifft sie auf ihrem Wege, Teile der transitorischen Platten aus der heterotypischen Teilung der Sporenmutterzelle, so können sie eingebaut werden. Ihre Bildung erfolgt aber immer in einer radiären Strahlung, die vom gene-

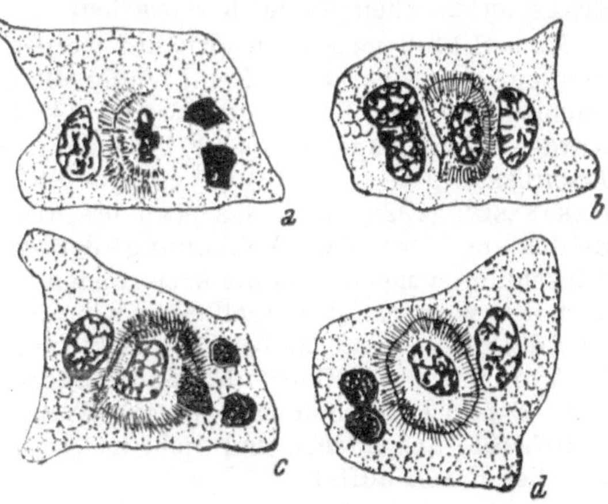

Abb. 79. Freie Abgrenzung der generativen Zelle im Pollenkorn von *Scirpus uniglumis* mittels einer kugelschalenförmigen Zellplatte. Die Zelle enthält drei zugrundegehende Tetradenkerne (von denen in *a* und *d* nur 2 sichtbar sind) und 2 aus dem überlebenden Tetradenkern gebildete Tochterkerne. Einer von diesen grenzt sich mittels einer kugelförmigen Membran ab (= generative Zelle), der andere wird zum vegetativen Pollenkern. (Nach P i e c h 1928.)

rativen Kerne ausgeht, und in der Regel zwischen ihm und dem vegetativen Kern ihren Anfang nimmt. Sie muß sich nicht vollständig um die Zelle schließen, da der dem Anfangspunkt abgekehrte Gegenpol auch ohne Strahlen abgeteilt werden kann. Die Strahlen sind in der Abgrenzungsebene verdickt, wodurch diese deutlich markiert erscheint. Nach Fertigstellung der Platte verschwinden die Fäden, begonnen mit der Stelle ihres ersten Auftretens und dann ist die generative Zelle plasmolysierbar. Hierbei entsteht ein „Spalt“ zwischen ihr und dem Plasma der vegetativen Zelle, wodurch die Hautschichten der beiden zusammengeschachtelten Protoplasten klar hervortreten. PIECH nimmt an, daß die Hautschichten durch Spaltung der ersten Platte, also im STRASBURGERschen Sinne, hervorgehen.

Zum Schluß mag noch erwähnt werden, daß man früher die Abtrennung der generativen Zelle häufig als eine „freie Zellbildung“ betrachtet hat, so z. B. HUTCHINSON (1914) beim Coniferenpollen. Doch wurden solche Angaben später, besonders von GOLDSTEIN (1925, vergl. TISCHLER 1942, S. 219) richtiggestellt. Neuerdings möchte nun HAKANSSON (1928) auch das oben beschriebene letzte Beispiel „freier Zellbildung“ bei der Abtrennung der generativen Zelle, als eine Täuschung stempeln und die kreisrunden Phragmosphären bei *Scirpus* doch den Weg zur Mutterzellhaut finden lassen. In diesem Falle müßte aber die generative Zelle bei *Scirpus* kleiner sein als die vegetative, und die Phragmosphäre flach uhrglasförmig an die breite (d. i. die in der Abb. 79 dem Betrachter zugekehrte) Wand als „Strahlensonne“ (vergl. S. 107, 108) anschließen und nicht im Zentrum des Pollenkorns liegen, wie dies PIECH auffaßt.

Literaturverzeichnis.

ABELE, K.: Zur Kenntnis der Zell- und Kernteilung in dem primären Meristem. Protopl. **25**, 92 (1936).

ACTON, E.: Studies on nuclear division in Desmids. I. *Hyalotheca dissiliens* SM. BRÉB. Ann. Bot. **30**, 379 (1916).

AFZELIUS, K.: Einige Beobachtungen üb. d. Samenentwicklung der *Apogetonaceae*. Svensk bot. Tidskr. **14**, 168 (1920).

ALDINGER, L.: Cytological phenomena in *Aleuria* sp. Americ. Journ. Bot. **23**, 639 (1936).

ALLEN, C. E.: On the origin and nature of the middle lamella. Bot. Gaz. **32**, 1 (1901).

— Fore-lobed spore cells in *Catharinaea*. Americ. Journ. Bot. **3**, 456 (1916).

ANDREWS, F. M.: Karyokinesis in *Magnolia* and *Liriodendron* with special reference to the behaviour of the chromosomes. Beih. z. Bot. Centralbl. **11**, 134 (1901).

— Die Wirkung der Zentrifugalkraft auf Pflanzen. Jahrb. f. wiss. Bot. **56**, 221 (1915).

ARBER, A.: Studies on the binucleate phase in the plant-cell. Journ. Roy. Microsc. Soc. **1** (1920).

ARNAUD, G.: Sur la cytologie du *Capnodium meridionale* et du mycelium des Fumagines. C. R. Acad. Sc. Paris **155**, 726 (1912).

ARNDT, A.: Rhizopodenstudien I. Arch f. Protistk. **49**, 1 (1924).

— Rhizopodenstudien II. Zeitschr. f. Zellf. u. mikrosk. Anat. **2**, 651 (1925).

ARZT, TH.: Über die Embryobildung von Pseudomonocotylen (*Podophyllum Emodi* u. *Eranthis hiemalis*), Beih. z. Bot. Centralbl. **50**, I. Abt., 671 (1933).

AUERBACH, L.: Zelle und Zellkern. Beitr. z. Biol. d. Pfl. **2**, 1 (1876).

BAGCHEE, K.: Cytology of the Ascomycetes. *Pustularia bolarioides* RAMSB. I. Spore development. Ann. Bot. **39**, 217 (1925).

BAILEY, I. W.: Phenomena of cell division in the cambium of arborescent Gymnosperms and their cytological significance. Proc. of the Nat. Acad. of Science Washington **5**, 283 (1919).

— The formation of the cellplate in the cambium of the higher plants. Ebenda **6**, 197 (1920).

— The cambium and its derivate tissues. III. A reconnaissance of cytological phenomena in the cambium. Americ. Journ. Bot. **7**, 41 (1920).

BAKER, W. B.: Studies on the life history of *Euglena*. I. *Euglena agilis* CARTER. Biol. Bull. **51**, 321 (1926).

BARBER, H. N.: The suppression of meiosis and the origin of diplochromosomes. Proc. Roy. Soc. London, Ser. B, **128**, 170 (1940).

DE BARY, H. A.: Die Mycetozoen. Ein Beitrag zur Kenntnis der niedersten Thiere. Leipzig: W. Engelmann. 1859.

BAUCH, R.: Über *Ustilago longissima* und ihre Varietät *macrospora*. Zeitschr. f. Bot. **15**, 241 (1923).

— Die Entwicklung der Bisporen der *Corallinaceae*. Planta **26**, 365 (1937).

Baum, J. P.: Über Zellteilungen bei Pilzhyphen. Diss. Basel. 1900.

Beams, H. W. und R. L. King: An experimental study of mitosis in the somatic cells of wheet. Biol. Bull. **75**, 189 (1938).

Beardsley, M. L.: The cytology of *Funaria flavicans* Michx. with special reference to fertilization. Ann. Missouri Bot. Gard. **18**, 509 (1931).

Becker, W. A.: Experimentelle Untersuchungen über die Vitalfärbung sich teilender Zellen. Studien über die Zytokinese. Acta Soc. Bot. Pol. **9**, 381 (1932). (Poln. m. deutsch. Zusammenfassg.)

— Influence des colorants de la série des azines sur la marche de la cinèse somatique dans les racines chez *Allium Cepa*. Rev. Gén. de Bot. **44**, 24 (1932).

— Über die Vitalfärbung der Zellplatte. Protopl. **15**, 478 (1932).

— Recherches exp. sur la cytocinèse et la formation de la plaque cellulaire dans la cellule vivante. C. R. Ac. Sc. Paris **194**, 1850 (1932).

— Vitalbeobachtungen über den Einfluß von Methylenblau u. Neutralrot auf den Verlauf von Karyo- und Zytokinese. Beitrag z. Pathologie d. Mitose. Cytologia (Tokyo) **4**, 135 (1932/33).

— Application de la coloration vitale à l'étude de la cytodiérèse. C. R. Acad. Sc. Paris **196**, 2022 (1933).

— Experimentelle Untersuchungen über die Vitalfärbung sich trennender Zellen. III. Mitt. Acta Soc. Bot. Pol. **11**, 138 (1934). (Poln. m. deutsch. Zusammenfassg.)

— Experimentelle Untersuchungen über die Vitalfärbung sich teilender Zellen. II. Mitt. Zytoplasmafärbungen mit Azofarbstoffen. Cytologia (Tokyo) **6**, 337 (1934/35).

— Über einige Streitfragen der Zellteilung. Zeitschr. f. Zellf. u. mikr. Anat. **23**, 253 (1935).

— Vitale Cytoplasma- und Kernfärbungen. Sammelreferat. Protopl. **26**, 439 (1936).

— a) Über das sogenannte Schrittwachstum der Zelle. Cytologia (Tokyo) Fujii Festschr. II, 1113 (1937).

— b) Über die Entstehung der Vernarbungsmembran. Protopl. **27**, **341** (1937).

— Recent investigations in vivo on the division of the plant cells. Bot. Review **4**, 44 (1938).

Becker, W. A. und J. H. Siemaszko: Über das Verhalten der Cytoplasmaeinschlüsse der *Equisetum*sporen bei der Zellteilung. La Cellule **45**, **29** (1936/37).

Beer, R. und A. Arber: On multinucleate cells: an historical study (1879 bis 1919). Journ. Roy. Microscop. Soc. 23 (1920).

Behrens, A.: Zytologische Untersuchungen an *Rhypidium europaeum* (Corny) v. Minden. Planta **13**, 745 (1931).

Behrens, J.: Zur Kenntnis einiger Wachstums- u. Gestaltungsvorgänge in der vegetabil. Zelle. Bot. Zeitg. **48**, Sp. 81—88, 97—101, 113—117, 129—134, 145—150 (1890).

Belar, K.: Untersuchungen über Thecamöben der *Chlamydophrys*-Gruppe Arch. f. Protistk. **43**, 287 (1921).

— Untersuchungen über *Actinophrys sol* Ehrenberg I. Die Morphologie des Formwechsels. Arch. f. Protistk. **46**, 1 (1922).

— Der Formwechsel der Protistenkerne. Eine vergleichend-morphologische Studie. Ergebn. u. Fortschr. d. Zoolog. **6**, 235 (1926).

— Beiträge z. Kenntnis des Mechanismus d. indirekten Kernteilung. Naturw. 15, 725 (1927).

— a) Die zytologischen Grundlagen der Vererbung. Handb. d. Vererbungswissensch. Bd. 1 B. Berlin: Bornträger. 1928.

— b) Über die Naturtreue des fixierten Präparates. Verhandl. d. V. Kongr. f. Vererb. Berlin 1927, Bd. I. Suppl. Bd. I d. Zeitschr. f. indukt. Abst. u. Vererb. 1928.

BELAR, K.: a) Über die reversible Entmischung des lebenden Protoplasmas. I. Protopl. **9**, 209 (1929).

— b) Beiträge zur Kausalanalyse der Mitose. II. Untersuchungen an den Spermatocyten von *Chorthipus (Stenobothrus) lineatus* PANZ. Roux's Arch. f. Entwicklmech. **118**, 359 (1929).

— c) Beiträge zur Kausalanalyse der Mitose. III. Untersuchungen an den Staubfadenhaaren u. Blattmeristemzellen v. *Tradescantia virginica*. Zeitschr. f. Zellf. u. mikrosk. Anat. **10**, 72 (1929)

BENECKE, W.: Bau und Leben der Bakterien. Leipzig—Berlin: Teubner. 1912.

BENEDEN VAN, E. und A. NEYT: Nouvelles recherches sur la fécondation et la division mitotique chez l'Ascaride megalocéphale. Bull. Acad. Méd. Belg. III, **14**, 215 (1888).

BENSAUDE, M.: Recherches sur le cycle évolutif et la sexualité chez les Basidiomycètes. L'alternance de génération et la sexualité chez les champignons Basidiomycètes. Thèse Nemours. 1918.

BERGHS, J.: Le fuseau hétérotypique de *Paris quadrifolia*. La Cellule **22**, 203 (1905).

BERGON, M. P.: Biologie des Diatomées. Les processus de division, de rajeunissement de la cellule et de sporulation chez le *Biddulphia mobiliensis* BAILEY. Bull. Soc. Bot. France **54** (= 4. sér. Bd. 7), 327 (1907).

BERTALANFFY, L. v.: Theoretische Biologie 1. und 2. Bd. Berlin: Verlag Bornträger. 1932 und 1942.

BERTHOLD, G.: Studien über Protoplasmamechanik. Leipzig: Felix. 1886.

BISBY, R. G.: Some observations on the formation of the capillitium and the development of *Physarella mirabilis* PECK and *Stemonitis* fusca ROTH. Am. Journ. Bot. **1**, 274 (1914).

BLACKMAN, V. H.: On the cytological features of fertilization and related phenomena in *Pinus silvestris* L. Phil. Transact. Roy. Soc. London, Ser. B, **190**, 395 (1898).

BLEIER, H.: Zur Kausalanalyse der Kernteilung. Genetica (s'Gravenhage) **13**, 27 (1931).

BOLD, H.: Life history and cell structure of *Chlorococcus infusionum*. Bull. Torr. Bot. Club **57**, 577 (1930/31).

— The life history and cytology of *Protosiphon botryoides*. Bull. Torr. Bot. Club **60**, 241 (1933).

BONNER, J.: Zum Mechanismus d. Zellstreckung auf Grund der Micellarlehre. Jahrb. wiss. Bot. **82**, 377 (1933).

BORGERT, A.: Kern- und Zellteilung bei marinen *Ceratium*-Arten. Arch. f. Protistk. **20**, 1 (1910).

BOSCHJAN, G. M.: Über die Natur der Viren und Mikroben. 2. Aufl. Moskau, Staatsverl. für medizin. Literatur (1950), russisch.

BOSS, G.: Beiträge zur Zytologie der Ustilagineen. Planta **3**, 597 (1927).

BOVERI, TH.: Über die Befruchtungs- und Entwicklungsfähigkeit kernloser Seeigeleier und über die Möglichkeit ihrer Bastardierung. Arch. f. Entwicklgsmech. **2**, 394 (1895).

BOWEN, R. H.: The distribution of the plastidome during mitosis in pleromecells of *Ricinus*. La Cellule **39**, 123 (1928).

BRAND, F.: Über Membran, Scheidewände und Gelenke d. Algengattung *Cladophora*. Ber. d. Deutsch. Bot. Ges. **26**, 114 (1908).

BRAND, F. und S. STOCKMAYER: Analyse der aerophilen Grünalgenanflüge insb. der proto-pleurococcoiden Formen. Arch. f. Protistk. **52**, 265 (1925).

BRAUN, A.: Betrachtungen über die Erscheinung der Verjüngung in der Natur, insb. in d. Lebens- und Bildungsgeschichte der Pflanze. Leipzig: Verlag Engelmann. 1851.

BRIERLEY, W. B.: The "endoconidia" of *Thielavia basicola* ZOPF. Ann. Bot. **29**, 483 (1915).

BROGNIART, A.: Sur la génération et le développement de l'embryon. Ann. Sc. nat. 1827.

BROGNIART, A.: Nouvelles recherches sur le pollen et les granules spermatiques des végétaux. Ann. Sc. nat. Déc., Sep.-Abdr. 1828.

— Recherches sur le mode de fécondation des Orchidées, des Cistinées et des Asclépiadacées. Ann. Sc. Nat. Sep.-Abdr. 1831.

BROWN, R.: Observation on the organes and mode of fécondation in *Orchideae* and *Asclepiadaceae*. Trans. Linn. Soc. 1831.

BROWN, W. H.: The development of the ascocarp of *Lachnea scutellata*. Bot. Gaz. 52, 275 (1911).

BRUCHMANN, H.: Zur Entwicklung des Keimes artikulater Selaginellen. Zeitschr. f. Bot. **11**, 39 (1919).

BRÜCKE, E.: Die Elementarorganismen. Sitzb. Königl. Preuß. Akad. Berlin **44**, 381 (1861).

BUCHHOLZ, J. T.: The morphology and embryogeny of *Sequoia gigantea*. Americ. Journ. Bot. **26**, 93 (1939).

BUNGEBERG DE JONG, H. G.: Die Koazervation und ihre Bedeutung für die Biologie. Protopl. **15**, 110 (1932).

BURLINGAME, L. L.: The sporangium of the *Ophioglossales*. Bot. Gaz. 44, 34 (1907).

BUSCALIONI, L.: Il *Saccharomyces guttulatus* ROB. Malpighia **10**, 281 (1896).

BUSCALIONI, L. und O. CASAGRANDI: Sul *Saccharomyces guttulatus* ROB. Nuove osservazioni. Malpighia **12**, 59 (1898).

BÜSGEN, M.: Die Entwicklung der Phycomycetensporangien. Jahrb. wiss. Bot. **13**, 253 (1882).

BÜTSCHLI, O.: Studien ü. d. Entwicklungsprozeß d. Eizelle, die Zelltheilung und die Conjugation der Infusorien. Abhandl. d. Senckenberg. naturf. Ges. **10**, 213 (1876).

— Über d. künstliche Nachahmung d. karyokinetischen Figur. Versammlg. Naturf. Ver. Heidelberg. N. F. **5**, 28 (1893).

CADMAN, E. J.: The life-history and cytology of *Didymium nigripes*. Trans. Roy. Soc. Edinburgh **57**, 93 (1931).

CAFFIER, P.: Über d. Verhältnis d. Zellachse zur Achse der Teilungsspindel b. d. Mitose menschl. Zellen in vitro. Arch. f. exp. Zellf. **10**, 260 (1930).

CAMPBELL, D. H.: The structure and development of Mosses and Ferns (Archegoniatae). 2. Aufl. New York: MacMillan Comp. 1905.

CARLSON, M. C.: Gametogenesis and Fertilization in *Achlya racemosa*. Ann. Bot. **43**, 111 (1929).

CARNOY, J. B.: La cytodiérèse chez les Arthropodes. La Cellule **1**, 191 (1885).

— La cytodiérèse de l'oeuf. La Cellule **3**, 1 (1887).

CARRUTHERS, C.: Contribution on the Cytology of *Helvella crispa*. Ann. Bot. **25**, 243 (1911).

CARTER, L. A.: Note on a case of mitotic division of *Amoeba proteus*. Proc. Roy. Soc. Edinburgh **19**, 54 (1913).

CARTER, N. M.: Studies on the chloroplasts of Desmids. IV. Ann. Bot. **34**, 303 (1920).

— An investigation into the cytology and biology of the *Ulvaceae*. Ann. Bot. **40**, 665 (1926).

CARTER, P. W.: The life history of *Padina Pavonia*. I. The structure and cytology of the tetrasporangial plant. Ann. Bot. **41**, 139 (1927).

CASTETER, E. F.: Studies on the comparative cytology of the annual and biennial varieties of *Melilotus alba*. Americ. Journ. Bot. **12**, 270 (1925).

— Cytological studies in the *Cucurbitaceae*. I. Microsporogenesis in *Cucurbita maxima*. Americ. Journ. Bot. **13**, 1 (1926).

CHALKEY, H. W.: The mecanism of the cytoplasmic fission in *Amoeba proteus* Protopl. **24**, 607 (1935).

CHAMBERLAIN, CH. J.: Oogenesis in *Pinus Laricio*. Bot. Gaz. **27**, 268 (1899).

— Fertilization and embryogeny in *Dioon edule*. Bot. Gaz. **50**, 415 (1910).

— *Stangeria paradoxa*. Bot. Gaz. **61**, 353 (1916).

CHAMBERS, R.: What holds the blastomeres together in the segmenting sand dollar egg? Anat. Rec. **25**, 121 (1914).

— The physical structure of protoplasm as determined by microdisection and injection. In COWDRY's General Cytology. Chicago: Univ. Press 1924.

— Structural aspects of cell division. Arch. f. exp. Zellf. **22**, 252 (1939).

CHAMBERS, R. und H. C. SANDS: A dissection of chromosomes in the pollen mother cells of *Tradescantia virginica*. L. Journ. of Gen. Physiol. **5**, 815 (1923).

CHODAT, R.: Über die Entwicklung der *Eremosphaera viridis* DE BY. Bot. Zeitg. **53** (1895).

— Sur le mécanism de la division cellulaire. Bull. de la Soc. Bot. Genève, 2. sér. **14**, 50 (1922).

— La caryocinèse et la réduction chromatique observées sur le vivant. C. R. Soc. Phys. Hist. Nat. Genève **41**, 96 (1924).

CHOLNOKY, B. v.: Über Kern- und Zellteilung des *Diatoma vulgare* BORY. Mag. Bot. Lapok, Jg. 1927, 69 (1928).

— Untersuchungen über den Plasmolyseort der Algenzelle I—II. Protopl. **11**, 278 (1930).

— a) Vergleichende Studien über Kern- und Zellteilung der fadenbildenden Conjugaten. Arch. f. Protistk. **78**, 520 (1932).

— b) Planogonidien und Gametenbildung bei *Ulothrix variabilis* KG. Beih. z. Bot. Centralbl. **49**, I. Abt., 221 (1932).

— c) Beiträge zur Kenntnis der Karyologie von *Microspora stagnorum*. Zeitschr. f. Zellf. u. mikrosk. Anat. **16**, 707 (1932).

— Die Kernteilung von *Melosira arenaria* nebst einig. Bemerkungen über ihre Auxosporenbildung. Zeitschr. f. Zellf. u. mikrosk. Anat. **19**, 698 (1933).

CLAUSSEN, P.: Über Eientwicklung und Befruchtung bei *Saprolegnia monoica*. Ber. d. Deutsch. Bot. Ges. **26**, 144 (1908).

COLMANT, G.: La formation et la germination des Zoospores de *Cladophora glomerata*. C. R. Soc. Biol. France **108**, 259 (1931).

COLSON, B.: The cytology and morphology of *Neurospora tetrasperma* DODGE. Ann. Bot. **48**, 211 (1934).

— The cytology of the Mushroom *Psalliota campestris* QUELL. Americ. Journ. Bot. **49**, 1 (1935).

— The cytology and development of *Phyllactinia corylea* LEV. Ann. Bot. New Series **II**, 381 (1938).

CONARD, A.: Sur le mécanisme de la division cellulaire et sur les bases morphologiques de la cytologie. Bruxelles: M. Cock. 1939.

CONDIT, J. J.: The structure and development of flowers in *Ficus Carica*. L. Hilgardia **6**, 443 (1932).

CONKLIN, E.: Karyokinesis and cytokinesis in the maturation, fertilization and cleavage of *Crepidula* and others *Gastropoda*. Journ. Acad. Nat. Sc. Phil. s-d ser. **12**, 5 (1902).

COOPER, D. C.: Microsporogenesis and develcpment of the male gametes in *Portulaca oleracea*. Americ. Journ. Bot. **22**, 453 (1933).

CZEMPYREK, H.: Beiträge zur Kenntnis der Schwärmerbildung bei der Gattung *Cladophora*. Arch. f. Protistk. **72**, 433 (1930).

CZURDA, V.: Ein Objekt für die Lebendbeobachtung der Vorgänge in der lebenden grünen Pflanzenzelle. Protopl. **10**, 356 (1930).

— *Zygnemales*, Süßwasserflora Mitteleuropas v. A. PASCHER, Heft **9**. Jena: Fischer. 1932.

— *Conjugatae*. Handb. d. Pflanzenanat. v. Linsbauer-Tischler-Pascher, Bd. 6, Abt. 2 Bb. (1937).

DALCQ, A. und S. SIMON: Contribution à l'analyse des fonctions nucléaires dans l'ontogenèse de la grenouille. II. Le rôle dynamique des chromosomes etc. Protopl. **14**, 497 (1932).

DAN, K., T. YANAGITA und M. SUGIYAMA: Behaviour of cell surface during cleavage. I. Protopl. **28**, 66 (1937).

DANGEARD, P. A.: La structure des levures et leur développement. Botaniste sér. **3**, 282 (1892).

— Recherches sur le développement du périthèce chez les Ascomycètes I. u. II. Botaniste sér. 9—10 u. sér. 10 (1903—1907).

DANNEHL, H. und H. ZIEGENSPECK: Cytologische Beobachtungen an wachsenden Wedeln von *Ceratozamia*. Bot. Arch. **25**, 243 (1929).

DAUPHINÉ, A.: Sur la présence de matières protéiques dans la membrane pecto-cellulosique. C. R. Acad. Sc. Paris **145**, 167 (1932).

— Mise en évidence et localization de substance protéique dans la membrane végétale. Bull. Soc. Bot. France **81**, 328 (1934).

— Origine et évolution de la lamelle moyenne dans la membrane pecto-cellulosique. Rév. Gén. de Bot. **51**, 321 (1939).

DAVIS, B. M.: The spore-mother cell of *Anthoceros*. Bot. Gaz. **28**, 89 (1899).

— Oogenesis in *Saprolegnia*. Bot. Gaz. **35**, 233, 320 (1903).

— Oogenesis in *Vaucheria*. Bot. Gaz. **38**, 81 (1904).

— Spore formation in *Derbesia*. Ann. Bot. **22**, 1 (1908).

DEBSKI, B.: Beobachtungen ü. Kernteilung bei *Chara fragilis*. Jahrb. wiss. Bot. **30**, 227 (1897).

DELF, E. M. und V. M. GRUBB: The spermatia of *Rhodymenia palmata* AG. Ann. Bot. **38**, 327 (1924).

DEMBOWSKI, J.: Karyologische Studien an Wurzelmeristemen höherer Pflanzen. Bot. Arch. **28**, 1 (1930).

DEMBOWSKI, J. und H. ZIEGENSPECK: Über d. Entstehung der primären Pektinlamellen bei der Zellteilung. Bot. Arch. **24**, 492 (1929).

DEMOOR, J.: Contribution à l'étude de la physiologie de la cellule. (Indépendance fonctionnelle du Protoplasma et du noyau). Arch. de Biol. **13**, 163 (1895).

DEVAUX, H.: Sur la nature de la lamelle moyenne dans les tissus mous. Mém. Soc. Sc. phys. et nat. de Bordeaux **3**, 6-ème sér., 89 (1903).

DEVISÉ, R.: La figure achromatique et la plaque cellulaire dans les microsporocytes du *Larix europacea*. La Cellule **32**, 249 (1922).

DIXIT, P. D.: A cytological study of *Capsicum annuum*. Indian Journ. Agr. Sc. **1**, 419 (1931).

DOBELL, C.: Cytological studies on three species of *Amoeba lacertae* HARTM., *A. glebae* n. sp., *A. fluvialis* n. sp. Arch. f. Protistk. **34**, 139 (1914).

DODGE, B. D.: Spindle orientation and spore delimitation in *Gelasinospora tetrasperma*. Cytologia (Tokyo), Fujii Festb. **2**, 877 (1937).

DOFLEIN, F.: Lehrbuch der Protozoenkunde. 5. Aufl. Jena: Fischer. 1929.

DÖRING, H.: Über zweikernige Epidermiszellen bei *Allium Cepa*. Ber. d. Deutsch. Bot. Ges. **51**, 166 (1933).

DRACINSCHI, M.: Über das reife Spermium der *Filicales* und von *Pilularia globulifera*. Ber. d. Deutsch. Bot. Ges. **48**, 295 (1930).

DREW, K. M.: The life-history of *Rhodochorton violaceum* KÜTZ. (*Chantransia violacea* KÜTZ.) Ann. Bot. **49**, 439 (1935).

DUBOSQ, O. und P. GRASSÉ: Flagellés et Schizophytes de *Calotermes* (*Glyptotermes*) *iridipennis* FROGG. Arch. Zool. Exp. **66**, 451 (1927).

DUMORTIER, B.: Recherches sur la structure comparée et le développement des animaux et des végétaux. Verh. Kais. Leopold. Carol. Akad. Naturf. Bd. **16**, Abt. I, 217 (1832).

DUNN, G. A.: A study of development of *Dumontia filiformis*. I. The development of the tetraspores. Plant World **19**, 271 (1916).

DUPLER, A. W.: The gametophytes of *Taxus canadensis* MARSH. Bot. Gaz. **64**, 115 (1917).

EDSON, H. A.: Histological relation of sugar-beet seedling and *Phoma betae.* Journ. Agr. Res. **5**, 55 (1915).
EKSTRAND, H.: Über die Mikrosporenbildung von *Isoetes echinosporum.* Sv. Bot. Tidskr. **14**, 312 (1920).
ELLENHORN, J.: Experimental-photographische Studien der lebenden Zellen. Zeitschr. f. Zellf. u. mikrosk. Anat. **20**, 288 (1933).
ELLIS, D.: The life history of *Bacillus hirtus.* Ann. Bot. **20**, 233 (1906).
ELPATIEWSKY, W.: Zur Fortpflanzung von *Arcella vulgaris* EHRB. Arch. f. Protistk. **10**, 441 (1907).
ENGLER, A. und E. GILG: Syllabus der Pflanzenfamilien. 9. u. 10. Aufl. Berlin: Bornträger. 1924.
ERLANGER, R. v.: Beobachtungen ü. d. Befruchtung und ersten zwei Theilungen an lebenden Eiern kleiner Nematoden. Biol. Centralbl. **17**, 152 (1897).
ERRERA, L.: Eine fundamentale Gleichgewichtsbedingung organischer Zellen. Ber. d. Deutsch. Bot. Ges. **4**, 441 (1886).
— Über Zellformen und Seifenblasen. Bot. Centralbl. **34**, 395 (1888).
EXEMPLARSKAJA, E. V.: Morphologie und Cytologie von *Anoplophryx* sp. aus dem Regenwurmdarm. Arch. f. Protistk. **73**, 147 (1931).

FARR, Cl.: Cytokinesis of the pollen-mother-cells of certain Dicotyledons. Mem. Bot. Gard. New York **6**, 235 (1916).
— Cell division by furrowing in *Magnolia.* Americ. Journ. Bot. **5**, 379 (1918).
— Quadripartion by furrowing in *Sisyrinchium.* Bull. Torr. Bot. Club **49**, 51 (1922).
FAULL, J. H.: Development of ascus and spore formation in Ascomycetes. Proc. Soc. Nat. Hist. Boston **32**, 77 (1905).
— The cytology of the *Laboulbenia chaetophora* and *L. Gyrinidarum.* Ann. Bot. **26**, 325 (1912).
FERGUSON, M. C.: Contributions to the knowledge of the life of *Pinus* with special reference to sporogenesis, the development of the gametophytes and fertilization. Proc. Washington Acad. Sci. 1 (1904).
FINN, W. W.: Male cells in agiosperms. I. Spermatogenesis and fertilization in *Asclepis Cornuti.* Bot. Gaz. **80**, 1 (1925).
FISCHEL, A.: Zur Entwicklungsgeschichte der Echinodermen. I. Zur Mechanik der Zellteilung. II. Versuche mit vitaler Färbung. Arch. f. Entwicklmech. **22**, 526 (1906).
FISCHER, A.: Fixierung, Färbung und Bau d. Protoplasmas. Jena: Fischer. 1899.
FISCHER, M. H. und Wo. OSTWALD: Zur physikalisch-chemischen Theorie der Befruchtung. Arch. f. gesamte Phys. **106**, 229 (1905).
FITZPATRIK, H. M.: The lower fungi. Phycomycetes. 5. Aufl. New York, 1930.
FLEMMING, W.: Zellsubstanz, Kern- und Zelltheilung. Leipzig: Vogel. 1882.
FOL, H.: Die erste Entwicklung des Geryonideneies. Jenaische Zeitschr. f. Naturw. **7**, 471 (1873).
FRASER, H. C.: Development of the pollen in some *Asclepiadaceae*, Bot. Gaz. **32**, 325 (1901).
— Contributions to the cytology of *Humaria rutilans.* Ann. Bot. **22**, 35 (1908).
FRASER, H. C. und W. E. BROOKS: Further studies on the cytology of the ascus. Ann. Bot. **23**, 537 (1909).
FRASER, W. C. und E. J. WELSFORD: Further contributions to the cytology of the Ascomycetes. Ann. Bot. **22**, 465 (1908).
FREY-WYSSLING, A.: Die Stoffausscheidung der höheren Pflanzen. Berlin: Julius Springer. 1935.
— Der Aufbau der pflanzlichen Zellwände. Protopl. **25**, 261 (1936).
— Der Feinbau der Zellwände. Naturw. **28**, 385 (1940).
FREY-WYSSLING, A. und E. HÄUSERMANN: Über die Auskleidung der Mesophyllinterzellularen. Ber. d. Schweiz. Bot. Ges. **51**, 430 (1941).

FRY, H. J.: Conditions determining the origin and behaviour of central bodies in cytasters of *Echinarachnius* eggs. Biol. Bull. **54**, 363 (1928).
— The so-called central bodies in fertilized *Echinarachnitus*-eggs. I. The relationship between central bodies and astral strutures as modified by various fixatives. Biol. Bull. **57**, 131 (1929).
— Studies of the mitotic figure. VI. Mid-bodies and their significance for the central body problem. Biol. Bull. **73**, 565 (1937).
FRYE, T. C.: A morphological study of certain *Asclepiadaceae*. Bot. Gaz. **34**, 389 (1902).

GALLARDO, A.: La division de la cellule phénomène bipolaire de caractère électrocolloidal. Arch. Entwicklmech. **28**, 125 (1909).
GATES, R. R.: Pollentetrad wall formation in *Lathraea*. La Cellule **35**, 47 (1925).
GÄUMANN, F.: Vergleichende Morphologie der niederen Pilze. Jena: Fischer. 1926.
GEITLER, L.: Studien ü. das Hämatochrom und die Chromatophoren von *Trentepohlia*. Österr. Bot. Zeitschr. **72**, 76 (1923).
— Die Entwicklungsgeschichte von *Sorastrum spinulosum* und die Phylogenie der *Protococcales*. Arch. f. Protistk. **47**, 440 (1924).
— *Rhodospora sordida*, nov. gen. n. sp., eine neue *Bangiaceae* des Süßwassers. Österr. Bot. Zeitschr. **76**, 25 (1927).
— Fortschritte der Botanik, herausgeg. v. F. v. WETTSTEIN. Der Abschnitt: Morphologie und Entwicklungsgeschichte der Zelle. (1932—1941).
— Grundriß der Cytologie. Berlin: Bornträger. 1934.
— Schizophyceen. LINSBAUERs Handb. d. Pflanzenanat. II. Abt., Bd. 6, 1. Teilb.: Schizophyten. Berlin: Bornträger. 1936.
— Furchungsteilung simultane Mehrfachteilung, Lokomotion, Plasmoptyse und Oekologie der Bangiacee *Porhyridium cruentum*. Flora, N. F. **37**, 300 (1944).
GEMEINHARDT, K.: Die Gattung *Synedra* in systematischer, zytologischer und ökologischer Beziehung. Pflanzenforsch. **6** (1926).
GERASSIMOFF, J. J.: Ätherkulturen von *Spirogyra*. Flora **94**, 79 (1905).
GIARDINA, A.: Note sul mecanismo della fecondazione e della divisione cellulare, studiato principalmente in uova di echini. Anat. Anz. **21**, 561 (1902).
GIESENHAGEN, K.: Studien ü. d. Zellteilung im Pflanzenreiche. Stuttgart: Fr. Grub. 1905.
— Die Richtung der Teilungswand in Pflanzenzellen. Flora **99**, 355 (1909).
GISTL, R.: Gestalt und Lage der ersten Teilungswand in Sporen von *Equisetum* in Lösungen von verschiedenem osmotischen Druck kultiviert. Ber. d. Deutsch. Ges. **46**, 254 (1928).
GLÄSER, H.: Untersuchungen ü. d. Teilung einiger Amöben, zugleich ein Beitrag zu Phylogenie des Centrosoms. Arch. f. Protistk. **25**, 27 (1912).
GOEBEL, K.: Organographie der Pflanzen. 2. Bd. Jena: Fischer. 1915—18.
GOLDSCHMIDT, R. und M. POPOFF: Über die sogenannte hyaline Plasmaschicht der Seeigeleier. Biol. Zentralbl. **28**, 210 (1908).
GOLDSTEIN, B.: A study of progressive cell plate formation. Bull. Torr. Bot. Club **52**, 197 (1925).
GRASSÉ, P. P.: Contribution à l'étude des Flagellés parasites. Arch. Zool. Exp. **65**, 345 (1926).
GRAY, J.: The forces which control the form and cleavage of the eggs of *Echinus esculentus*. Proc. Cambridge Phil. Soc. **1**, 164 (1925).
GREGER, J.: Was ist die Mittellamelle der Pflanzenzelle: Biol. Gen. **4**, 377 (1928).
GREGOIRE, S. und J. H. BERGHS: La figure achromatique dans la *Pellia epiphylla*. La Cellule **21**, 193 (1904).

GRELL, K. G.: Untersuchungen an Schizogregarinen. I. *Lipocystis polysperma* n. g. n. sp., eine neue Schizogregarine aus d. Fettkörper von *Panorpa communis* L. Arch. f. Protistk. **91**, 526 (1938).

GREW, NEHEMIA: The anatomy of plants with an idea of a philosophical history of plants. London, 1682.

GRIGGS, R. F.: Mitosis in *Synchytrium* with some observations in the individuality of the chromosomes. Bot. Gaz. **48**, 339 (1909).

GROHBOCK, E.: Über die Umhäutung isolierter Protoplasmastücke. Untersuchungen an *Saprolegnia*. Planta **23**, 313 (1935).

GROSS, F.: Die Reifungs- u. Furchungsteilungen von *Artemia salina* im Zusammenhang mit dem Problem des Kernteilungsmechanismus. Zeitschr. f. Zellf. u. mikrosk. Anat. **23**, 522 (1935).

GROSS, I.: Entwicklungsgeschichte, Phasenwechsel und Sexualität bei der Gattung *Ulothrix*. Arch. f. Protistk. **73**, 206 (1931).

GUIGNARD, L.: Observation sur le pollen des Cycadées. Journ. de Bot. **3**, 222, 229 (1889).

— Les centres cinétiques chez les végétaux. Ann. Sc. nat. Sér. VIII, Bot. **6**, 177 (1897).

GUILLERMOND, A.: Recherches cytologiques sur les levures. Rév. Gén. de Bot. **15**, 49, 104, 166 (1903).

— Recherches cytologiques et taxonomiques sur les Endomycétes. Rév. Gén. de Bot. **21**, 353 (1909).

— Le progrès de la cytologie des Champignions. Progressus rei botanicae **4**, 398 (1913).

— Etude cytologique et taxanomique sur les levures du genre *Sporobolomyces*. Bull. Soc. Mycol. France **43**, 245 (1927).

GUNDERMANN, J., W. WERGIN und K. HESS: Über die Natur und das Vorkommen der Primärsubstanz in den Zellwänden der pflanzlichen Gewebe. Ber. d. Deutsch. Chem. Ges. **70**, 517 (1937).

GURWITSCH, A.: Morphologie und Biologie der Zelle. Jena: Fischer. 1904.

GWYNNE-VAUGHAN, H. C.: Contribution to the study of *Ceratostomella fimbriata*. Ann. Bot. **50**, 747 (1936).

HABERLANDT, G.: Zur Physiologie der Zellteilung. III. Mitt.: Über Zellteilungen nach Plasmolyse. IV. Mitt.: Über Zellteilungen bei *Elodea*-Blättern nach Plasmolyse. V. Mitt.: Über das Wesen des plasmolytischen Reizes bei Zellteilungen nach Plasmolyse. Sitzber. Akad. Wiss. Berlin. Phys. math. Kl. 1919—20.

— Wundhormone als Erreger von Zellteilungen. Beitr. z. Allg. Bot. **2**, 1 (1921).

— Über experimentelle Erzeugung von Adventivembryonen bei *Oenothera Lamarckiana*. Sitzb. Akad. Wiss. Berlin, phys.-math. Kl. (1921).

— Über Zellteilungshormone und ihre Beziehungen zur Wundheilung, Befruchtung, Parthenogenesis und Adventivembryonie. Biol. Zentralbl. **42**, 145 (1922).

— Physiologische Pflanzenanatomie. 6. Aufl. Leipzig: Engelmann. 1924.

— Über das Verhalten der Schließzellen gebürsteter Laubblätter von *Alnus glutinosa*. Ber. d. Deutsch. Bot. Ges. **43**, 198 (1925).

HABERMEHL, K.: Die mechanischen Ursachen für die regelmäßige Anordnung der Teilungswände in Pflanzenzellen. Diss. München. 1909.

HÅKANSSON, A.: Beiträge zur Entwicklungsgeschichte der *Taccaceen*. Bot. Notiser 189, 257 (1921).

— Die Chromosomen einiger Scirpoiden. Hereditas **10**, 277 (1928).

HAMMAR, J. A.: Über einen primären Zusammenhang zwischen den Furchungszellen des Seeigels. Arch. f. mikrosk. Anat. **47**, 14 (1896).

— Über eine allgemein vorkommende primäre Protoplasmaverbindung zwischen den Blastomeren. Arch. f. mikrosk. Anat. **49**, 92 (1897).

Hämmerling, J.: Über formbildende Substanzen bei *Acetabularia mediterranea* in räumlicher und zeitlicher Verteilung und Herkunft. Arch. f. Entwicklmech. **131**, 1 (1934).

Harper, R. A.: Beiträge z. Kenntnis der Kernteilung und Sporenbildung im Ascus. Ber. d. Deutsch. Bot. Ges. **13**, 67 (1895).

— Über das Verhalten der Kerne bei der Fruchtentwicklung einiger Ascomyceten. Jahrb. wiss. Bot. **29**, 655 (1896).

— Kerntheilung und freie Zellbildung im Ascus. Jahrb. wiss. Bot. **30**, 249 (1897).

— Cell-division in sporangia and asci. Ann. Bot. **13**, 467 (1899).

— Cell and nuclear division in *Fuligo varians*. Bot. Gaz. **30**, 217 (1900).

— Cleavage in *Didymium melanosporum* (Pers.) Macbr. Americ. Journ. Bot. **1**, 127 (1914).

Harper, R. A. und B. O. Dodge: The formation of the capillitium in certain Myxomycetes. Ann. Bot. **28**, 1 (1914).

Hartmann, M.: Untersuchungen ü. d. Morphologie u. Physiologie d. Phytomonadinen (*Volvocales*). Über d. Kern- und Zellteilung v. *Chlorogonium elongatum* Dangeard. Arch. f. Protistk. **39**, 1 (1918).

— Fortpflanzung und Befruchtung als Grundlage der Vererbung. Handb. d. Vererbungswiss., herausgeg. v. E. Baur u. M. Hartmann. Bd. 1. Berlin: Bornträger. 1929.

— Allgemeine Biologie. 2. Aufl. Jena: Fischer. 1933.

Hartog, M.: Die Doppelkraft der sich teilenden Zellen. I. Die achromatische Spindelfigur, erläutert durch magnetische „Kraftketten". Biol. Zentralbl. **25**, 387 (1905).

— The true mechanism of mitosis. Arch. f. Entwicklmech. **40**, 33 (1914).

Harvey, E. B.: Parthenogenetic merogony or development without nuclei of the eggs of sea urchin from Naples. Biol. Bull. **75**, 170 (1938).

Haupt, A. W.: Cell structure and cell division in the Cyanophyceae. Bot. Gaz. **75**, 170 (1923).

Hegelmaier, F.: Zur Entwicklungsgeschichte endospermatischer Gewebekörper. Bot. Zeitg. **44**, Sp. 529—539, 545—555, 561—578, 585—596 (1886).

Heidenhain, M.: Cytomechanische Studien. Arch. f. Entwicklmech. **1**, 473 (1895).

— Ein neues Modell zum Spannungsgesetz der zentrierten Systeme. Verhandl. d. Anat. Ges. Berlin, 10. Verslg. Berlin 1896.

— Plasma und Zelle. I. u. II. Handb. d. Anat. d. Mensch. herausgeg. von Bardeleben. Jena: Fischer. 1907/11.

Heidinger, W.: Die Entwicklung der Sexualorgane bei *Vaucheria*. Ber. d. Deutsch. Bot. Ges. **26**, Festschr., 313 (1908).

Heidt, K.: Zytomorphologie und Zytogenese bei *Mougeotia* normaler und abnormer Konstitution. Arch. f. exp. Zellf. **23**, 367 (1939).

Heilbrunn, L. V.: The colloid chemistry of protoplasm. Protopl. Monogr. Bd. I. Berlin: Bornträger. 1928.

Heinricher, E.: Zur Kenntnis der Algengattung *Sphaeroplea*. Ber. d. Deutsch. Bot. Ges. **1**, 433 (1883).

Herbst, C.: Über das Auseinandergehen von Furchungs- und Gewebezellen in kalkfreien Medien. Arch. f. Entwicklmech. **9**, 424 (1900).

Herlant, H.: Comment agit la solution hypertonique dans la parthénogenèse expérimentale (méthode de Loeb). I. Origine et signification des asters accessoires. Arch. Zool. **57**, 511.

Hermann, F.: Beitrag zur Lehre v. d. Entstehung der karyokinetischen Spindel. Arch. f. mikrosk. Anat. **37**, 569 (1891).

Hertwig, G.: Allgemeine mikrosk. Anat. d. lebendigen Masse. In Moellendorffs Handb. d. mikrosk. Anat. d. Menschen. Bd. 1. Berlin: Julius Springer. 1929.

Hertwig, O.: Die Zelle und die Gewebe. Jena: Fischer. 1893.

HERTWIG, R.: Über das Wechselverhältnis von Kern und Protoplasma. München: Lehmann. 1903.

HERZFELD, ST.: Über die Kernteilungen im Proembryo von *Gingko biloba.* Jahrb. wiss. Bot. **69**, 264 (1928).

HIS, W.: Über Zellen- und Syncytienbildung. Studien am Salmonidenkeim. Abh. d. math.-phys. Kl. d. sächs. Ges. Wiss. **24**, 401 (1898).

HOFFMANN, R. W.: Über Zellplatten und Zellplattenrudimente. Zeitschr. f. wiss. Zool. **63**, 379 (1898).

HOFMEISTER, W.: Über die Entwicklung des Pollens. Bot. Zeitg. **48**, 655 (1848).

— Die Lehre von der Pflanzenzelle. Handb. d. physiol. Bot. I. Abt. 1. Leipzig: Engelmann. 1867.

HOLFERTY, G. M.: Ovule and embryo of *Potamogeton natans.* Bot. Gaz. **31**, 339 (1901).

HOMÈS, M. V.: Observationes vitales sur la structure et la division cellulaire de „*Halopteris filicina*" (GRAT.) KÜTZ. Bull. Acad. Roy. Belgique Cl. Sc. Sér. V, Bd. **15**, 932 (1929).

HOOKE, R.: Mikrographia. London, 1667.

HORN, L.: Experimentelle Entwicklungsänderungen bei *Achlya polyandra* DE BARY. Ann. de Mycol. **2**, 207 (1904).

HOWARD, F. L.: The life history of *Physarum polycephalum.* Americ. Journ. Bot. **18**, 116 (1931).

HUBER, P.: Kern- und Plasmaverhältnisse im Pollenkorn und Pollenschlauch d. Bärlauches (*Allium ursinum*). Mikrokosm. **31**, 128 (1937—38).

HUECK, W.: Die Synthesiologie von MARTIN HEIDENHAIN als Versuch einer allgemeinen Theorie der Organisation. Naturw. **14**, 149 (1926).

HUTCHINSON, A. H.: The male gametophyt of *Abies.* Bot. Gaz. **57**, 148 (1914).

IKENO, S.: Die Spermatogenese von *Marchantia polymorpha.* Beih. z. Bot. Zentralbl. **15**, 65 (1902).

IKARI, J.: On the nuclear and cell-division of a Planton-Diatom, „*Coscinodiscus subbuliens*" JÖRGENSEN. Prel. Not. Bot. Mag. Tokyo **37**, 69 (1923).

JACOBJ, W.: Über das rhythmische Wachstum der Zellen durch Verdoppelung ihres Volumens. Arch. f. Entwicklmech. **106**, 124 (1925).

JAHN, E.: Myxomycetenstudien. III. Kernteilung und Geißelbildung bei den Schwärmern v. *Stemonitis flaccida* LIST. Ber. d. Deutsch. Bot. Ges. **22**, 84 (1904).

— Beiträge z. botanischen Protistologie. I. Die Polyangiden. Berlin: Bornträger. 1924.

JOHNSON, D. F.: Morphology and life history of *Colacium vesiculosum* EHRB. Arch. f. Protistk. **83**, 241 (1934).

JOHNSON, N. H.: The behaviour of raphides during cell division as an indication of Protoplasma viscosity. Protopl. **24**, 195 (1935).

JOLLOS, V. und F. PÉTERFI: Furchung von Axolotleiern ohne Beteiligung des Kernes. Biol. Zentralbl. **43**, 286 (1923).

JONES, S. G.: Life history and cytology of *Rhytisma acerinum* (PERS.) FRIES. Ann. Bot. **39**, 41 (1925).

JUEL, H. O.: Über *Hyphelia* und *Ostracoderma*, zwei von FRIES aufgestellte Pilzgattungen. Svensk. Bot. Tidskr. **14**, 212 (1920).

JUNGERS, V.: Recherches sur les plasmodesmes chez les végétaux. I. La Cellule **40**, 7 (1930).

— Figures caryocinétiques et cloisonnement du protoplasme de l'endosperm d'*Iris.* La Cellule **40**, 291 (1931).

— L'origine des méats chez le *Viscum album.* La Cellule **46**, 111 (1937).

JURÁNYI, L.: Über den Bau u. d. Entwicklung des Pollens bei *Ceratozamia longifolia* MIQU. Jahrb. wiss. Bot. 8, 382 (1872).

— Beitrag zur Morphologie der Oedogonien. Jahrb. wiss. Bot. **9**, 1 (1873).

KARLING, J. S.: A priliminary descriptive study of a parasitic monad in cells of American *Characeae*. Americ. Journ. Bot. **17**, 928 (1930).
KERR, T. und J. BAILEY: Structure, optical properties and chimical composition of the so-called middle lamella. Journ. Arnold Arbor. **15**, 327 (1934).
KILDAHL, N. J.: Development of the walls in the proembryo of *Pinus Laricio*. Bot. Gaz. **44**, 102 (1907).
KIOHARA, K.: Beobachtungen ü. d. Chloroplastenteilung von *Hydrilla verticillata* PRESL. Bot. Mag. Tokyo **40**, 1 (1926).
KLEBS, G.: Beiträge zur Physiologie der Pflanzenzelle. Unters. Bot. Inst. Tübingen **2**, 489 (1888).
— Über die Bildung der Fortpflanzungszellen bei *Hydrodictyon utriculatum*. Bot. Zeitg. **49**, Sp. 789—798, 805—817, 821—835, 837—846, 853—862 (1891).
KLOPFER, T.: Die Teilung des Chloroplasten während der Zytokinese von *Spirogyra*. Acta Soc. Bot. Pol. **11**, 443 (1934).
KNY, L.: Über den Einfluß von Zug und Druck auf die Richtung der Scheidewände in sich teilenden Pflanzenzellen. Ber. d. Deutsch. Bot. Ges. **14**, 378 (1896).
— Über den Einfluß von Zug und Druck auf die Richtung der Scheidewände in sich teilenden Pflanzenzellen. Jahr. wiss. Bot. **37**, 55 (1901).
KOHL, F. G.: Die Hefepilze, ihre Organisation, Physiologie und Systematik sowie ihre Bedeutung als Gärungsorganismen. Leipzig: Quelle-Mayer. 1908.
KÖHLER-WIEDER, R.: Ein Beitrag zur Kenntnis der Kernteilung der Peridineen. Österr. Bot. Zeitschr. **86**, 198 (1937).
KOSTANECKI, K. und M. SIEDLECKI: Über das Verhältnis der Centrosomen zum Protoplasma. Arch. f. mikrosk. Anat. 48, 181 (1896).
KORSCHELT, E.:Regeneration und Transplantation. I. Bd. Regeneration. Berlin: Bornträger. 1927.
KORSCHELT, E. und K. HEIDER: Vergleichende Entwicklungsgeschichte der Tiere. Neubear. v. KORSCHELT, E. 2 Bde. 2. Aufl. Jena: Fischer. 1936.
KOWALSKI, J.: Cinèses atypiques dans les cellules adipeuse des larves de *Pyrrhocoris apterus* L. La Cellule **30**, 83 (1913).
KRETSCHMER, H.: Beiträge zur Cytologie von *Oedogonium*. Arch. f. Protistk. **71**, 101 (1930).
KÜHN, A.: Über die Beziehung zwischen Plasmateilung und Kernteilung bei Amöben. Zool. Anz. 48, 193 (1917).
— Grundriß d. allgemeinen Zoologie. 4. Aufl. 1941.
KÜKENTHAL, W.: Handbuch der Zoologie. I. Bd. *Protozoa, Porifera, Coelenterata Mesozoa*. Leipzig—Berlin: de Gruyter. 1923.
KURSSANOV, L.: Über Befruchtung, Reifung und Keimung bei *Zygnema*. Flora **104**, 65 (1912).
KUSANO, S.: A contribution to the cytology of *Synchytrium* and its hosts. Bull. Coll. Agr. Imp. Univ. Tokyo 8, 79 (1909).
— Experimental studies in the embryonal development in an Angiosperm. Journ. Coll. Agricult. Imp. Univ. Tokyo **6**, 7 (1915).
— Cytology of *Synchytrium fulgens* SCHROET. Journ. Coll. Agr. Imp. Univ. Tokyo **10**, 347 (1930).
KÜSTER, E.: Über Vakuolenteilung und grobschaumige Protoplasten. Ber. d. Deutsch. Bot. Ges. **36**, 283 (1918).
— Pathologische Pflanzenanatomie. 3. Aufl. Jena: Fischer. 1925.
— Über Zellsaft, Protoplasma und Membran v. *Bryopsis*. Ber. d. Deutsch. Bot. Ges. **51**, 526 (1934).
— a) Die Pflanzenzelle. Jena: Fischer. 1935.
— b) Die Zelle und Zellteilung. Handwörtb. d. Naturw. 2. Aufl. 1935.
— c) Über die Bildung plasmatischer Scheidewände nach Plasmolyse. Ber. d. Deutsch. Bot. Ges. **53**, 823 (1935).
— Über kernlose Zellen. Cytologia (Tokyo) **7**, 264 (1936).

KÜSTER, E.: Pathologie der Pflanzenzelle. II. Pathologie der Plastiden. Protoplasma-Monogr. XIII. Bd. Berlin: Bornträger. 1937.

— Beiträge zur Cytogenese des *Basidiobolus*. Protopl. **36**, 169 (1941).

— Ergebnisse und Aufgaben der Zellmorphologie. Wiss. Forschungsber. Reihe 1942.

KUSUNOKY, S. und J. KAWASAKI: Beobachtungen über die Chloroplastenteilung bei einigen Blütenpflanzen. Cytologia (Tokyo) **7**, 530 (1936).

KYLIN, H.: Die Entwicklungsgeschichte von *Griffithia corallina* (LIGHTF.) AG. Zeitschr. f. Bot. **8**, 97 (1916).

— Anatomie der Rhodophyceen. Handb. d. Pflanzenanat. v. K. LINSBAUER, G. TISCHLER u. A. PASCHER. 6. Bd. 1937.

— Über den Bau der Florideentüpfel. Kunigl. Fisiogr. Sällskapets i Lund Förhandl. Bd. **10**, Nr. 21. 1940.

LAGERBERG, T.: Studien ü. die Entwicklungsgeschichte u. systematische Stellung der *Adoxa Moschatellina* L. K. Sv. Vet. Akad. Handl. Bd. 44, Nr. 4, 1909.

LAND, W. J.: Spermatogenesis and oogenesis in *Ephedra trifurca*. Bot. Gaz. **38**, 1 (1904).

— Fertilization and embryogeny in *Ephedra trifurca*. Bot. Gaz. **44**, 273 (1907).

LANDER, C. A.: The evolution of the plastid to nuclear division in *Anthoceros laevis*. Americ. Journ. Bot. **22**, 42 (1935).

LANZ, J.: Über die Zellteilung bei *Cladophora*. Planta **31**, 222 (1940/41).

LATTER, J.: The pollen development of *Lathyrus odoratus*. Ann. Bot. **40**, 277 (1926).

LAUTERBORN, R.: Protozoenstudien I. Kern- und Zelltheilung von *Ceratium hirundinella* O. F. M. Zeitschr. wiss. Zool. **59**, 167 (1895).

— Untersuchungen ü. d. Bau, Kerntheilung und Bewegung der Diatomeen. Leipzig: Engelmann. 1896.

LAVDOVSKI, M.: Von der Entstehung der chromatischen und achromatischen Substanzen in den thierischen und pflanzlichen Zellen. Anat. Hefte, 1. Abt., Bd. **4**, 253 (1894).

LAWSON, A.: The gametophytes, fertilization and embryo of *Cryptomeria japonica*. Ann. Bot. **18**, 417 (1904).

LEBEDEFF, G. A.: Failure of Cytokinesis during microsporogenesis in *Zea Mays* following heat treatment. Cytologia (Tokyo) **10**, 434 (1939).

LEBRUN, H.: La cytodiérèse le l'oeuf. La vésicule germ. et les globules polaires chez les Anoures. Les cinèses sexuelles des Anoures. La Cellule **19**, 315 (1901).

LEDUC, St.: Das Leben in seinem physik.-chemischen Zusammenhange. Übers. v. GRADENWITZ. Halle: Hofstetter. 1912.

— Die synthetische Biologie. Übers. v. GRADENWITZ mit Angabe auch der Schriften v. LEDUC v. 1902—1906. Halle: Hofstetter. 1914.

LENOIR, M.: Etude vitale de la sporogénèse chez l' *Equisetum variegatum*. La Cellule **42**, 355 (1934).

LEPESCHINSKAJA, O. B.: Zur Frage nach der Neubildung von Zellen im tierischen Organismus. I. Bildung der Zellen und Blutinseln aus Dotterkugeln beim Hühnerembryo. Cytologia (Tokyo) **7**, 54 (1936).

— Zur Frage nach der Neubildung von Zellen im tierischen Organismus. II. Neue Ergebnisse über die Bildung von Zellen und Blutinseln aus Dotterkugeln des Hühnerembryos. Cytologia (Tokyo) 8, 15 (1937).

— Die Herkunft der Zelle aus lebendiger Masse und die Rolle der lebendigen Masse im Organismus. Moskau—Leningrad: Verlag d. Akad. d. Wissensch. UdSSR. (1945, russisch).

LEVINE, M.: Somatic and reduction division in certain species of *Drosera*. Mem. New York Bot. Gard. **6**, 125 (1916).

LEWIS, F. J.: Nature of the outer surface of the walls of the mesophyll. of the leaf. Nature (London) **1**, 34 (1938). Zitiert nach FREY-WYSSLING u. HÄUSERMANN 1941.
— The life-history of *Griffithia Bornetiana*. Ann. Bot. **23**, 639 (1909).
LEWITZKY, G.: Die Chondriosomen in der Gonogenese bei *Equisetum palustre* L. Planta **1**, 301 (1925).
LIESCHE, W.: Die Kern- und Fortpflanzungsverhältnisse von *Amöba proteus* (PALL.) Arch. f. Protistk. **91**, 135 (1938).
LILLIE, R.: The physiology of cell divisions. II u. III. Americ. Journ. of Physiol. **26**, 106 (1910) u. **27**, 289 (1911).
LOEB, J.: Beiträge über Kernteilungen ohne Zellteilung. Arch. f. Entwicklmech. **2**, 298 (1896).
— Beiträge zur Entwicklungsmechanik der aus einem Ei entstehenden Doppelbildungen. Arch. f. Entwicklmech. **19**, 453 (1905).
LOEFFER, J. B.: Morphology and binary fission of *Heteronema acus* (EHRB.) STEIN. Arch. f. Protistk. **74**, 449 (1931)
LOHWAG, H.: Zur Homologisierung der Konidien von *Ascoidea*. (Ein Beitrag zum Verständnis endogener Zellbildung.) Biol. Gen. **2**, 835 (1926).
— Anatomie der Asco- und Basidiomyceten. Handb. d. Pflanzenanat., herausgeg. v. K. LINSBAUER. Bd. VI, Abt. 2, Teilb. 3 c. 1941.
LORBEER, G.: Untersuchungen über Reduktionsteilung und Geschlechtsbestimmung bei Lebermoosen. Zeitschr. indukt. Abst.- u. Vererbl. **44**, 1 (1927).
— Die Zytologie der Lebermoose m. bes. Berücksichtigung allgem. Chromosomenfragen. I. Jahrb. wiss. Bot. **80**, 567 (1934).
LUBIMENKO, W. und A. MAIGE: Recherches cytologiques sur le développement des cellules-mères du pollen chez les Nymphéacées. Rev. Gén. de Bot. **19**, 401, 433, 474 (1907).
LUNDEGARDH, H.: Chromosomen, Nukleolen und die Veränderungen im Protoplasma bei der Karyokinese. Beitr. z. Biol. d. Pflanzen **11**, 373 (1912).
— Die Kernteilung bei höheren Organismen nach Untersuchungen an lebendem Material. Jahrb. wiss. Bot. **51**, 236 (1912).
LUTMAN, B. F.: The cell structure of *Closterium Ehrenbergi* and *Closterium moniliferum*. Bot. Gaz. **49**, 241 (1910).
— Cell and nuclear division in *Closterium*. Bot. Gaz. **51**, 401 (1911).
— Senescens and rejuvenescens in the cells of the potato plant. Bull. Vermont Agric. Exp. Stat. Burlington. Nr. **252** (1925).
LYON, F. M.: A study of the sporangia and gametophytes of *Selaginella apus* and *S. rupestris*. Bot. Gaz. **32**, 124, 170 (1901).

MACALLISTER, F.: Nuclear division in *Tetraspora lubrica*. Ann. Bot. **27**, 681 (1913).
— The formation of the achromatic figure in *Spirogyra setiformis*. Americ. Journ. Bot. 18, 838 (1931).
MACCLINTOCK, B.: A cytological and genetical study of triploid maize. Genetics **14**, 180 (1929).
MAINX, F.: Untersuchungen ü. Ernährung und Zellteilung bei *Eremosphaera viridis* DE BARY. Arch. f. Protistk. **57**, 1 (1926).
MAIRE, R.: Recherches cytologiques sur les Ascomycètes Ann. Mycol. **3**, 123 (1905).
MALPIGHI, M.: Anatome plantarum. 1675. Übers. v. M. MÖBIUS. Ostwalds Klassiker Nr. 120.
MANN, M. C.: Microsporogenesis of *Gingko biloba L.* with special reference to the distribution of plastids and cell formation. Univ. of California Publ. Agr. Sc. **2**, 243 (1924).
MANEVAL, W. E.: The development of *Magnolia* and *Liriodendron* including a discussion of the primitiveness of the *Magnoliaceae*. Bot. Gaz. **57**, 1 (1914).

MARTENS, P.: Recherches éxperimentales sur la cinèse dans la cellule vivante. La Cellule 38, 69 (1927).

— Nouvelles recherches éxperimentales sur la cinèse dans la cellule vivante. La Cellule 39, 169 (1929).

— Nouvelles recherches sur l'origine des espèces intercellulaires. Beih. z. Bot. Centralbl., Abt. A, 349 (1938).

MARTIN, E. M.: Cytological studies of *Taphrina coryli* NISHIDA on *Corylus americana*. Trans. Wisc. Acad. Sc. Arts Lett. 21, 345 (1924).

MATSUDA, H.: The effect of abnormal temperature upon the pollen formation of *Petunia*. Journ. Coll. Agric. Imp. Univ. Tokyo 14, 71 (1936).

MELIN, E.: Die Sporogenese von *Sphagnum squarrosum* PERS. Nebst einigen Bemerkungen über das Antheridium v. *Sphagnum acutifolium* EHRB. Svensk. Bot. Tidskr. 9, 261 (1915).

MEVES, FR.: Über den Vorgang der Zelleinschnürung. Arch. f. Entwicklmech. 5, 378 (1897).

— Zellteilung. Ergebn. Anat. u. Entwicklgesch. 8, 430 (1899).

— Verfolgung des sog. Mittelstückes des Echinidenspermiums im befruchteten Ei bis zum Ende der ersten Furchungsteilung. Arch. mikrosk. Anat. 80 (II), 81—124 (1912).

MEYEN, F. J. F.: Neues System der Pflanzenphysiologie I—III. Berlin. 1837 bis 1839.

MEYER, K. J.: Die Entwicklung des Sporogons bei *Fegatella conica*. Planta 8, 36 (1929).

— Zur Entwicklungsgeschichte des Sporophyten einiger *Marchantiales*. Planta 13, 193 (1931).

MICHEL, W.: Membranstudien an *Codium*. Arch. f. Protistk. 91, 292 (1938).

MIEHE, H.: Das Archiplasma. Jena: Fischer. 1926.

MIRANDE, R.: Recherches sur la composition chimique de la membrane et le morcelement du thalle chez les *Siphonales*. Ann. Sc. Nat. Sér. IX, Bot. 18, 147 (1913).

MIRBEL, C. F.: Traité d'anatomie et de physiologie végétale. Paris 1802.

— Recherches sur le *Marchantia polymorpha*. Sonderabdr. (ersch. in Nouv. Ann. Mus. d'Hist. nat. 1, 93 [1838]).

MOELLENDORFF, W. v.: Zur Kenntnis der Mitose. Arch. f. exp. Zells. 21, 1 (1938).

MOHL, H. v.: Einige Bemerkungen ü. d. Entwicklung u. d. Bau der Sporen der cryptogamischen Gewächse. Flora 16, 1. Teil, 33, 49, 65 (1833).

— Über die Vermehrung der Pflanzenzellen durch Theilung. Diss. Tübingen 1835, abgedr. in Flora 20, 1 (1837). Umgearb. in Vermischte Schriften bot. Inhalts von MOHL 1845.

— Über die Entwicklung der Sporen von *Anthoceros laevis*. Linnaea 1839, und in den Vermischt. Schriften 1845, S. 84.

— Vermischte Schriften botanischen Inhalts. Tübingen: L. F. Fues. 1845.

— Grundzüge der Anatomie und Physiologie der vegetabilischen Zelle. R. WAGNERs Handwörtb. d. Phys. Sonderabdr. 1851.

MOLDENHAWER, J. J. P.: Beiträge zur Anatomie der Pflanzen. Kiel. 1812.

MOORE, A. C.: Sporogenesis in *Pallavicinia*. Bot. Gaz. 40, 81 (1905).

MOORE, G. TH.: New or little known unicellular algae II. *Eremosphaera viridis* and *Excentrosphaera*. Bot. Gaz. 32, 309 (1901).

MORREN, CH. F.: Mémoire sur les Clostéries. Ann. Sc. nat. Sér. II. Bot. 5, 257, 321 (1836).

MOSEBACH, G.: Über die Polarisierung der *Equisetum*-Spore durch das Licht. Planta 33, 340 (1943).

MOTOMURA, J.: On the cytoplasm structure of the egg of a see-urchin *Strongylocentrotus pulcherrimus* from the view-point of embryology. The Zool. Mag. Tokyo, 48, 90 (1936).

MOTTIER, D. M.: The effect of centrifugal-force upon the cell. Ann. Bot. 13, 325 (1899).

MOTTIER, D. M.: Über das Verhalten der Kerne bei der Entwicklung des Embryosacks und die Vorgänge bei der Befruchtung. Jahrb. wiss. Bot. **31**, 125 (1898).
— Nuclear and cell division in *Dictyota dichotoma*. Ann. Bot. **14**, 163 (1900).
MÜHLDORF, A.: Das plasmatische Wesen der pflanzlichen Zellbrücken. Beih. z. Bot. Centralbl. **56**, Abt. A, 171 (1937).
— Einige Bemerkungen zur Membranmorphologie der Blaualgen. Ber. d. Deutsch. Bot. Ges. **56**, 316 (1938).
— Beiträge zur Frage über das Vorkommen von Zellbrücken bei den Cyanophyceen und Rhodophyten. Ber. d. Deutsch. Bot. Ges. **56**, 16 (1938).
— Über die Bildung und Auflösung der Wände bei der Tetradenteilung der Pollenmutterzellen von *Althaea rosea*. Ber. d. Deutsch. Bot. Ges. **57**, 299 (1939).
— Über die Vorgänge der Bildung und Auflösung der Wände bei den Pollentetraden angiospermer Pflanzen. Beih. z. Bot. Centralbl. Abt. A, Bd. **60**, 557 (1941).
MUNDIE, J. R.: Cytology and life history of *Vaucheria geminata*. Bot. Gaz. **87**, 397 (1929).

NAEGELI, C. v.: Zur Entwicklungsgeschichte des Pollens bei den Phanerogamen. Zürich. 1842.
— Botanische Beiträge Nr. IV. Zellenbildung in der Spitze der Wurzel. Linnaea **16**, 237 (1842).
— Zellenkerne, Zellenbildung und Zellenwachstum bei den Pflanzen. Zeitschr. wiss. Bot. **1**, 1. Heft, 34 (1844).
— Ebenso und ebenda, 3. u. 4. Heft. 22 (1846).
— (Kritik über UNGER.) Über merismatische Zellenbildung bei der Entwicklung des Pollens. Zeitschr. wiss. Bot. **1**, 3. u. 4. Heft, 309 (1846).
NATHANSON, A.: Physiologische Untersuchungen über amitotische Kernteilung. Jahrb. wiss. Bot. **35**, 48 (1900).
NEMEC, B.: Über die Einwirkung des Chloralhydrats auf die Kern- und Zellteilung. Jahrb. wiss. Bot. **39**, 645 (1904).
— Das Problem der Befruchtung und andere zytologische Fragen. Berlin: Bornträger. 1910.
— Einiges über zentrifugierte Pflanzenzellen. Bull. Intern. Acad. Sc. Bohème **20**, 1 (1915).
— Über die Beschaffenheit der achromatischen Teilungsfigur. Arch. exp. Zellf. **5**, 77 (1928).
NIENBURG, M.: Die Wirkung des Lichtes auf die Keimung der *Equisetum*-Spore. Ber. d. Deutsch. Bot. Ges. **42**, 95 (1924).
NISHIMURA, M.: Studies in *Plasmopara Halstedtii*. I. Journ. Coll. Agr. Hokkaido Imp. Univ. Sapporo **11**, 185 (1922).
— Studies in *Plasmopara Halstedii*. II. Journ. Coll. Agr. Hokkaido Imp. Univ. Sapporo **17**, 1 (1926).
NOLL, F.: Experimentelle Untersuchungen über das Wachstum der Zellmembran. Abhandl. Senckenberg. Naturf. Ges. **15**, 101 (1887).
NOVIKOFF, M.: Beobachtungen über die Vermehrung der Knorpelzellen. Zeitschr. wiss. Zool. **90**, 205 (1908).

OBERHEIDT, K.: Die Entwicklung der Protonemata und die Anlage der Stämmchen bei einigen Laubmoosen. Diss. Marburg 1931.
OHASHI, HIRO: Cytological studies of *Oedogonium*. Bot. Gaz. **90**, 177 (1930).
OLIVE, E. W.: Cytological Studies on the *Entomophthoraceae*. Bot. Gaz. **41**, 192, 229 (1906).
— Cytological studies an *Ceratiomyxa*. Trans. Wisc. Acad. Sc. **15**, 753 (1907).
— Cell and nuclear division in *Basidiobolus*. Ann. Mycol. **5**, 404 (1907).

OLTMANNS, FR.: Morphologie und Biologie der Algen. 3 Bde., 2. Aufl. Jena: Fischer. 1922—23.

OSOGOE, BUNSUKE: Eine experimentell erzeugte reversible Teilungsumkehr bei *Actinosphaerium Eichhorni* (EHRB.). Protopl. **36**, 1 (1941).

OVERTON, J. B.: The morphology of the ascocarp and spore formation in the manyspored asci of the *Thecotheus Pelletieri*. Bot. Gaz. **42**, 450 (1906).

PALM, B.: Studien über Konstruktionstypen und Entwicklungswege des Embryosacks der Angiospermen. Akad. Abh. Stockholm. 1915.

— Das Endosperma v. *Hypericum*. Svensk. bot. Tidskr. **16**, 60 (1922).

PASCHER, A.: Über die morphologische Entwicklung der Flagellaten zu Algen. Ber. d. Deutsch. Bot. Ges. **42**, 148 (1924).

PASCHER, A. und PETROVA: Eine neue Bangiale (*Chroothece mobilis*). Arch. f. Protistk. **74**, 490 (1931).

PASTRANA, M. D.: Sporogenesis and sex determinations in *Begonia Schmidtiana*. Americ. Journ. Bot. **19**, 365 (1932).

PEARSON, H. H. W.: *Gnetales* (Cambridge Bot. Handbooks). Cambridge: Univ. Press. 1929.

PEKAREK, J.: Über unvollständige Membranbildung. Protopl. **29**, 116 (1938).

PERAGALLO, H.: Sur la division cellulaire du *Biddulphia mobiliensis*. Bull. Station biol. d'Arachon. Ann. **10**, 1 (1907).

PETER, K.: Zellteilung und Zelltätigkeit. VII. Mitt. Zeitschr. f. Zellf. u. mikrosk. Anat. **9**, 561 (1929).

PÉTERFI, T.: Die Abhebung der Befruchtungsmembran bei Seeigeleiern. Arch. Entwicklmech. **112**, 660 (1927).

PETERSCHILKA, F.: Über die Kernteilung und die Vielkernigkeit und über die Beziehungen zwischen Epiphytismus und Kernzahl bei *Rhizoclonium hieroglyphicum* KÜTZ. Arch. f. Protistk. **47**, 325 (1924).

PFEIFFER, H.: Experimentelle und theoretische Untersuchungen über die Entdifferenzierung und Teilung pflanzlicher Dauerzellen. I. Verschieden gerichtete Permeabilitätsänderungen während der Abgliederung kernloser Zellen aus Dauerelementen des Blattes von *Helodea densa* CASP. Protopl. **10**, 253 (1930).

PFITZER, E.: Untersuchungen über Bau und Entwicklung der Bacillariaceen (Diatomaceen). Bot. Abh., herausgeg. v. J. HANSTEIN, 1. Bd., 2. Heft. Bonn: Marcus. 1871.

PIECH, K.: Über die Teilung des primären Pollenkornes und die Entstehung der Spermazellen bei *Scirpus palustris* L. Bull. Acad. Pol. Sér. B. (1934).

— Über die Entstehung der generativen Zelle von *Scirpus uniglumis* LINK. durch „Freie Zellbildung". Planta **6**, 96 (1928).

POLITZER, G.: Pathologie der Mitose. Protoplasma Monogr. VII, 1934.

POSTMA, G.: Bijdragen tot de kennis van de vegetatieve celdeeling bij de hoogere planten. Diss. Groningen. 1909.

PRANKERD, T. L.: Notes on the occurrence of multinucleate cells. Ann. Bot. **29**, 599 (1915).

PRÁT, S. und K. M. MALKOWSKI: Ursachen des Wachstums und der Zellteilung. (Sammelref.) Protopl. **2**, 312 (1927).

PRATJE, A.: *Noctiluca miliaris* SURIRAY, Arch. f. Protistk. **42**, 1 (1921).

PRÉVOST und DUMAS: Deuxième mémoire sur la génération. Rapports de l'oeuf avec la liqueur fécondante. Phénomènes appréciables, résultant de leur action mutuelle. Développement de l'oeuf des Batraciens. Ann. Sc. nat. **2**, 100, 129 (1824).

PRIESTLEY, J. H.: Cell growth and cell division in the shoot of flowering plant. New Phytologist **28**, 54 (1929).

PRIESTLEY, J. H. und SCOTT, L. J.: The formation of a new cell-wall at cell division. Proc. Leeds Philos. Soc. **3**, IX, 532 (1939).

PRINGSHEIM, N.: Untersuchungen über den Bau und die Bildung der Pflanzenzelle. Berlin: Hirschwald. 1854.

PROSINA, M. N.: Verhalten der Chondriosomen bei der Pollenentwicklung von *Larix dahurica* TURCZ. Zeitschr. f. Zellf. u. mikrosk. Anat. **7**, 114 (1928).
— Embryologische Untersuchungen an *Eremurus spectabilis* M. B. var. *Regeli*. Planta **9**, 748 (1929).

RABL, C.: Über Zelltheilung. Morph. Jahrb. **10**, 214 (1885).
RACIBORSKI, M.: Über den Einfluß äußerer Bedingungen auf die Wachstumsweise des *Basidiobolus ranarum*. Flora **82**, 107 (1896).
RAMANATHAN, K. R.: The morphology, cytology and alternation of generations in *Enteromorpha compressa* (L.) GREV. var. *linguata* (J. AG.) HAUCK, Ann. Bot. New Ser. III, 375 (1939).
RASHEVSKI, N. v.: Physical aspects of cellular growth and multiplication (Sammelref.). Protopl. **14**, 99 (1931).
REES, OLIVE, L.: The morphology and development of *Entomophthora fumosa*. Americ. Journ. Bot. **19**, 205 (1932).
REEVES, R. G.: Partition wall formation in the pollen mother cells of *Zea Mays*. Americ. Journ. Bot. **15**, 114 (1928).
REMAK, R.: Theilung roter Blutzellen beim Embryo. Med. Vereinsztg. Nr. 27, MÜLLERS Archiv f. Anatomie. 1841.
— Über die Entstehung des Bindegewebes und des Knorpels. Arch. f. Anat. u. Physiolog. (Müllers Archiv). 1852.
— Untersuchungen über die Entwicklung der Wirbeltiere. Berlin: G. Reimer. 1855.
REICHARDT, A.: Beiträge zur Zytologie der Protisten (*Gloeodinium montanum*, *Cryptomonas ovata*, *Eremosphaera viridis* u. *Kentrosphaera Willei*). Arch. f. Protistk. **59**, 301 (1927).
REINHARDT, M. O.: Die Membranfalten in den *Pinus*-Nadeln. Bot. Zeitg. **63**, 29 (1905).
REINKE, J.: Über *Caulerpa*. Wiss. Meeresunters. herausgeg. v. d. Komm. z. Unters. der deutsch. Meere usw. Abt. Kiel, N. F. **5**, 1 (1899).
RHUMBLER, L.: Versuch einer mechanischen Erklärung der indirekten Zell- und Kernteilung. I. Cytokinese. Arch. f. Entwicklmech. **3**, 527 (1896).
— Stemmen die Strahlen der Astrosphäre oder ziehen sie? Arch. f. Entwicklmech. **4**, 659 (1897).
— Die Mechanik der Zelldurchschnürung nach MEVES und nach meiner Auffassung. Arch. f. Entwicklmech. **7**, 535 (1898).
— Mechanische Erklärung der Ähnlichkeit zwischen magnetischen Kraftliniensystemen und Zellteilungsfiguren. Arch. f. Entwicklmech. **16**, 476 (1903).
RIES, E.: Cytologie und Histologie in „Fortschritte der Zoologie" Bde. 3—7. Jena: Fischer. 1938—41.
ROBERTSON, T. B.: Further remarks on the chemical mechanics of cell division. Arch. f. Entwicklmech. **32**, 308 (1911).
ROBYNS, W.: Le fuseau de caryocinèse et le fuseau de cytocinèse dans les divisions somatiques de Phanérogames. I. La Cellule **34**, 367 (1924).
— Wie oben. II—III. Ebenda **37**, 145 (1926).
— La figure achromatique, sur le matériel frais, dans les divisions somatiques de Phanérogames. La Cellule **39**, 85 (1929).
ROHDE, E.: Zelle und Gewebe in neuem Licht. Vortr. u. Aufs. ü. Entwicklungsmechanik der Organe. Herausgeg. v. Roux, Heft 20. 1914.
— Der plasmatische Aufbau des Tier- und Pflanzenkörpers. Zeitschr. f. wiss. Zool. **120**, 325 (1925).
ROSEN, F.: Zur Mechanik der indirekten Kernteilung. Ber. d. Deutsch. Bot. Ges. **43**, 211 (1925).
ROSENBERG, O.: Über die Embryologie von *Zostera marina* L. Beitr. K. Sv. Vet. Akad. Handl. **27**. Afd. III. Nr. 6. 1901.

ROSENBERG, O.: Über die Pollenbildung von *Zostera*. Sonderabdr. Meddelande från Stockholms Högskolas Botaniske Inst. Upsala: Almquist u. Wiksells Boktryckeri-A-B. 1901.

ROTHERT, W.: Die Entwicklung der Sporangien bei den Saprolegnien. Beitr. z. Biol. d. Pflanzen **5**, 291 (1892).

RUHLAND, W.: Zur Kenntnis der intracellularen Karyogamie bei den Basidiomyceten. Bot. Zeitg. **59**, I. Abt., 187 (1901).

RUSCONI: Sur le développement de la grenouille. Milan, 1826.

RUTGERS, F. L.: Embryosac and embryo of *Moringa oleifera* LAM. The female gametophyt of Angiosperms. Ann. Jard. Bot. Buitenzorg **33**, 1 (1923).

SACHS, J.: Lehrbuch der Botanik. 4. Aufl. Leipzig: Engelmann. 1874.

— Über die Anordnung der Zellen in jüngsten Pflanzenteilen. Sitzber. phys. Med. Ges. Würzburg. N. F. **11**, 219 (1878). Auch in den Arbeiten des Bot. Inst. Würzburg **2**, 46.

— Über Zellenanordnung und Wachstum. Arb. Bot. Inst. Würzburg **2**, Heft 2, 185 (1879).

— Physiologische Notizen. I., II., III. Flora **75**, 1, 57, 171 (1892).

SAKAMURA, T.: Experimentelle Studien über die Zell- und Kernteilung mit besonderer Rücksicht auf Form, Größe und Zahl der Chromosomen. Journ. Coll. Sc. Imp. Univ. Tokyo **39**, Art. 11 (1920).

SAKAMURA, T. und J. STOW: Über die experimentell veranlaßte Entstehung von keimfähigen Pollenkörnern mit abweichenden Chromosomenzahlen. Jap. Journ. Bot. **3**, 111 (1926).

SAMUELSON, G.: Über die Pollenentwicklung von *Anona* und *Aristolochia* und ihre systematische Bedeutung. Svensk Bot. Tidskr. 8, 181 (1914).

SANDS, M. C.: Nuclear structure and spore formation in *Microsphaera alni*. Trans. Acad. Sci. Arts Lett. **15**, 2. Teil, 733 (1907).

SAX, K.: Effect of variations of temperature on nuclear and cell division in *Tradescantia*. Americ. Journ. Bot. **24**, 218 (1937).

SAX, K. und L. HUSTED: Polarity and differentiation in microspores development. Americ. Journ. Bot. **23**, 606 (1936).

SAXTON, W. T.: Notes on Conifers. II. Some points in the morphology of *Larix europaea* D. C. Ann. Bot. **43**, 609 (1929).

SCHACHT, H.: Physiologische Botanik. Die Pflanzenzelle. Berlin: Müller. 1852.

SCHAECHTELIN, J. und R. G. WERNER: Un cas foudroyant de parasymbiose. Le *Homostegia Pigotti* (BERK. et BR.) KARST., son développement biologique et physiologique. Bull. Soc. Mycol. France 44, 232 (1928).

SCHAEDE, R.: Über die Reaktion des lebenden Plasmas. Ber. d. Deutsch. Bot. Ges. **42**, 219 (1924).

— a) Untersuchungen über Zelle, Kern und ihre Teilung am lebenden Objekt. Beitr. Biol. d. Pflanzen **14**, 231 (1925).

— b) Über den Bau der Spindelfigur. Beitr. Biol. d. Pflanzen **14**, 367 (1925).

— Vergleichende Untersuchungen über Zytoplasma, Kern und Kernteilung im lebenden und fixierten Zustand. Protopl. **3**, 145 (1927).

— Zentrifugalversuche mit Kernteilungen. Planta **11**, 243 (1930).

SCHAUDINN, F.: Beiträge zur Kenntnis der Bacterien und verwandter Organismen. I. *Bacillus Bütschlii* n. sp. Arch. f. Protistk. **1**, 306 (1902).

SCHECHTMANN, A. M.: Localized cortical growth as the immediate cause of cell division. Sc. New York 1 (1937). (Zitiert nach SCHNEIDER 1938.)

SCHEINIS, S. A.: Zur Frage nach der Formierung von Zellen im Dotter von Vögeleiern. Cytologia (Tokyo) **8**, 91 (1937).

SCHIFFNER, V.: Die Existenzgründe der Zellbildung und Zellteilung, der Vererbung und Sexualität. Jena: Fischer. 1926.

SCHLEICHER, W.: Knorpelzelltheilung. Ein Beitrag zur Lehre der Theilung von Gewebezellen. Arch. mikrosk. Anat. **16**, **248** (1879).

SCHLEIDEN, M. J.: Über Bildung des Eikerns und Entstehung des Embryos bei den Phanerogamen. Acta Acad. Caes. Leop. Nat. Cur. **19**, P. I., 1 (27) (1837).
— Beiträge zur Phytogenesis J. MÜLLERs Arch. f. Anat., Physiol. und wiss. Medicin. 137 (1838).
— Grundzüge der wissenschaftlichen Botanik. 1. Aufl. Leipzig: Engelmann. 1842.
SCHMÄHL, O.: Die Neubildung des Peristoms bei der Teilung von *Bursaria truncatella*. Arch. f. Protistk. **54**, 359 (1926).
SCHMIDT, P.: Weiteres über die Fortpflanzung der Diatomee *Biddulphia sinensis*. Internat. Rev. d. ges. Hydrobiol. u. Hydrogr. **18**, 400 (1927).
SCHMIDT, W. J.: Doppelbrechung der Chromosomen und Kernspindel und ihre Bedeutung für das kausale Verständnis der Mitose. Arch. f. exp. Zellf. **19**, 352 (1937).
— Die Doppelbrechung im Karyoplasma, Cytoplasma und Metaplasma. Protoplasma-Monograph. **11**. Berlin: Bornträger. 1937.
— Doppelbrechung der Kernspindel und Zugfaserntheorie der Chromosomenbewegung. Chromosoma **1**, 253 (1939).
— Über das Wesen der Kontraktilitätserscheinungen. Mikrokosmos **36**, 41 (1943).
SCHMITZ, Fr.: Beobachtungen über die vielkernigen Zellen der Siphonocladiaceen. Festschr. d. Naturf. Ges. Halle, 275 (1879).
— Die Chromatophoren der Algen. Bonn: M. Cohen. 1882.
SCHNARF, K.: Kleine Beiträge zur Entwicklungsgeschichte der Angiospermen. VI. Über die Samenentwicklung einiger Gramineen. Österr. Bot. Zeitschr. **75**, 105 (1926).
— Embryologie der Angiospermen. Handb. d. Pflanzenanat. Berlin: Bornträger. 1929.
— Vergleichende Embryologie der Angiospermen. Berlin: Bornträger. 1931.
— Embryologie der Gymnospermen. Handb. d. Pflanzenanat. Berlin: Bornträger. 1933.
SCHNEIDER, B.: Die Zellteilung der Pflanzenzelle im Reihenbild (Beobachtungen an *Tradescantia virginica*). Zeitschr. f. Zellf. u. mikrosk. Anat. **28**, 829 (1938).
— Plasmaänderungen bei der Pflanzenzellteilung. Arch. exp. Zellf. **22**, 298 (1939).
SCHRADER, Fr.: On the reality of spindle fibers. Biol. Bull. **67**, 519 (1934).
SCHULTZE, M.: Über Muskelkörperchen und was man eine Zelle zu nennen habe. Arch. f. Anat. u. Physiol. 1861.
SCHÜNEMANN, E.: Untersuchungen über die Sexualität der Myxomyceten. Planta **9**, 645 (1930).
SCHÜRHOFF, P.: Die Zytologie der Blütenpflanzen. Stuttgart: Enke. 1926.
SCHUSSNIG, B.: Ein Beitrag zur Kenntnis der Zytologie von *Tuber aestivum* VITT. Sitzber. Aktd. Wiss. Math. naturw. Kl. Abt. I, **130**, 117 (1921).
— Die somatische und heterotype Kernteilung bei *Cladophora Suhriana* KÜTZ. Planta **13**, 474 (1931).
— Vergleichende Morphologie der niederen Pflanzen. I. Formbildung. Berlin: Bornträger. 1938.
SCHWANN, Th.: Mikroskopische Untersuchungen über die Übereinstimmung in Struktur und dem Wachstum der Thiere und Pflanzen. Ostwalds Klassiker Nr. 176. Leipzig: Engelmann. 1839.
SENJANINOVA, M.: Chondriokinese bei *Neprodium molle* DESY Zeitschr. f. Zellforschung u. mikrosk. Anat. **6**, 493 (1927).
SHARP, W. L. und R. JARETZKY: Einführung in die Zytologie. Berlin: Bornträger. 1931.
SINNOT, E. W. und R. BLOCH: Division in vacuolated plant cells. Americ. Journ. of Bot. **28**, 225 (1941).

SMITH, G. M.: *Tetradesmus*, a new four-celled coenobic alga. Bull. Torr. Bot. Club **40**, 75 (1913).

— Cytological studies in the *Protococcales*. I. Zoospore formation in *Characium Sieboldi* A. BR. Ann. Bot. **30**, 459 (1916).

— Ebenso. III. Cell structure and autospore formation in *Tetraedron minimum* (A. BR.) HANSG. Ann. Bot. **32**, 459 (1918).

SMITH, R. W.: The structure and development of the sporophylls and Sporangia of *Isoetes*. *Bot.* Gaz. **29**, 225, 323 (1900).

— The achromatic spindle in the spore mother cells of *Osmunda regalis*. Bot. Gaz. **30**, 361 (1900).

SÖDERBERG, E.: Über die Pollenentwicklung bei *Chamaedorea corallina* KARST. Svensk Bot. Tidskr. **13**, 204 (1919).

SOKOLOWA, C.: Naissance de l'endosperme dans le sac embryonnaire de quelques Gymnospermes. Bull. Soc. Imp. Natur. Moscou. N. Sér. **4**, 446 (1890).

SPEK, J.: Oberflächenspannungsdifferenzen als eine Ursache der Zellteilung. Arch. f. Entwicklmech. **44**, 1 (1918).

— Experimentelle Beiträge zur Kolloidchemie der Zellteilung. Kolloidchemische Beih. **12**, 1 (1920).

— Über gegenseitige Substanzverteilung bei d. Furchung des Ctenophoreneies u. ihre Beziehungen z. d. Determinationsproblemen. Arch. f. Entwicklmech. **107**, 54 (1926).

SPOONER, G. B.: Embryological studies with the centrifuge. Journ. exp. Zool. **10**, 23 (1911).

STEINECKE, F.: Die Zweischaltigkeit im Membranbau von Zygnemalen und ihre Bedeutung für die Phylogenie der Conjugaten. Bot. Arch. **13**, 328 (1926).

— Der Schachtelbau der Zygnemalen-Membran. Bot. Arch. **16**, 442 (1926).

STERN, C.: Untersuchungen über Acanthocystideen. Arch. f. Protistk. 48, 436 (1924).

STOLLEY, J.: Über ein Centrosom-ähnliches Gebilde und die Kernteilungserscheinungen bei *Spirogyra nitida* (DILLW.) LINK. Zeitschr. f. Bot. **23**, 919 (1930).

STRASBURGER, E.: Über Zellbildung und Zellteilung. 1., 2. u. 3. Aufl. Jena: Fischer. 1875, 1876, 1880.

— Zur Entwicklungsgeschichte der Sporangien von *Trichia fallax*. Bot. Zeitg. **42**, 305, 321 (1884).

— Über Kern- und Zelltheilung im Pflanzenreiche, nebst einem Anhang über Befruchtung. (Histol. Beitr. I.) Jena: Fischer. 1888.

— Über den Bau und das Wachstum vegetabilischer Zellhäute. Jena: Fischer. 1889.

— Über die Wirkungssphäre der Kerne und die Zellgröße. (Histol. Beitr. V). Jena: Fischer. 1893.

— Kernteilung und Befruchtung bei *Fucus*. Jahrb. wiss. Bot. **30**, 351 (1897).

— Die pflanzlichen Zellhäute. Jahrb. wiss. Bot. **31**, 511 (1898).

— Über Reduktionstheilung, Spindelbildung, Centrosome und Cilienbildner im Pflanzenreiche (Histol. Beitr. VI), Jena: Fischer. 1900.

STRASSEN, O. z.: Über die Lage der Centrosomen in ruhenden Zellen. Arch. f. Entwicklmech. **12**, 134 (1901).

STUDNICKA, F. K.: Die Organisation der lebenden Masse. MÖLLENDORFF, W. v., Hand. d. mikrosk. Anat. d. Menschen. Bd. I/1. Berlin: Julius Springer. 1929.

SVEDELIUS, N.: Über den Bau u. d. Entwicklung der Floriddengattung *Martensia*. K. Sv. Vet. Akad. Handl. **43**, Nr. 7 (1908).

— Über den Generationswechsel bei *Delesseria sanguinea*. Svensk bot. Tidskr. **5**, 260 (1911).

SVEDELIUS, N.: Über die Tetradenteilung in den vielkernigen Tetrasporangiumanlagen bei *Nitophyllum punctatum*. Ber. d. Deutsch. Bot. Ges. **32**, 48 (1914).

— On the development of *Asparagopsis armata* HARV. and *Bonnemaisonia asparagopsis* (WOODW.) AG. A contribution to the cytology of the haplobiontic *Rhodophyceae*. N. Acta R. Soc. Sc. Upsaliensis, Ser. IV, Bd. 9, Nr. 1 (1933).

SVENSSON, G.: Zur Embryologie der Hydrophyllaceen, Borraginaceen und Heliothropiaceen mit bes. Berücksichtigung auf die Endospermbildung. Univ. Arsskr. Math. och Naturw. 2, Upsala. 1925.

SWINGLE, D. B.: Formation of the spores in the sporangia of *Rhizopus nigricans* and of *Phycomyces nitens*. Bull. Bureau Plant Industry Nr. **37**, 9 (1903).

SWINGLE, W. T.: Zur Kenntnis der Kern- und Zellteilung bei den Sphacelariaceen. Jahrb. wiss. Bot. **30**, 297 (1897).

TAHARA, M.: Cytological studies on *Chrysanthemum*. Bot. Mag. Tokyo **29**, 48 (1915). Dazu die Abb. aus d. jap. Abhandl.

— Zytologische Studien an einigen Kompositen. Journ. Coll. Sc. Imp. Univ. Tokyo **43**, Art. 7 (1921).

TERNETZ, CH.: Protoplasmabewegung u. Fruchtkörperbildung bei *Ascophanus carneus*. PERS. Jahrb. wiss. Bot. **35**, 273 (1900).

TIMBERLAKE, H. G.: The development and function of the cell plate in higher plants. Bot. Gaz. **30**, 73, 154 (1900).

— The development and structure of the swarmspores of *Hydrodictyon*. Trans. Wisc. Acad. Sci., Arts Lett. **13**, 486 (1901).

TISCHLER, G.: Die Bildung der Cellulose. Biol. Centralbl. **21**, 247 (1901).

— Über die Entwicklung der Samenanlagen in parthenokarpen Angiospermenfrüchten. Jahrb. wiss. Bot. **52**, 1 (1912).

— Allgemeine Pflanzenkaryologie. 1. Aufl. Handb. d. Pflanzenanat. v. K. LINSBAUER, I. Abt. 1. Berlin: Bornträger. 1921/22.

— Verknüpfungsversuche von Zytologie und Systematik bei den Blütenpflanzen. Ber. d. Deutsch. Bot. Ges. **47** (30), (1929).

— Allgemeine Pflanzenkarylogie. 2. Aufl. Berlin: Bornträger. 1934, 1942, 1943.

TOBLER, G.: Die Synchytrien. Studien zu einer Monographie der Gattung. Arch. f. Protistk. **28**, 141 (1912).

TRAUBE, J.: Kolloide Vorgänge beim Binden des Gipses. Strukturen im Gips. Kolloid-Zeitschr. **25**, 62 (1919).

TREUB, M.: Quelques recherches sur le rôle du noyau dans la division des cellules végétales. Verh. Kon. Akad. Wetensch., Deel 19. Amsterdam, 1878.

TSCHERMAK, E.: Über Vierteilung und succedane Autosporenbildung als gesetzmäßiger Vorgang, dargestellt an *Oocystis*. Planta **32**, 585 (1942).

TUNMANN, O. und L. ROSENTHALER: Pflanzenmikrochemie. 2. vermehrte Aufl., Berlin: Bornträger. 1931.

TUPPER-CAREY, R. M. und J. H. PRIESTLEY: The composition of the cell wall at the apical meristem. Proc. Roy. Soc. London, B. Bd. **95**, 109 (1923).

UBISCH, G. v.: Zur Entwicklungsgeschichte von *Taonia atomaria* AG II. Weibliche Geschlechts- und Tetrasporenpflanzen. Publicaz. della Stazione Zool. di Napoli, Vol. **2**, 361 (1931)

ULÉHLA, V.: Über einen natürlich isolierten u. überlebenden Ektoplasten in den „leeren“ Zellen von *Basidiobolus ranarum* und seine Semipermeabilität. Arch. f. exp. Zellf. **22**, 501 (1938).

UNGER, F.: Die merismatische Zellbildung bei der Entwicklung des Pollens. Sep.-Abdr. 1844.

VARITSCHAK, B.: Contribution à l'étude de développement des Ascomycètes. Le Botaniste Sér. **23**, 1 (1931).

VIRCHOV, R.: Die Cellularpathologie. Berlin: Hirschwald. 1858.

VOKES, M. M.: Nuclear division and development of sterigmata in *Coprinus atramentarius*. Bot. Gaz. **91**, 194 (1931).

VRIES, H. DE: Plasmolytische Studien über die Wand der Vakuolen. Jahrb. wiss. Bot. **16**, 465 (1885).

WADA, B.: Anstichversuche an den Zellen der Staubfadenhaare von *Tradescantia virginica*. Cytologia (Tokyo) **1**, 404 (1930).

— Mikrurgische Untersuchungen lebender Zellen in der Teilung. I. Die Bildung von Tetraploidkernen, zweikernigen Zellen und anderen abnormen Teilungsfiguren. Cytologia (Tokyo) **4**, 114 (1932—33). II. Das Verhalten der Spindelfigur und einige ihrer physikalischen Eigenschaften in den somatischen Zellen. Ebenda **6**, 381 (1935).

— Experimentelle Untersuchungen lebender Zellen in der Teilung. IV. Die Einwirkung des Dampfgemisches von Ammonia und Chlorophorm auf die Mitose bei den *Tradescantia*-Haarzellen. Ebenda **10**, 158 (1939).

— On the spindle figures of the somatic mitosis in the prothallium cell of *Osmunda regalis* THUNB. in vivo. Bot. Mag. Tokyo **54**, 82 (1940).

WAKAYAMA, K.: Contributions to the crytology of Fungi. III. Chromosome number in Aspergillus Cytol. **2**, 291—301 (1931).

WALKER, R. J.: Fertilization and embryo development in *Hesperophycus Harveyanus*. La Cellule **40**, 173 (1940).

WARREN, H. L.: The role of a superficial plasmagel in changes of form locomotion and division of cells in tissue cultures. Arch. f. exp. Zellf. **23**, 1 (1939).

WASSERMANN, F.: Wachstum und Vermehrung der lebendigen Masse. Handb. d. mikrosk. Anat. d. Menschen von MOELLENDORFF, W. v. I/2, Berlin: Julius Springer. 1929.

WEIER, T. E.: A comparision of the plastid with the Golgi zone. Biol. Bull. **62**, 126 (1932).

WEISSENBÖCK, K.: Membranregeneration plasmolysierter *Vaucheria*-Protoplasten. Protopl. **32**, 44 (1939).

WENT, F. A. F. C.: Beobachtungen über Kern- und Zelltheilung. Ber. d. Deutsch. Bot. Ges. **5**, 247 (1887).

WEST, G. S.: Algae. Vol. I. Cambridge, 1916.

WESTON, W. H.: The development of *Traustotheca*, a peculiar water-mould. Ann. Bot. **32**, 155 (1918).

WIELER, A.: Ein Beitrag zur Plasmodesmenfrage. Bot. Arch. **44**, 34 (1941).

WILDEMANN, E. DE: Premières recherches au sujet de l'influence de la temperature sur la marche, la durée et la frequence de la caryocinèse du règne végétale. Journ. Soc. Roy. Sc. méd. nat. Bruxelles, 1891.

— Etude sur l'attache des cloisons cellulaires. Mém. cour. et Mém. de sav. étrang. de l'Acad. Roy. de Sci., de lett. et de beaux arts de Belgique. Bd. **53** (1893).

WILLE, N.: Die Zellkerne bei *Acrosiphonia*. Vorl. Mitt. Bot. Centralbl. **81**, 239 (1900).

WILSON, E. B.: Archoplasm, Centrosoma and chromatin in the sea-urchin egg. Journ. of Morph. **11**, 443 (1895).

— The cell in development and heredity. 3. Aufl. New York: Macmillan Co. 1925.

WILSON, I. M.: A contribution to the study of the nuclei of *Peziza rutilans* FRIES. Ann. Bot. N. S. **1**, 655 (1937).

WILSON, M. und E. J. CADMAN: The life history and cytology of *Reticularia Lycoperdon*. Bull. Transact. Roy. Soc. Edinburgh **55**, 555 (1928).

WINKLER, H.: Über regenerative Sproßbildung auf den Blättern von *Torenia asiatica*. L. Ber. d. Deutsch. Bot. Ges. **21**, 96 (1903).

WISSELINGH, C. v.: Über den Ring und die Zellwand bei *Oedogonium*. Beih. z. Bot. Centralbl. **23**, I. Abt., 157 (1908).

— Über die Zellwände von *Closterium*. Zeitschr. f. Bot. **4**, 337 (1912).

WOLFF, C. Fr.: Theoria generationis 1759. Halle 1774. Übers. v. Dr. PAUL SAMASSA. Auch in Ostwalds Klassiker d. Naturw. Leipzig: Engelmann. 1896.

WOODROOF, J. G.: Studies on the staminate inflorescense and pollen of *Hicoria pecan*. Journ. Agr. Res. **40**, 1059 (1930).

WOYCICKI, Z.: Über die simultane Tetradenteilung. Acta Soc. Bot. Pol. **9**, 457 (1932).

WULFF, H. D.: Beiträge zur Kenntnis des männlichen Gametophyten der Angiospermen. Planta **21**, 12 (1933).

WYLIE, R. B.: Sperms of *Vallisneria spiralis*. Bot. Gaz. **75**, 191 (1923).

YAMAHA, G.: Einige Beobachtungen über die Zellteilung in den Archesporen und Sporenmutterzellen von *Psilotum triquetrum* SW. mit bes. Rücksicht auf die Zellplattenbildung. Vorl. Mitt. Bot. Mag. Tokyo **34**, 117 (1920).

— a) Über die Lebendbeobachtung der Zellstrukturen, nebst dem Artefaktproblem in Pflanzenzytologie. Bot. Mag. **40**, 172 (1926).

— b) Über die Zytokinese bei der Pollentetradenbildung, zugleich weitere Beiträge zur Kenntnis über die Zytokinese im Pflanzenreich. Jap. Journ. Bot. **3**, 139 (1926).

YAMANOUCHI, S.: The life history of *Polysiphonia violacea*. Bot. Gaz. **42**, 401 (1906).

— Sporogenesis in *Nephrodium*. Bot. Gaz. **45**, 1 (1908).

— Cytology of *Cutleria* and *Aglaozonia*. Bot. Gaz. 48, 380 (1909).

— Mitosis in *Fucus*. Bot. Gaz. **47**, 173 (1909).

— The life history of *Cutleria*. Bot. Gaz. **54**, 441 (1912).

— The life history of *Zanardinia*. Bot. Gaz. **56**, 1 (1913).

YASUI, K.: Cytological studies in hybrids of *Papaver*. III. Cytologia (Tokyo) **2**, 402 (1930—31).

— On the cytokinesis in some Angiosperms, with special reference to the Middle Lamella initial (MLJ) formation and the Phragmoplast. Cytologia (Tokyo) **9**, 537 (1939).

YATSU, N.: Observations and experiments an the Ctenophore egg. Journ. Coll. Imp. Univ. Tokyo **32**, 1 (1912).

YOUNG, E. M.: The morphology and cytology of *Monascus ruber*. Americ. Journ. Bot. **18**, 499 (1931).

ZACHARIAS, E.: Über STRASBURGERs Schrift „Kern- und Zelltheilung im Pflanzenreiche". Bot. Zeitg. **46**, Sp. 69, 90 (1888).

ZIEGENSPECK, H.: Beziehungen zw. Lage und Teilungsfigur der Kerne und des Protoplasmas einerseits und Wandmicellierung andererseits. Dargestellt an Rippenmeristemen und Spaltöffnungsapparaten. Protopl. **36**, 514 (1942).

ZIEGLER, H. E.: Untersuchungen ü. d. ersten Entwicklungsvorgang der Nematoden. Zeitschr. wiss. Zool. **60**, 351 (1895).

— Furchung ohne Chromosomen. Arch. f. Entwicklmech. **6**, 249 (1898).

— Die Furchungszellen von *Beroe ovata*. Ebenda **7**, 34 (1898).

— Die Zellteilung der Furchungszellen von *Beroe* und *Echinus*. Ebenda **16**, 155 (1903).

ZIMMERMANN, A.: Über die mechanischen Erklärungsversuche der Gestalt und Anordnung der Zellmembranen. Beitr. Morph. u. Physiol. der Pflanzenzelle Bd. **1**, 159 (1893).

ZIMMERMANN, W.: Zytologische Untersuchungen an *Sphacelaria fusca*. Ein Beitrag zur Entwicklungsphysiologie der Zelle. Zeitschr. f. Bot. **15**, 113 (1923).

ZUELZER, M.: Über *Amoeba biddulphiae* n. sp. eine in der marinen Diatomee *Biddulphia sinensis* GRÈV. parsitierende Amöbe. Arch. f. Protistk. **57**, 247 (1927).

ZWEIGELT, F.: Blattlausgallen. Histologische und biologische Studien an *Tetraneura*- und *Schizoneuragallen*. Die Blattlausgallen im Dienste prinzipieller Gallenforschung. Monographien zur angewandten Entomologie. Nr. 11. Berlin: Parey. 1931.

Namenverzeichnis.

Pflanzen- und Tiernamen.

Sachverzeichnis.